高等学校教材

结构及弹性力学有限单元法

主　编　刘怀恒
副主编　任建喜

西北工業大學出版社
西　安

【内容简介】 本书是作为学生学习有限单元法的入门教材，着重从基本概念和力学原理出发，对有限单元法的基本理论、弹性力学问题有限单元法基本方程的建立、单元特性及求解方法给予系统的讲述，内容包括了弹性力学的二维、三维问题，薄板弯曲问题，二维和三维等参数单元、大型方程组解法及带宽优化等有限单元法的基本理论及方法，并简要介绍了非线性问题、动力学问题有限单元法，最后一章通过几个实例介绍了有限单元法的工程应用。

本书可作为土木类专业本科生的教材，也可供相关专业研究生及从事教学、科研、设计和施工等工作的专业人员参考。

图书在版编目（CIP）数据

结构及弹性力学有限单元法/刘怀恒主编．—西安：西北工业大学出版社，2007.8
（2025.1 重印）
ISBN 978-7-5612-2276-8

Ⅰ．结…　Ⅱ．刘…　Ⅲ．①结构力学—有限元法②弹性力学—有限元法　Ⅳ．O342 O343

中国版本图书馆 CIP 数据核字（2007）第 125532 号

出版发行： 西北工业大学出版社
通信地址： 西安市友谊西路 127 号　邮编：710072
电　　话： (029)88493844　88491757
网　　址： www.nwpup.com
印 刷 者： 西安五星印刷有限公司
开　　本： 787 mm×1 092 mm　1/16
印　　张： 12.25
字　　数： 292 千字
版　　次： 2007 年 8 月第 1 版　2025 年 1 月第 5 次印刷
定　　价： 41.00 元

前　言

有限单元法(Finite Element Method，简称 FEM)经历了 50 多年的发展，已经相当成熟并被广泛应用于各个不同学科和工程领域。有限单元法是工程科学的重要工具，是分析和研究各类复杂工程问题的十分有效的手段。在早期，有限单元法还一直限于研究生的课程，且在大多数情况下，往往要由从事有限元应用的研究者或学生们自己编写程序来完成有关的有限单元法分析任务，从而限制了有限单元法应用的推广。因此，在早期的一些有限单元法的著作和教材中，对于有限单元法的程序给予了更多的关注和讲述，而关于有限单元法的一些基础知识的讲述则较为简略。

近年来，随着计算机技术的飞速发展和应用的普及，已有多种商品化、功能强大、内容丰富的有限元分析专用软件包可供选用，操作方便的图形界面，多功能的前后处理技术，为有限单元法的广泛应用创造了十分方便的平台。对于一般工程应用和工科院校学生的学习来说，已完全无须自己动手编写程序，可以把精力更多地用在对有限单元法基础知识的学习上。

如今，有限单元法已成为许多工科院校本科生的一门必修课程。在工科院校本科学生的学习中，应当以有限单元法的基础知识(概念、原理和方法)为主，辅以有限单元法分析软件包的应用，作为有限单元法课程数学的基本内容。

鉴于上述原因，本教材以大学本科生的教学要求为依据，并兼顾到研究生学习有关课程的需要而编写。

本教材的编写是集编者多年来在研究生、本科生的教学实践经验以及从事有限单元法的工程应用研究的基础上完成的。在编写过程中，编者不拘泥于数学推导上的严谨和文字定义上的规范，更侧重于对有限单元法的基本概念、基本原理和基本方法的系统阐述，力求通过通俗易懂的讲述，使初学者对有限单元法有一个系统、完整、正确的概念，全面掌握有限单元法的基本原理和方法。此外，配合各章节的讲授，安排上机操作实践(应用 Ansys 或其他软件包)，使学生掌握有限单元法的应用，逐步具备用有限单元法分析解答工程问题的能力。

全书共分 11 章，以弹性力学有限单元法为主，兼顾杆系结构的分析。其中，形函数及等参数单元的内容是有限单元法的基础知识中最重要的部分之一，然而，现有的教科书中多未能涉及或仅十分简略地提及，致使学生对此知之甚少，即使是在实际的有限单元法分析中多有应用，但仍是不知其故。本书专门对其做了比较系统的阐述，不仅使学生对有限单元法方法有了更深一步的了解，也更有利于进一步深入学习有限单元法，在以后从事有限单元法应用研究中也将会发挥重要的作用。此外，在大型线性方程组求解方法一章中，包括了方程求解、一维存储、带宽优化等内容，可使学生对有关有限单元法的具体求解方法及有关软件的程序处理技术有所了解，学生虽无须再去做无意义的编程工作，但了解这些知识，更有利于其加深对有限单元法的理解和认识。第 8 章对板弯曲问题予以初步讲述。第 9 章则对工程中大量遇到的非线性问题予以简要介绍。第 10 章则扼要介绍了动力问题有限单元法的基本概念。第 11 章介绍了有限单元法在几个重大工程问题研究中的应用实例。上述几章在教学实践中可视具体情况而取舍。

刘怀恒教授担任本教材主编，并执笔完成了本书大部分章节的编写；任建喜教授任副主编，负责组织和审核本教材的编写及出版工作，并执笔完成了第 11 章内容的编写；熊光红编写第 2 章杆系结构单元；陈方方编写第 10 章动力问题有限单元法。此外，全书各章的例题及习题均由熊光红、陈方方编写并进行了计算验证。

最后还必须强调指出，有限单元法课程的教学必须把课堂教学同上机实践很好地结合起来，才能达到良好的教学效果。建议课堂讲授与上机练习的学时安排以 2∶1～3∶1 为宜。只有保证足够上机实践时间，才能使学生能初步掌握有关软件的应用。

本教材初稿完成于 2005 年夏。经过 2005—2007 年两年的教学试用，并进一步修改、调整和补充，现作为大学本科土木类专业学生的推荐教材正式出版，并也可兼供研究生学习参考。

作为一种教学的探索和试验，本教材在编写思路、内容取舍以及章节安排上略有别于已有的教材，因此，难免有考虑不周、处理不当甚至错误之处，恳切期望阅读或应用本教材的读者及教育界同仁给予批评和指正。

编　者

2007 年 5 月

目　录

第1章 绪 论

1.1 有限单元法的发展简述

许多工程物理问题(例如固体力学、流体力学、动力学、温度场、电磁场等)由于其控制微分方程在数学求解上的困难,长期以来只能求解一些十分简单的、严格理想化的情况。而更多较复杂的工程实际问题,由于求解困难而不得不依靠实验来获得对工程有用的信息。电子计算机的发展为科学运算提供了强大的物质基础。基于数字计算机的应用和离散原理,产生并发展了一系列求解复杂的数学物理问题的数值计算方法。例如,有限单元法,边界单元法、流形元法、快速拉格朗日法等。它们的共同特点是:通过离散化的处理把对基本控制方程的求解转化为一组高阶的线性代数方程,并利用数字电子计算机来完成求解。把求解在整个域内光滑连续的未知函数,转化为求解在域内有限个给定点处的待求函数的值。这种基于离散化的数值计算方法可以求解十分复杂的工程问题(复杂的求解域、复杂的边界条件、复杂的介质物理特性)并由电子计算机实现快速、高效的运算。

在上述各种方法中,有限单元法是其中最具代表性、最为成熟、也是目前应用最广泛的方法。目前,有限单元法已成为结构力学、固体力学的一种最有效的分析手段,并且在流体力学、动力学、热学、电磁学等诸多学科中得到广泛应用,涉及广泛的工程领域,成为工程设计和研究人员、工程技术人员强有力的工具。

有限单元法的基本思想源于20世纪40年代中后期至50年代初发展的用于结构分析的“矩阵分析法”。对于杆系结构,通常是把它视为由许多单一的构件在节点处相互连接,并通过节点相互传递力和位移。以节点力作为未知量在结构力学中我们称之为“力法”,以节点位移作为未知量即称为“位移法”,或者把一部分节点力和另一部节点的位移一起作为未知量即“混合法”。把待求的各节点位移和内力之间的关系用代数方程组表示出来,求解该方程组即可解得未知量,进而求得各构件的内力,这就是传统结构力学的方法。各节点的未知量以及方程组还可以用矩阵的形式十分方便地表示。通过相应的矩阵运算完成问题的求解,这就是所谓“结构矩阵分析法”。矩阵分析的方法可以有效地应用高速数字计算机来求解,从而解决了对于大型、复杂的结构手工计算难于完成的困难。利用计算机求解可以顺利、高效地求解未知量多达数百,数千甚至更多的大型方程组。所谓的“计算结构力学”正是由这种“矩阵分析法”发展起来的。

把上述结构分析的方法和思想进一步推广到连续体的力学分析就逐渐形成了“有限单元法”。这一术语是克劳夫(Clough R. W.)在1960年首先引用的,最初被用于对飞机结构的分析。在此之前,1956年克劳夫和特纳(Tumer M. J.)、马丁(Martin H. C.)和托普(Topp L. C.)就曾把位移法应用到平面应力问题的求解。有限单元法这一术语为此后从事这一方面研究的学者们所认同，并成为这一方法通用的（标准的）专业术语。

自20世纪50年代中期至70年代，有限单元法已得到相当的发展并在许多工程领域中得到应用。然而，有限单元法基本理论（数学基础）的研究则滞后于有限单元法的方法及应用实践的研究。大约在1960—1970年的10年间，国内外都有一批学者对有限单元法的数学基础进行了深入的研究，完成了基于变分原理的有限单元法基础理论及公式推导，解决了线性问题有限单元法的数学原理。

然而，有限单元法的基本原理及公式并非一定要建立在变分原理的基础上，在固体力学领域内通过能量原理、加权余量法以及迦辽金方法也可以顺利完成有限单元法的公式推导。

线性问题有限单元法数学基础的研究及理论上的完善，有力地促进了有限单元法的迅速发展和更广泛的应用。自20世纪50年代中期至80年代初，有限单元法已经发展成为相当成熟的，在广泛的科学和工程领域得到发展和应用的数值分析方法。其求解的问题包括：静力和动力问题、线性及多种非线性问题，并从力学问题到多种位势问题（电磁场、热传导及温度场、渗流场等）。

20世纪80年代以后，随着个人计算机（即PC台式机及便携机）的问世及技术的不断发展，更有力地推动了有限单元法的发展、应用和普及。促进了有限单元法在诸多工程领域中得到更广泛的应用。如今，在许多重大工程设计和工程问题的研究中，有限单元法已经成为不可缺少的工具。在有关专业的大学教学计划中它也成为一门必修的课程。有限单元法对即将走向社会的大学生们来说，更是应当具备的重要基本技能。

1.2 有限单元法的基本概念

有限单元法是当今应用最广泛的数值分析方法，其原因就在于它具有极强的适应性（对复杂的边界条件、复杂求解对象的几何形状、复杂的材料性态而言），通用性（对各类力学问题及位势问题在计算格式及软件方面而言）、以及良好的计算精度和计算效率。适应性和通用性是由其物理概念和数学基础所赋予的；而计算精度及高效率，则得益于个人计算机技术的迅速发展，以及诸多功能强大的商品化软件为有限单元法的应用提供了支持和保障。其物理概念直观易懂，不需使用者必须具备较深的数学知识，这也是许多工程科技人员乐于接受的重要因素。

就物理概念而言，有限单元法是传统结构力学方法在连续体的推广。正如本章前面已提到的，有限单元法是借用结构力学中把一个结构整体视为由若干个基本构件组合成的这一概念。这些基本构件在此我们称它为“单元”。有限单元法将一个连续体划分成有限个微小的单元体（例如，对平面问题可采用最简单的三角形单元），并假定各单元体之间仅在节点处相互传递节点力和位移，从而把一个具有无限个自由度的连续体简化为有限个自由度（节点处）的近似的物理模型，进而可以运用类似于结构分析的方法求解。我们用图1-1来表示有限单元法与杆系结构分析之间的类似之处。图1-1(a)为一最简单的杆系结构——由5个杆件（单元）构成的简单桁架。它们只在节点处相互连接。取出任一个构件来考虑，则其受力或位移状态可见于单元图中。图1-1(b)则为一个连续体及其离散化所用的三角形单元。尽管二者在结构及单元的几何形状上有较大差异，两种情况则都是以某种单元体的组成来构成的，在物理意义上它们是近似的。但是，要特别指出的是，对于杆系结构按照图1-1(a)的计算模型建立的节点力和位移的关系及其求解结果同结构力学中的方法是完全一致的，因而是精确的；而把连续体离散化为图 1－1(b)，以三角形单元的组合来表征原先的连续体则是近似地。从物理模型上也可以直观地看出，三角单元划分得愈细小，它将愈逼近于真实的连续体，其求解也必将收敛于精确解。

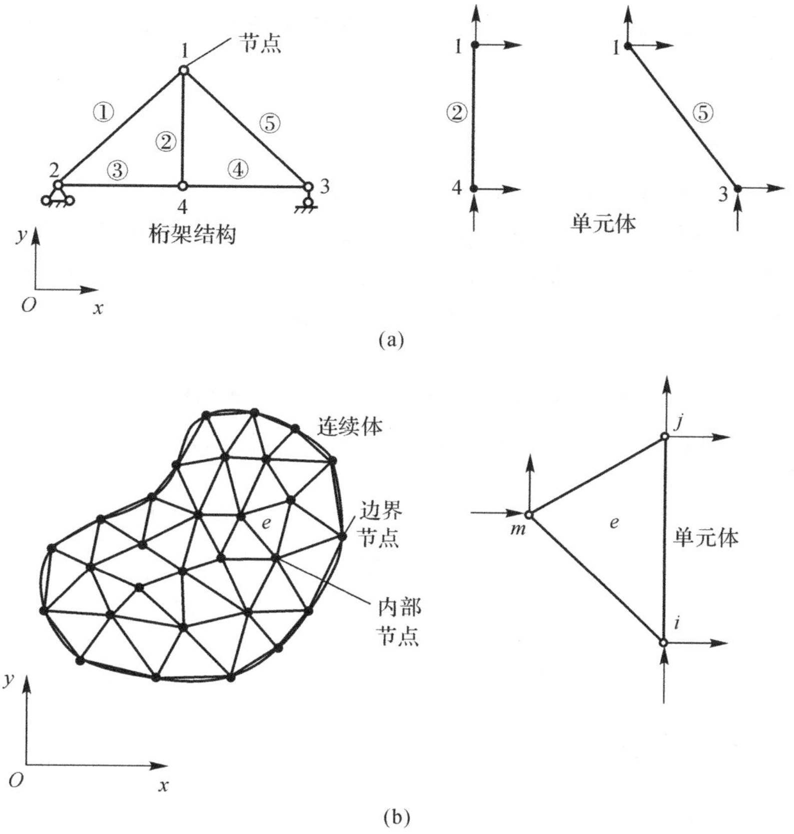

图 1－1　结构及连续体的离散化

从数学概念上来表述，有限单元法是求解偏微分方程边值问题的一种近似解法(或叫数值解)。在经典连续体力学问题以及在多种位势问题中，通常都由一组包含未知场函数的偏微分方程和相应的边界条件来表述。有限单元法就是通过离散化的处理，从变分原理和分区插值，把这类二次泛函的极值问题转化为一组多元线性代数方程组来求解。把求解在整个求解域内连续的未知场函数转化为求解仅在有限个点(离散网格的节点)处的未知函数值。而未知函数的连续、光滑性要求仅限在一个单元体内，即所谓分片光滑的函数。有关有限单元法的数学原理及其相应公式建立的进一步细节，将会在本书后面的各章节中逐步予以介绍和讨论。

作为一门本科生的必修或选修课程，有限单元法教学要达到的基本要求是：在系统掌握有限单元法的基本原理和方法的基础上，能够较顺利地应用有限单元法求解一般的工程问题，并且为以后更深入地学习数值分析方法及有限单元法的高级问题作好基础准备。

本课程主要讲述弹性力学问题有限单元法，作为入门的引导，第 2 章将对杆系结构的有限单元法分析予以简略的综述。学习本课程要求具备弹性力学、线性代数以及矩阵运算方面的基础知识，建议在学习本课程前应对上述课程中的基础知识予以复习和回顾。

1.3 有限单元法中矩阵知识回顾

有限单元法分析过程及有关公式的推导，用矩阵代数表述是非常方便和容易理解的。并且也便于电子计算机程序的编写。为了各章学习的方便，在此把有限单元法中最常遇到的关于矩阵运算的简单知识予以回顾。

1. 矩阵的表示方法

在本书中对矩阵的表示方法作如下约定：

(1)m 行 n 列的矩阵 $\boldsymbol{A}$ 可表示为 $\boldsymbol{A}_{m\times n}$。行数和列数相同的矩阵称为方阵。

(2) 列阵又称列向量或矢量 $\boldsymbol{A}$ 可表示为——$\boldsymbol{A}$ 或 $\boldsymbol{A}_{m\times 1}$。只有一列的矩阵称为列阵，即 $\boldsymbol{A}$ 是一个 m 行 1 列的矩阵。在力学中总是把向量用列阵表示。因此，列阵又常被称为列向量或矢量。

(3) 矩阵 $\boldsymbol{A}$ 中第 i 行、第 j 列的元素，以 A_{ij} 表示。其中第一个下标 i 表示该元素所在的行，下标 j 表示所在的列。

(4) 把矩阵 $\boldsymbol{A}$ 中的行和列依次互换，即把行改变成列、把列变成行形成一个新的矩阵，则称它为原矩阵 $\boldsymbol{A}$ 的转置矩阵，表示为 $\boldsymbol{A}^{\mathrm{T}}$。对于一个 $m\times n$ 阶的矩阵，转置之后则变成一个 $n\times m$ 阶的矩阵。例如

设
$$\boldsymbol{A}=\begin{bmatrix}1&2&3\\5&6&7\end{bmatrix},\quad 则\quad \boldsymbol{A}^{\mathrm{T}}=\begin{bmatrix}1&5\\2&6\\3&7\end{bmatrix}$$

$$\boldsymbol{B}=\begin{bmatrix}1&2&3&4\\a&b&c&d\\5&6&7&8\end{bmatrix},\quad 则\quad \boldsymbol{B}^{\mathrm{T}}=\begin{bmatrix}1&a&5\\2&b&6\\3&c&7\\4&d&8\end{bmatrix}$$

(5) 一个 $m\times m$ 阶的方阵 $\boldsymbol{A}$，如果其元素 $A_{ij}=A_{ji}$，则称此方阵为对称方阵。

(6) 方阵 $\boldsymbol{A}$ 的主对角线上的各元素 $A_{ii}=1$，其他元素 $A_{ij}=0(i\neq j)$，则称此方阵为单位矩阵，通常用一专用符号 $\boldsymbol{I}$ 表示。

2. 矩阵的基本运算规则

(1) 矩阵的加法与减法。

设有矩阵 $\boldsymbol{A}_{m\times n}$，$\boldsymbol{B}_{m\times n}$ 相加，则

$$\boldsymbol{A}_{m\times n}+\boldsymbol{B}_{m\times n}=\boldsymbol{C}_{m\times n}$$

且有
$$A_{ij}+B_{ij}=C_{ij}$$

矩阵相加必须是具有相同阶的矩阵，即 $\boldsymbol{A}$，$\boldsymbol{B}$ 都是有相同行列数的 $m\times n$ 阶的。此外，矩阵加法符合交换律，即

$$\boldsymbol{A}+\boldsymbol{B}=\boldsymbol{B}+\boldsymbol{A}=\boldsymbol{C}$$

矩阵减法可记为

$$\boldsymbol{A}_{m\times n}-\boldsymbol{B}_{m\times n}=\boldsymbol{D}_{m\times n}$$

且有
$$A_{ij}-B_{ij}=D_{ij}$$

上述关于矩阵加法的规律也同样适用于矩阵减法。

(2) 矩阵乘法。

两矩阵相乘，例如

$$\boldsymbol{A}_{m\times n}\times\boldsymbol{B}_{n\times l}=\boldsymbol{C}_{m\times l}$$

其中

$$C_{ij}=\sum_{k=1}^{n}A_{ik}B_{kj}$$

我们称上面的乘法式为 $\boldsymbol{B}$ 左乘以 $\boldsymbol{A}$。它是由矩阵 $\boldsymbol{A}$ 的第 i 行各列的元素与矩阵 $\boldsymbol{B}$ 第 j 列的各行元素一对一地相乘并叠加而得到 C_{ij}。按照这一规则要求，矩阵 $\boldsymbol{B}$ 的行数必须同矩阵 $\boldsymbol{A}$ 的列数相同，否则不能实现矩阵相乘。所得乘积矩阵 $\boldsymbol{C}$，其行数同于 $\boldsymbol{A}$，其列数同于 $\boldsymbol{B}$。

由上述可知，矩阵乘法是不能适用交换律的。例如上面的例子：$\boldsymbol{A}_{m\times n}\times\boldsymbol{B}_{n\times l}$ 因为矩阵 $\boldsymbol{B}$ 的行数和矩阵 $\boldsymbol{A}$ 的列数同为 n，故 $\boldsymbol{A}\times\boldsymbol{B}$ 是可以的，若改为 $\boldsymbol{B}_{n\times l}\times\boldsymbol{A}_{m\times n}$ 由于 $l\neq m$，故 $\boldsymbol{B}$ 乘 $\boldsymbol{A}$ 的积是不存在的。即使两个方阵相乘，例如有矩阵 $\boldsymbol{A}_{m\times m}\times\boldsymbol{B}_{m\times m}$，这时尽管 $\boldsymbol{A}\times\boldsymbol{B}$ 和 $\boldsymbol{B}\times\boldsymbol{A}$ 都是可以的，其积都是存在的，但二者的结果则是完全不同的。也就是说，这时，仍有 $\boldsymbol{A}\times\boldsymbol{B}\neq\boldsymbol{B}\times\boldsymbol{A}$。例如，若有

$$\boldsymbol{A}=\begin{bmatrix}1 & 2\\ 5 & 7\end{bmatrix},\quad \boldsymbol{B}=\begin{bmatrix}3 & 4\\ 9 & 8\end{bmatrix}$$

则

$$\boldsymbol{A}\times\boldsymbol{B}=\begin{bmatrix}1 & 2\\ 5 & 7\end{bmatrix}\begin{bmatrix}3 & 4\\ 9 & 8\end{bmatrix}=\begin{bmatrix}21 & 20\\ 78 & 76\end{bmatrix}$$

$$\boldsymbol{B}\times\boldsymbol{A}=\begin{bmatrix}3 & 4\\ 9 & 8\end{bmatrix}\begin{bmatrix}1 & 2\\ 5 & 7\end{bmatrix}=\begin{bmatrix}23 & 34\\ 49 & 74\end{bmatrix}$$

因此，遇到矩阵相乘时，必须十分注意其顺序，不能随意倒换。

(3) 逆矩阵。

设有两方阵 $\boldsymbol{A}_{m\times m}\boldsymbol{B}_{m\times m}=\boldsymbol{I}_{m\times m}$，$\boldsymbol{I}_{m\times m}$ 为一个单位矩阵。则称 $\boldsymbol{B}$ 为 $\boldsymbol{A}$ 的逆矩阵，记为 $\boldsymbol{B}=\boldsymbol{A}^{-1}$，因此有

$$\boldsymbol{A}\boldsymbol{A}^{-1}=\boldsymbol{I}$$

应当注意，只有方阵才存在逆矩阵，但并非所有方阵都存在逆矩阵。还要指出，在前面我们强调矩阵乘法是不能适用交换律的，但逆矩阵是个例外。对于逆矩阵则有

$$\boldsymbol{A}\boldsymbol{A}^{-1}=\boldsymbol{A}^{-1}\boldsymbol{A}=\boldsymbol{I}$$

(4) 矩阵乘积的转置。

在讲述有限单元法中，我们会经常遇到这种情况。矩阵乘积的转置公式如下

$$(\boldsymbol{ABC}\cdots\boldsymbol{MN})^{\mathrm{T}}=\boldsymbol{N}^{\mathrm{T}}\boldsymbol{M}^{\mathrm{T}}\cdots\boldsymbol{C}^{\mathrm{T}}\boldsymbol{B}^{\mathrm{T}}\boldsymbol{A}^{\mathrm{T}}$$

(5) 矩阵的微分与积分。

矩阵的微分即是对矩阵各元素分别进行微分运算，例如，若

$$\frac{\partial}{\partial s}\boldsymbol{A}_{m\times n}=\boldsymbol{B}_{m\times n}$$

则 $\boldsymbol{B}$ 中任一元素，$B_{ij}=\dfrac{\partial A_{ij}}{\partial s}$。

同理，矩阵的积分也是对被积分矩阵中的各元素分别进行积分，即可得到矩阵的积分。例如

$$\int\boldsymbol{A}_{m\times n}\,\mathrm{d}s=\boldsymbol{C}_{m\times n}$$

其中，$C_{ij}=\int A_{ij}\,\mathrm{d}s$。

1.4 弹性力学基本方程

弹性力学问题有限单元法基本公式的推导及基本方程的建立，都是在经典弹性力学的基本概念及基本方程的基础上的。在此把有关基本方程予以回顾，并采用矩阵的方法给予表述。这些用矩阵表述的基本概念及公式，在以后各章中将会多次重复的用到。

1. 位移、应力、应变

对于一个处于三维空间中的弹性体，在外力(包括面力及体积力)的作用下，体内的任一点将产生位移。在不计转动的情况下，任一点的位移可用其沿坐标轴 x,y,z 方向的位移分量来表示，分别记为 u,v,w，通常用一个列阵来表示。可写成

$$\boldsymbol{u}=[u \quad v \quad w]^{\mathrm{T}} \tag{1-1}$$

称它为位移列阵或位移矢量。一般情况下，u,v,w 均为坐标 x,y,z 的函数。即 $u=u(x,y,z)$，$v=v(x,y,z)$，$w=w(x,y,z)$。

在外力作用下，弹性体内任一点将产生相应的应力，用弹性体内取出的单元体(边长为单位长度的正六面体)来表示一点的应力状态，如图 1-2 所示，共有 9 个应力分量。根据剪力互等定律则有：$\sigma_{xy}=\sigma_{yx}$，$\sigma_{yz}=\sigma_{zy}$，$\sigma_{xz}=\sigma_{zx}$，因此弹性体内任一点只有 6 个独立的应力分量。用矩阵形式表示，则应力列阵 $\boldsymbol{\sigma}$ 可表示为

$$\boldsymbol{\sigma}=[\sigma_x \quad \sigma_y \quad \sigma_z \quad \sigma_{xy} \quad \sigma_{yz} \quad \sigma_{zx}]^{\mathrm{T}} \tag{1-2}$$

式中，$\sigma_x,\sigma_y,\sigma_z$ 称为正应力，$\sigma_{xy},\sigma_{yz},\sigma_{zx}$ 称为剪应力。

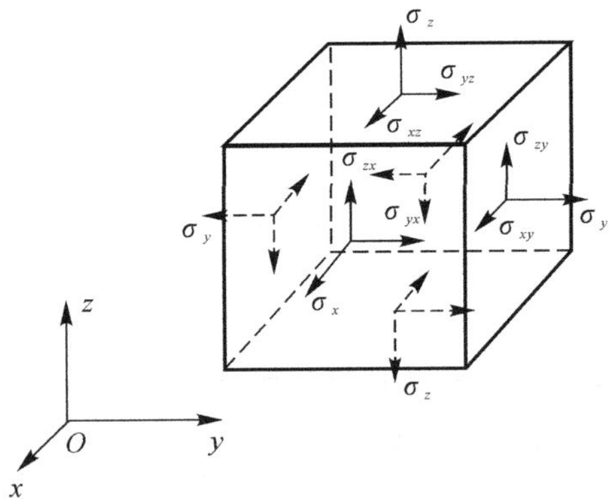

图 1-2 弹性体应力状态

与应力及位移相对应，弹性体内任意一点的应变状态可表示为

$$\boldsymbol{\varepsilon}=[\varepsilon_x \quad \varepsilon_y \quad \varepsilon_z \quad \varepsilon_{xy} \quad \varepsilon_{yz} \quad \varepsilon_{zx}]^{\mathrm{T}} \tag{1-3}$$

式中，$\varepsilon_x,\varepsilon_y,\varepsilon_z$ 为正应变或线应变，$\varepsilon_{xy},\varepsilon_{yz},\varepsilon_{zx}$ 为剪应变。

在外力作用下处于平衡状态的弹性体，其体内任一点的位移、应力及应变存在着内在的联系和固有的规律，这些关系和规律我们可统称为弹性力学的基本方程。

2. 几何方程(应变-位移关系)

由弹性力学知识已知，在小变形的假定条件下，位移和应变间的关系，符合如下的线性微

分关系：

$$\varepsilon_x=\frac{\partial u}{\partial x},\quad \varepsilon_y=\frac{\partial v}{\partial y},\quad \varepsilon_z=\frac{\partial w}{\partial z}$$

$$\varepsilon_{xy}=\frac{\partial u}{\partial y}+\frac{\partial v}{\partial x},\quad \varepsilon_{yz}=\frac{\partial v}{\partial z}+\frac{\partial w}{\partial y},\quad \varepsilon_{zx}=\frac{\partial u}{\partial z}+\frac{\partial w}{\partial x}$$

矩阵表达式为

$$\begin{bmatrix}\varepsilon_x\\\varepsilon_y\\\varepsilon_z\\\varepsilon_{xy}\\\varepsilon_{yz}\\\varepsilon_{zx}\end{bmatrix}=\begin{bmatrix}\frac{\partial}{\partial x} & 0 & 0 & \frac{\partial}{\partial y} & 0 & \frac{\partial}{\partial z}\\ 0 & \frac{\partial}{\partial y} & 0 & \frac{\partial}{\partial x} & \frac{\partial}{\partial z} & 0\\ 0 & 0 & \frac{\partial}{\partial z} & 0 & \frac{\partial}{\partial y} & \frac{\partial}{\partial x}\end{bmatrix}^{\mathrm T}\begin{bmatrix}u\\v\\w\end{bmatrix}$$

或简写为

$$\boldsymbol{\varepsilon}=\boldsymbol{L}\boldsymbol{u}\tag{1-4}$$

式中

$$\boldsymbol{L}_{6\times3}=\begin{bmatrix}\frac{\partial}{\partial x} & 0 & 0 & \frac{\partial}{\partial y} & 0 & \frac{\partial}{\partial z}\\ 0 & \frac{\partial}{\partial y} & 0 & \frac{\partial}{\partial x} & \frac{\partial}{\partial z} & 0\\ 0 & 0 & \frac{\partial}{\partial z} & 0 & \frac{\partial}{\partial y} & \frac{\partial}{\partial x}\end{bmatrix}^{\mathrm T}$$

3. 物理方程(应力-应变关系)

对于匀质各向同性的线弹性材料，其应力-应变关系符合广义的胡克定律，其表达式可写为

$$\begin{aligned}\varepsilon_x&=\frac{1}{E}[\sigma_x-\mu(\sigma_y+\sigma_z)], &\quad \varepsilon_{xy}&=\frac{1}{G}\sigma_{xy}\\ \varepsilon_y&=\frac{1}{E}[\sigma_y-\mu(\sigma_x+\sigma_z)], &\quad \varepsilon_{yz}&=\frac{1}{G}\sigma_{yz}\\ \varepsilon_z&=\frac{1}{E}[\sigma_z-\mu(\sigma_x+\sigma_y)], &\quad \varepsilon_{zx}&=\frac{1}{G}\sigma_{zx}\end{aligned}\tag{1-5a}$$

式中，$G=E/2(1+\mu)$，E，G分别为材料的弹性模量和剪切模量。由式(1-5a)可以解出各应力分量的表达式，即物理方程的另一种形式，为

$$\sigma_x=\frac{E(1-\mu)}{(1+\mu)(1-2\mu)}\left(\varepsilon_x+\frac{\mu}{1-\mu}\varepsilon_y+\frac{\mu}{1-\mu}\varepsilon_z\right)$$

$$\sigma_y=\frac{E(1-\mu)}{(1+\mu)(1-2\mu)}\left(\varepsilon_y+\frac{\mu}{1-\mu}\varepsilon_x+\frac{\mu}{1-\mu}\varepsilon_z\right)$$

$$\sigma_z=\frac{E(1-\mu)}{(1+\mu)(1-2\mu)}\left(\varepsilon_z+\frac{\mu}{1-\mu}\varepsilon_x+\frac{\mu}{1-\mu}\varepsilon_y\right)$$

$$\sigma_{xy}=\frac{E}{2(1+\mu)}\varepsilon_{xy},\quad \sigma_{yz}=\frac{E}{2(1+\mu)}\varepsilon_{yz},\quad \sigma_{zx}=\frac{E}{2(1+\mu)}\varepsilon_{zx}$$

其矩阵形式为

$$\boldsymbol{\sigma}=\boldsymbol{D}\boldsymbol{\varepsilon}\tag{1-5b}$$

式中，$\boldsymbol{D}$ 为弹性矩阵，其具体形式为

$$\boldsymbol{D}_{6\times 6}=\frac{E(1-\mu)}{(1+\mu)(1-2\mu)}\begin{bmatrix} 1 & & & & & \\ \frac{\mu}{1-\mu} & 1 & & & \text{(对称)} & \\ \frac{\mu}{1-\mu} & \frac{\mu}{1-\mu} & 1 & & & \\ 0 & 0 & 0 & \frac{1-2\mu}{2(1-\mu)} & & \\ 0 & 0 & 0 & 0 & \frac{1-2\mu}{2(1-\mu)} & \\ 0 & 0 & 0 & 0 & 0 & \frac{1-2\mu}{2(1-\mu)} \end{bmatrix} \tag{1-6}$$

式(1－5a)及(1－5b)是物理方程的两种表示形式。弹性矩阵 $\boldsymbol{D}$ 完全由材料的弹性参数所决定，表征材料的弹性特征，故被称为“弹性矩阵”。在有限单元法中，通常是以位移作为基本未知量，首先解得离散化网格中各节点的位移，继而由位移求单元应变，再由单元应变求得单元应力。因此，上面的式(1－5b)更被经常采用。

本节所述各基本方程，在后续各章节中经常要用到，因此，建议读者充分理解和牢记。

4. 边界条件

弹性力学问题的边界条件可分为位移边界和应力边界两种情况。位移边界是指在全部或部分边界上的位移为已知，即

$$u=\bar{u}(x,y,z),\qquad v=\bar{v}(x,y,z),\qquad w=\bar{w}(x,y,z) \tag{1-7}$$

式中，$\bar{u}(x,y,z)$，$\bar{v}(x,y,z)$，$\bar{w}(x,y,z)$，是已知的边界位移，分别是坐标 x，y，z 的已知函数。最简单的情况为 $u=\bar{u}$，$v=\bar{v}$，$w=\bar{w}$ 即已知位移为常量。

应力边界是指在全部或部分边界上，各边界点上的应力分量与相应的外力(面力)分量之间的平衡关系。因此，应力边界条件也可以称为荷载条件，按照边界上的平衡条件，则有

$$\left.\begin{aligned} l(\sigma_x)+m(\sigma_{yx})_s+n(\sigma_{zx})_s&=\bar{X}\\ m(\sigma_y)+n(\sigma_{zy})_s+l(\sigma_{xy})_s&=\bar{Y}\\ n(\sigma_z)+l(\sigma_{xz})_s+m(\sigma_{yz})_s&=\bar{Z} \end{aligned}\right\} \tag{1-8}$$

式(1－8)就是以应力表示的应力边界条件。若把式(1－5b)的物理方程及式(1－4)的几何方程代入式(1－8)就可以得到以位移表示应力边界条件。式中，$\bar{X}$，$\bar{Y}$，$\bar{Z}$ 为已知的分布面力。l，m，n 分别为应力作用面外法线与对应坐标轴方向上的方向余弦。

5. 基本平衡方程

在外力作用下处于平衡状态的弹性体，在物体内任一点 P 处，取出一个其长×宽×高为 $\mathrm{d}x\mathrm{d}y\mathrm{d}z$ 的微小六面体，考察其微元体的平衡条件即可得到如下的以应力表示的平衡微分方程或叫基本平衡方程：

$$\left.\begin{aligned} \frac{\partial\sigma_x}{\partial x}+\frac{\partial\sigma_{xy}}{\partial y}+\frac{\partial\sigma_{xz}}{\partial z}+X&=0\\ \frac{\partial\sigma_y}{\partial y}+\frac{\partial\sigma_{yz}}{\partial z}+\frac{\partial\sigma_{xy}}{\partial x}+Y&=0\\ \frac{\partial\sigma_z}{\partial z}+\frac{\partial\sigma_{xz}}{\partial x}+\frac{\partial\sigma_{yz}}{\partial y}+Z&=0 \end{aligned}\right\} \tag{1-9a}$$

利用式(1-5b)的物理方程及式(1-4)的几何方程代入式(1-9a)即可得到以位移表示的平衡微方程，经整理后可写成如下形式：

$$\left.\begin{aligned}\frac{E}{2(1+\mu)}\left(\frac{1}{1-2\mu}\frac{\partial\varepsilon}{\partial x}+\nabla^2 u\right)+X=0\\ \frac{E}{2(1+\mu)}\left(\frac{1}{1-2\mu}\frac{\partial\varepsilon}{\partial y}+\nabla^2 v\right)+Y=0\\ \frac{E}{2(1+\mu)}\left(\frac{1}{1-2\mu}\frac{\partial\varepsilon}{\partial z}+\nabla^2 w\right)+Z=0\end{aligned}\right\}\tag{1-9b}$$

式中，$\varepsilon=\varepsilon_x+\varepsilon_y+\varepsilon_z=\frac{\partial u}{\partial x}+\frac{\partial v}{\partial y}+\frac{\partial w}{\partial z}$为体积应变；$\nabla^2=\frac{\partial^2}{\partial x^2}+\frac{\partial^2}{\partial y^2}+\frac{\partial^2}{\partial z^2}$为拉普拉斯微分算子。

方程(1-9a)常被称为纳维尔(Navier)方程，方程(1-9b)则常被称为拉梅(Lame)方程。

弹性力学问题的求解通常是在满足给定的应力边界条件及位移边界条件下求解基本微方程(1-9a)或(1-9b)得到应力或位移的连续解析解。许多工程实际问题，由于求解对象的几何形状、材料性态，或者边界条件比较复杂而难以得到解答。有限单元法则是通过位移变分或能量原理，把问题的基本方程及应力边界条件(荷载条件)转化为等价的代数方程组来求解，从而避免了求解偏微分方程组的困难。

思考及练习题

1. 什么是有限单元法？

2. 试说明弹性力学中应力、应变、位移三者之间的关系。

3. 弹性力学问题中有哪几类位移边界条件？

4. 弹性力学中以应力求解和以位移求解两类基本解法各有何特点，你能写出它们的基本方程吗？

第2章　杆系结构有限单元法

2.1　概述

结构力学课程的主要研究对象是由若干杆件构成的结构，如桁架、刚架、网架等结构。此类由杆件（轴力杆、刚架、梁等）组成的结构通常称为杆系结构。杆系结构是一类常见且应用广泛的结构。

杆系结构的有限单元法分析方法源于结构矩阵分析并有更进一步的发展，其分析步骤统一、规范，便于编制分析程序。对于板、壳以及三维弹性体，一旦单元的力学特性确定后，全部分析过程与杆系结构分析是类似的，因此，对杆系结构的有限单元法分析过程的学习也是学习弹性连续介质有限单元法分析的引导。

杆系结构的矩阵分析方法采用的是结构力学中的位移分析方法，其主要力学原理仍然是静力平衡和位移协调，并借助于矩阵这一数学工具使得全部计算过程变得统一、规范，便于编制通用程序。

一、杆系结构有限单元法求解的基本过程及主要任务

1. 结构离散化

在力学分析之前，先将给定结构以恰当的方式划分成若干个杆件单元，用杆件的轴线表示这一单元，各杆件单元的交点称为节点，按照自然数的顺序对所有单元和节点进行编号。

2. 单元分析

每个杆件单元都是在其两端的连接点处断开，从结构中取出的一个分离体。作用在单元两端节点的结构内力称为单元节点力，而单元两端节点的位移称为单元节点位移。单元分析的中心任务就是建立单元节点力和单元节点位移之间的关系表达式。

3. 整体分析

整体分析是将离散化分析所获得的各单元节点力和节点位移之间的关系，按照静力平衡与变形协调条件组集在一起，形成整个结构节点力和节点位移之间的关系表达式，即以整个结构中各节点的位移分量作为基本未知量的总体刚度方程。求解此方程组即得到各节点的位移，进而可求得各单元的内力。

二、杆系结构有限元分析基本假定

本章中所研究的杆系结构均为线弹性杆件结构，其满足以下假定：

1. 小变形假定

假定在荷载或其他外因作用下，结构内各点位移都远小于结构原来的尺寸，在建立平衡方

程时，可不考虑结构的几何尺寸改变，按照未发生位移前的结构几何形状建立力平衡关系。同时，还假定结构内各点的应变和转角也是很小的，在研究结构变形时，可以忽略应变和转角的二次幂及乘积项。

2. 胡克定律

各杆件单元的应力-应变关系服从胡克定律，即在外界因素作用下，单元内各点的应力和应变保持线性关系。

3. 叠加原理

对线性弹性结构而言，叠加原理成立，即若干组荷载同时作用产生的效果等于各组荷载分别作用产生的效果之和。

2.2　杆系结构的离散化及单元类型

一、杆系结构的离散化

如图 2-1 中给出的平面刚架结构和平面桁架结构。以每一自然杆件为一单元，单元节点为各杆件的连接点，这样就可将结构划分为有限个单元组成的集合体。分析时对单元和节点进行编号，编号既不能重复也不能遗漏，单元编号外加小圆圈以示和节点编号相区别。

一般情况下，划分单元的节点除杆件的连接点外，截面的突变点、结构的支撑点或自由端也应作为节点，有时为了计算上的需要，杆件上的某些特殊点，如集中荷载作用点等也被认为是节点（桁架除外，否则桁架结构将变为瞬变体系）。

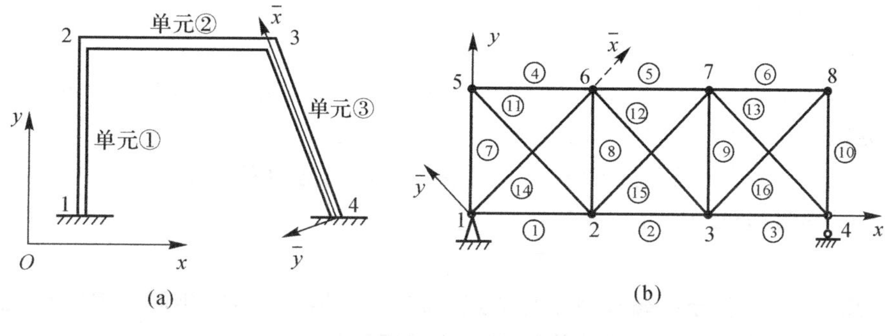

图 2-1　平面刚架与平面桁架结构的离散化示意图

(a) 平面刚架结构；(b) 平面桁架结构

在离散化过程中，单元和节点的编码分别被称做单元码和节点码，它们都是从 1 开始按照自然数的顺序编制到最后一个单元或节点的。单元码和节点码的编号原则上是任意的，对同一结构可以有不同的编号方式，不会影响计算结果。但编号顺序对计算时占用内存的多少及计算所花费的时间产生影响，所以在编码时应尽可能使得相邻节点编号的差值小一些。应当指出的是，不同的单元及节点编码顺序不会影响对整个结构的分析计算的最终结果。

二、杆件单元的类型和节点力与节点位移

根据结构类型的划分，杆系结构可分为连续梁、平面桁架、格栅、空间桁架及网架和空间刚

架等几种基本类型。对于其中任何一种类型，有限单元法分析的过程都是相同的，区别仅在于单元刚度矩阵的不同。这里着重说明这几类杆件单元的受力及节点位移情况。

本节所分析的杆件均假定为等截面直杆或近似的等截面直杆，单元弹性系数均为常量，所有外荷载仅仅作用在节点上。

1. 连续梁

图 2-2 所示为一连续梁，xOy 平面为梁的一个纵向对称面。$Oxyz$ 坐标系为取定的右手直角坐标系。所有荷载均为作用于 xOy 平面内的荷载，外力矩按右手螺旋法则确定正负号，所有外力矩均为绕 z 轴的矩。这时，xOy 面即为梁的弯曲平面。

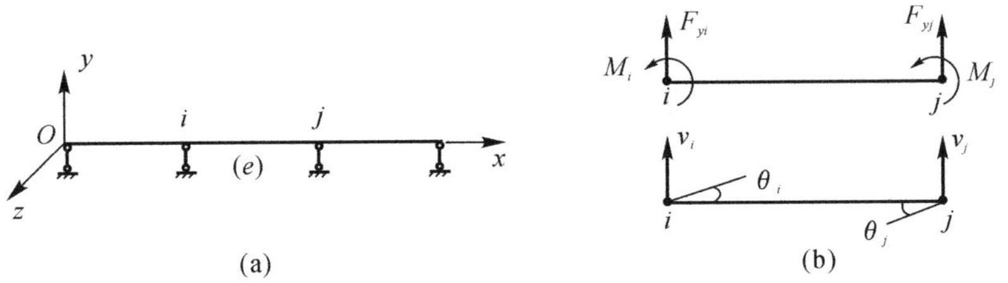

图 2-2　连续梁结构及节点位移、节点荷载图

(a) 结构(局部) 图；(b) 节点内力及位移分量

把给定的连续梁划分为若干个梁单元，所有支承点均取为节点。

连续梁结构的内力分析通常不考虑杆件的轴力。因此，任何一个不受支座约束的节点，其位移自由度为 2，即一个沿 y 方向的线位移(挠度)、一个绕 z 轴的角位移(截面转角)，所以，任一节点 i 的位移 $\boldsymbol{\delta}_i$ 可表示为

$$\boldsymbol{\delta}_i = [v_i \quad \theta_i]^{\mathrm{T}} \tag{2-1}$$

式中，v_i 为 y 方向的线位移；θ_i 为绕 z 轴的角位移。所有位移分量均以与坐标的正方向相同为正。角位移按右手螺旋法则与坐标轴正方向相同者为正。

同理，任一节点所承受的荷载情况也仅为沿 y 方向的剪力 F_{yi} 和一个绕 z 轴的弯矩 M_i，所以任一节点 i 的荷载分量 $\boldsymbol{F}_i$ 可表示为

$$\boldsymbol{F}_i = [F_{yi} \quad M_i]^{\mathrm{T}} \tag{2-2}$$

对各节点而言，荷载分量编号顺序与节点位移分量的编号顺序相同。对其他几类杆系结构，节点位移分量和节点荷载分量的符号规定均采用同样的方法。

2. 平面桁架

图 2-3 为一平面桁架结构。各杆件之间的连接假定为理想铰，各杆仅能承受轴向力，因此节点位移仅为轴向位移。对平面桁架而言，任一不受约束的节点其位移自由度为 2，即沿两个平面坐标轴方向的线位移。任一节点 i 的位移 $\boldsymbol{\delta}_i$ 可表示为

$$\boldsymbol{\delta}_i = [u_i \quad v_i]^{\mathrm{T}} \tag{2-3}$$

式中，u_i，v_i 分别为节点 i 沿 x 轴和 y 轴方向的线位移。同理，在平面桁架结构中，所有外荷载假定均为作用在 xOy 平面内的节点荷载。因假定节点均为铰结，不能承受力矩，故节点荷载分量即沿坐标轴方向的集中力，与节点位移的表示方法类似，任一节点荷载 $\boldsymbol{F}_i$ 可表示为

$$\boldsymbol{F}_i = [F_{xi} \quad F_{yi}]^{\mathrm{T}} \tag{2-4}$$

式中，F_{xi} 为节点 i 沿 x 轴方向的轴向力；F_{yi} 节点 i 沿 y 轴方向的剪力。

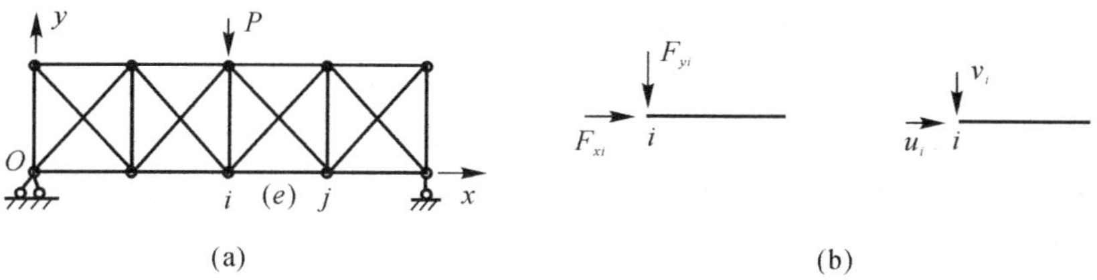

图 2-3　平面桁架结构及节点位移、节点荷载图

(a) 结构(局部) 图；(b) 节点内力及位移分量

3. 平面刚架

图 2-4 为一平面刚架结构。各杆件轴线均位于同一平面内，杆件之间的连接点假定为刚性节点，所有外荷载均位于杆件所在的 xOy 面内。各杆件均能承受轴力、剪力和弯矩，因此，任一不受支承约束的节点具有三个位移自由度，即沿两个平面坐标轴方向的线位移以及绕 z 轴方向的转角位移。任一节点 i 的位移分量 $\boldsymbol{\delta}_i$ 可表示为

$$\boldsymbol{\delta}_i = [u_i \quad v_i \quad \theta_i]^{\mathrm{T}} \tag{2-5}$$

式中，u_i，v_i 分别为节点 i 沿 x 轴和 y 轴方向的线位移；θ_i 为节点 i 绕 z 轴方向的转角位移。任一节点荷载 $\boldsymbol{F}_i$ 可表示为

$$\boldsymbol{F}_i = [F_{xi} \quad F_{yi} \quad M_i]^{\mathrm{T}} \tag{2-6}$$

式中，F_{xi} 为节点 i 沿 x 轴方向的轴向力；F_{yi} 节点 i 沿 y 轴方向的剪力；M_i 为绕 z 轴的弯矩。

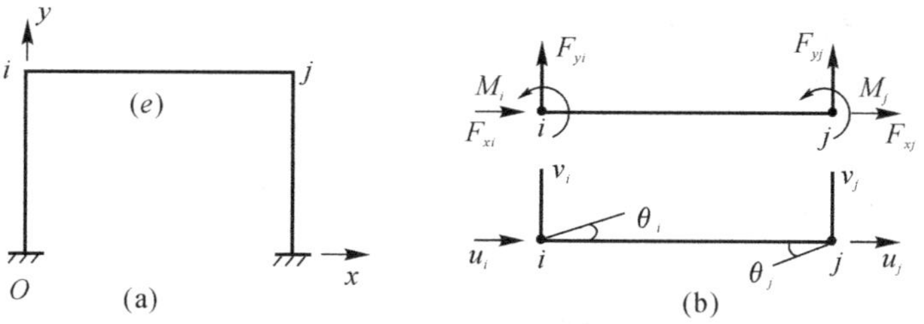

图 2-4　平面刚架结构及节点位移、节点荷载图

(a) 结构(局部) 图；(b) 节点内力及位移分量

应当指出，平面刚架中的杆件一般以弯曲变形为主，在采用传统手算方法计算时，为了使计算简化常忽略轴向变形的影响。采用计算机进行分析时，不再略去轴向变形，这不仅使分析精度提高，更重要的是便于编制计算机程序，对无侧移刚架和有侧移刚架等情形，也无须加以区分。

4. 格栅结构

图 2-5 为一格栅结构或称为纵横梁系统。格栅仍然是平面结构，其所有杆件均位于同一平面内，即 xOy 平面内，纵横梁之间的连接方式可以为铰结也可以为刚结。格栅结构与平面刚架的主要区别在于其所承受的荷载为垂直于格栅平面的节点集中力以及绕格栅平面坐标轴的节点集中力矩。在这样的荷载条件下格栅结构各杆件均承受剪力、弯矩和扭矩，因此任一不受支承约束的节点具有三个位移自由度，即沿垂直 xOy 面方向(沿 z 轴方向) 的线位移以及分别绕 x，y 轴方向的转角位移。任一节点 i 的位移分量 $\boldsymbol{\delta}_i$ 可表示为

$$\boldsymbol{\delta}_i = [\theta_{xi} \quad \theta_{yi} \quad w_i]^{\mathrm{T}} \tag{2-7}$$

式中，θ_{xi}，θ_{yi} 分别为节点 i 绕 x 轴和 y 轴的转角位移；w_i 为节点 i 沿垂直 xOy 面方向的线位移。任一节点荷载 $\boldsymbol{F}_i$ 可表示为

$$\boldsymbol{F}_i=[M_{xi}\quad M_{yi}\quad F_{zi}]^{\mathrm{T}} \tag{2-8}$$

式中，M_{xi} 为节点 i 绕 x 轴方向的弯矩；M_{yi} 为节点 i 绕 y 轴方向的弯矩；F_{zi} 为作用在节点 i 上与 z 轴方向平行的竖向荷载。

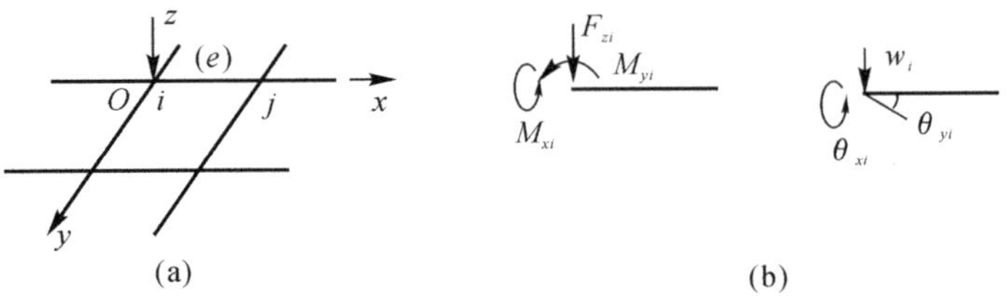

图 2-5　格栅结构及节点位移、节点荷载图

(a) 结构(局部) 图；(b) 节点内力及位移分量

在分析的过程中，一般假定格栅结构各杆件横截面均有两个对称轴，杆件的弯曲与扭转彼此互不耦合，可分别处理。与平面刚架中轴向变形的影响在分析过程中往往被忽略类似，格栅结构中各杆件以弯曲变形为主，扭转变形的影响也往往被忽略。

5. 空间桁架

空间桁架结构与平面桁架的力学性能类似，各杆件只能承受轴向力，因此其节点位移也仅为轴向位移。但由于考虑杆件的空间效应，各节点均有三个位移自由度，即分别沿三个坐标轴的线位移。任一节点 i 的位移 $\boldsymbol{\delta}_i$ 可表示为

$$\boldsymbol{\delta}_i=[u_i\quad v_i\quad w_i]^{\mathrm{T}} \tag{2-9}$$

式中，u_i，v_i，w_i 分别为沿 x，y，z 轴方向的线位移。任一节点的荷载 $\boldsymbol{F}_i$ 可表示为

$$\boldsymbol{F}_i=[F_{xi}\quad F_{yi}\quad F_{zi}]^{\mathrm{T}} \tag{2-10}$$

式中，F_{xi}，F_{yi}，F_{zi} 分别为沿 x，y，z 轴方向的轴向力。

6. 空间刚架

空间刚架结构各杆件可承受轴力、剪力和弯矩，因此产生相应的位移。由于考虑杆件的空间效应，各节点的位移自由度均比平面刚架单元多出几个沿 z 轴方向的位移自由度。任一节点 i 的位移 $\boldsymbol{\delta}_i$ 可表示为

$$\boldsymbol{\delta}_i=[u_i\quad v_i\quad w_i\quad \theta_{xi}\quad \theta_{yi}\quad \theta_{zi}]^{\mathrm{T}} \tag{2-11}$$

式中，u_i，v_i，w_i 分别为沿 x，y，z 轴方向的线位移；θ_{xi}，θ_{yi}，θ_{zi} 分别为沿 x，y，z 轴方向的转角位移。任一节点的荷载 $\boldsymbol{F}_i$ 可表示为

$$\boldsymbol{F}_i=[F_{xi}\quad F_{yi}\quad F_{zi}\quad M_{xi}\quad M_{yi}\quad M_{zi}]^{\mathrm{T}} \tag{2-12}$$

式中，F_{xi} 为节点 i 沿 x 轴方向的轴向力；F_{yi} 为节点 i 沿 y 轴方向的剪力；F_{zi} 为节点 i 沿 z 轴方向的剪力；M_{xi} 为绕 x 轴的弯矩；M_{yi} 为绕 y 轴的弯矩；M_{zi} 为绕 z 轴的弯矩。

2.3　局部坐标系下的单元刚度矩阵

2.2 节介绍了几类使用较为广泛的杆系结构的单元类型以及单元节点位移和节点荷载情

况。对于各种类型的杆件单元，其有限元分析的基本思路和步骤是相同的。因此，在后续各节的分析过程中仅就以下两类杆件单元进行具体的分析：节点荷载和节点位移情况较为简单的平面杆单元(只承受轴向力)和受力以及位移情况较具代表性的考虑轴向力的平面梁单元(又称刚架单元)。其他类型单元的分析方法与这两类单元基本相同，可仿照进行。

一、坐标系的建立

为了描述各节点的位置，必须建立联系整个杆系结构的总体坐标系 Oxy。另外，为了讨论问题方便，除总体坐标系外，还要建立附属于每一个单元的局部坐标系。单元局部坐标系的定义是以 x 轴和单元的轴线重合，并按右手规则规定出 y 轴。若第 m 个单元两个节点在整体坐标系中的坐标已知，就可确定局部坐标系以及推导出它和整体坐标系的关系。

二、单元刚度方程

有限单元法分析过程中很重要的一步就是建立联系节点力和节点位移关系的刚度方程。这一方程的建立，一般采用的方法有两种，一是用结构分析的基本方法引出来的直接法，另一种是用变分原理导出的能量法。当结构只由一维杆件单元的集合体表示时，两种方法一样有效，但对于较复杂的结构用能量法更为方便，在后面介绍弹性连续体的刚度方程建立时就采用这一方法。因直接法有助于理解刚度矩阵的力学意义，所以这里用直接法推导出平面杆件单元和平面梁单元以及空间梁单元的刚度方程。

对单元分析而言，采用适合于该单元具体方位的坐标系将方便很多，因此本节关于单元刚度方程的推导就在单元局部坐标系下进行。

1. 平面杆单元的单元刚度方程

如图 2-6 所示的杆件单元，节点为 $i(x_i, y_i)$ 和 $j(x_j, y_j)$，杆件截面积为 A，材料弹性模量为 E，杆件长度 l 可根据已知的单元两端节点在整体坐标系中的坐标值由下式算出

$$l=\sqrt{(x_j-y_i)^2-(y_j-y_i)^2}$$

规定单元的局部坐标轴如图 2-6 所示，沿单元的轴线方向从单元起点指向终点的方向为 x 轴方向，而垂直 x 轴按逆时针方向旋转的方向为 y 轴方向。为与整体坐标加以区别，对单元坐标系下的各个分量均在其上加短横。

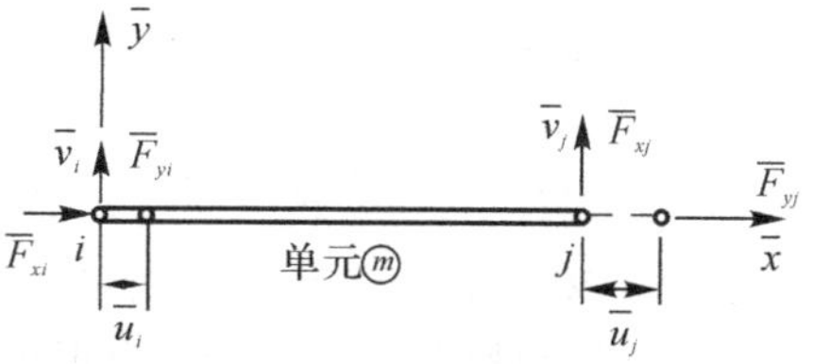

图 2-6　平面杆单元受力及位移图

由于杆单元仅受轴向力作用，所以

$$\bar{F}_{yi}=\bar{F}_{yj}=0$$

单元 m 的轴向变形 $\Delta l=\bar{u}_j-\bar{u}_i$，由胡克定律可知

$$\bar{F}_{xi}=\frac{AE}{l}\Delta l=\frac{AE}{l}(\bar{u}_j-\bar{u}_i)$$

而由力的平衡关系可以得到

$$\bar{F}_{xj}=\bar{F}_{xi}=\frac{AE}{l}(\bar{u}_j-\bar{u}_i)$$

将上式写成矩阵的形式，有

$$\begin{bmatrix}\bar{F}_{xi}\\ \bar{F}_{yi}\\ \bar{F}_{xj}\\ \bar{F}_{yj}\end{bmatrix}=\frac{EA}{l}\begin{bmatrix}1&0&-1&0\\0&0&0&0\\-1&0&1&0\\0&0&0&0\end{bmatrix}\begin{bmatrix}\bar{u}_i\\ \bar{v}_i\\ \bar{u}_j\\ \bar{v}_j\end{bmatrix}$$

简写为

$$\bar{\boldsymbol{F}}_e=\bar{\boldsymbol{k}}\bar{\boldsymbol{u}}_e \tag{2-13}$$

式中，$\bar{\boldsymbol{F}}_e$ 为杆端力列阵，$\bar{\boldsymbol{k}}$ 为杆单元刚度矩阵，$\bar{\boldsymbol{u}}_e$ 为杆端位移列阵。式(2-13)即为单元坐标系下平面杆单元的单元刚度方程。

同理，对空间杆单元也可写出相同的单元刚度方程如下：

$$\begin{bmatrix}\bar{F}_{xi}\\ \bar{F}_{yi}\\ \bar{F}_{zi}\\ \bar{F}_{xj}\\ \bar{F}_{yj}\\ \bar{F}_{zj}\end{bmatrix}=\frac{EA}{l}\begin{bmatrix}1&0&0&-1&0&0\\0&0&0&0&0&0\\0&0&0&0&0&0\\-1&0&0&1&0&0\\0&0&0&0&0&0\\0&0&0&0&0&0\end{bmatrix}\begin{bmatrix}\bar{u}_i\\ \bar{v}_i\\ \bar{w}_i\\ \bar{u}_j\\ \bar{v}_j\\ \bar{w}_j\end{bmatrix}$$

简写为

$$\bar{\boldsymbol{F}}_e=\bar{\boldsymbol{k}}\bar{\boldsymbol{u}}_e \tag{2-14}$$

式中，$\bar{\boldsymbol{F}}_e$ 为杆端力列阵，$\bar{\boldsymbol{k}}$ 为杆单元刚度矩阵，$\bar{\boldsymbol{u}}_e$ 为杆端位移列阵。式(2-14)为单元坐标系下空间杆单元的单元刚度方程。

2. 平面梁单元的单元刚度方程

建立平面梁单元的单元坐标系如图2-7所示。节点 i 为单元坐标系原点，从起始节点 i 指向末节点 j 的杆件轴线方向即为 $\bar{x}$ 轴，按右手螺旋法则定义 $\bar{y}$，$\bar{z}$ 轴。

图2-7所示的梁单元，若其长度为 l，材料弹性模量为 E，截面积为 A，截面对 $\bar{z}$ 轴的惯性矩为 I。单元节点位移 $(\bar{u}\quad \bar{v}\quad \bar{\theta}_i\quad \bar{u}_j\quad \bar{v}_j\quad \bar{\theta}_j)^{\mathrm{T}}$ 和单元节点力 $(\bar{F}_{xi}\quad \bar{F}_{yi}\quad \bar{M}_{zi}\quad \bar{F}_{xj}\quad \bar{F}_{yj}\quad \bar{M}_{zj})^{\mathrm{T}}$ 之间的关系式(单元刚度方程)按以下方法推导。规定沿坐标轴 x，y 正方向的节点位移分量和节点力分量为正值，绕 z 轴逆时针方向旋转的节点转角和节点力矩为正值，反之为负值。

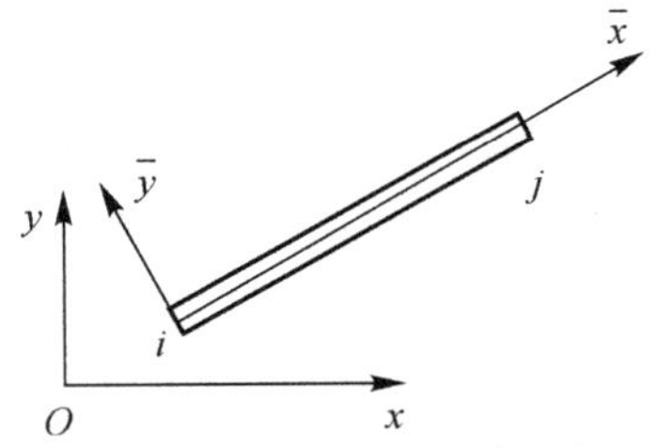

图2-7　平面梁单元局部坐标系及整体坐标系示意图

在弹性小变形条件下，梁通常以受力弯曲为主，轴向力的影响一般可忽略不计。因此，可分别推导轴向变形和弯曲变形的单元刚度方程，然后进行叠加。

与平面杆单元类似，当梁单元两端节点 i，j 只有沿 $\bar{x}$ 轴方向的位移 $\bar{u}_i$，$\bar{u}_j$ 时，见图2-8(a)，其杆端力与杆端位移关系是

$$\left.\begin{aligned}\bar{F}_{xi}&=-\frac{EA}{L}(\bar{u}_j-\bar{u}_i)\\ \bar{F}_{xj}&=-\frac{EA}{L}(\bar{u}_j-\bar{u}_i)\end{aligned}\right\} \tag{2-15}$$

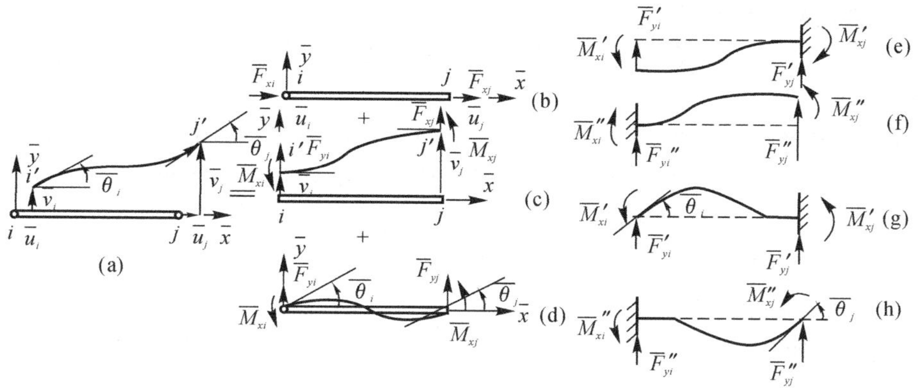

图 2-8　梁单元杆端位移及节点力

由结构力学等截面直杆的转角位移方程可知，当梁单元两端节点 i,j 产生沿 $\bar{y}$ 轴方向的位移 $\bar{v}_i,\bar{v}_j$（见图 2-8(c)），以及绕 z 轴的转角为 θ_i,θ_j 时（见图 2-8(d)），单元产生平面弯曲变形，其杆端力与杆端位移的关系分别为

$$\left.\begin{aligned}
\bar{F}_{yi} &= \frac{12EI}{L^3}\bar{v}_i + \frac{6EI}{L^2}\bar{\theta}_i - \frac{12EI}{L^3}\bar{v}_j + \frac{6EI}{L^2}\bar{\theta}_j \\
\bar{F}_{yj} &= \frac{12EI}{L^3}\bar{v}_i + \frac{6EI}{L^2}\bar{\theta}_i + \frac{12EI}{L^3}\bar{v}_j + \frac{6EI}{L^2}\bar{\theta}_j \\
\bar{M}_i &= \frac{12EI}{L^2}\bar{v}_i + \frac{4EI}{L}\bar{\theta}_i - \frac{6EI}{L^2}\bar{v}_j + \frac{2EI}{L}\bar{\theta}_j \\
\bar{M}_j &= \frac{6EI}{L^2}\bar{v}_i + \frac{2EI}{L}\bar{\theta}_i - \frac{6EI}{L^2}\bar{v}_j + \frac{4EI}{L}\bar{\theta}_j
\end{aligned}\right\} \tag{2-16}$$

将式(2-15)及式(2-16)合并在一起写成矩阵形式为

$$\begin{bmatrix}\bar{F}_{xi}\\ \bar{F}_{yi}\\ \bar{M}_i\\ \bar{F}_{xj}\\ \bar{F}_{yj}\\ \bar{M}_j\end{bmatrix} = \begin{bmatrix}
\frac{EA}{L} & 0 & 0 & -\frac{EA}{L} & 0 & 0 \\
0 & \frac{12EI}{L^3} & \frac{6EI}{L^2} & 0 & -\frac{12EI}{L^3} & \frac{6EI}{L^2} \\
0 & \frac{6EI}{L^2} & \frac{4EI}{L} & 0 & -\frac{6EI}{L^2} & \frac{2EI}{L} \\
-\frac{EA}{L} & 0 & 0 & \frac{EA}{L} & 0 & 0 \\
0 & -\frac{12EI}{L^3} & -\frac{6EI}{L^2} & 0 & \frac{12EI}{L^3} & -\frac{6EI}{L^2} \\
0 & \frac{6EI}{L^2} & \frac{2EI}{L} & 0 & -\frac{6EI}{L^2} & \frac{4EI}{L}
\end{bmatrix} \begin{bmatrix}\bar{u}_i\\ \bar{v}_i\\ \bar{\theta}_i\\ \bar{u}_j\\ \bar{v}_j\\ \bar{\theta}_j\end{bmatrix}$$

简写为

$$\bar{\boldsymbol{F}}_e = \bar{\boldsymbol{k}}\bar{\boldsymbol{u}}_e \tag{2-17}$$

式中，$\bar{\boldsymbol{F}}_e$ 为单元坐标系中的单元杆端力列阵，$\bar{\boldsymbol{u}}_e$ 为单元坐标系中的单元杆端位移列阵；$\bar{\boldsymbol{k}}$ 为单元坐标系中的单元刚度矩阵。同理，可以推导出空间梁单元的单元刚度方程，这里不再赘述。式(2-17)即为所求的平面梁单元在单元坐标系中的单元刚度方程。

3．单元刚度矩阵的特性

由上述分析过程可见，单元刚度矩阵在有限单元法中极为重要。所以，有必要进一步讨论它的力学意义和特性。

（1）单元刚度矩阵的物理意义。单元刚度矩阵表示的是任一单元的杆端力和杆端位移之间的关系。它的行数为杆端力分量的个数，列数是杆端位移分量的个数。单元刚度矩阵中任一元素 $\bar{k}_{ij}$ 表示的是单元第 j 个杆端位移分量为 1、其余杆端位移分量为 0 时，第 i 个杆端力分量的值。这类似于弹簧的刚度系数，所以矩阵 $\boldsymbol{k}$ 才被称之为刚度矩阵。

（2）单元刚度矩阵的性质。

1）单元刚度矩阵是一个常量矩阵。$\bar{\boldsymbol{k}}$ 中各个元素仅与单元的几何和物理特性参数有关，均为常数。

2）单元刚度矩阵是对称矩阵。即 $\bar{k}_{rs}=\bar{k}_{sr}$，$r,s=1,2,\cdots$，这可以运用结构力学的互等定律证明。单元刚度矩阵的对称性，对杆系单元是如此，对连续体单元情况也是如此。即有限单元法所研究的单元，其刚度矩阵均为对称矩阵。

3）单元刚度矩阵是一个奇异矩阵，也就是说矩阵行列式等于零。如果把单元刚度方程(2-17)中，刚度矩阵的第四行元素分别加到第一行对应元素上，则第一行元素全部变成零元素。这是因为不论单元杆端位移有多大，单元杆端力分量都将满足平衡关系，如：

$$\bar{F}_{xi}=\bar{F}_{xj}=0$$

所以，有关两行各对应列元素之和为零值。这个性质的另一种说法是：单元刚度矩阵 $\bar{\boldsymbol{k}}$ 不存在逆矩阵。也就是说，如果给定了杆端位移虽然可以得出杆端力的唯一解，但是如果给定了杆端力，则不能得出杆端位移的唯一解。这个特性的物理意义是显然的，因为这时单元两端根本没有支承，因此除杆件本身产生变形外，还可产生任意的刚体位移，这一部分刚体位移分量，根据给定的杆端力显然是无法唯一确定的。

2.4 坐标变换

以上在推导单元刚度方程时，为了计算方便，对结构当中各个杆件采用的是局部坐标系。从单元分析的角度来看这是非常方便的，但在整体分析时，对所有单元必须采用统一的坐标系才能获得唯一的计算结果。如何把局部坐标系下推导出的相关方程转换到为整个结构计算建立的整体坐标系下，是本节要研究的内容。

一、平面杆单元杆端位移和杆端力在整体坐标系下的表示方式

如图 2-9 所示的平面杆单元，其在单元坐标系下，节点 i,j 的杆端位移列阵为 $\bar{\boldsymbol{u}}_e=[\bar{u}_I \quad \bar{v}_I \quad \bar{u}_j \quad \bar{v}_j]^{\mathrm{T}}$，杆端力列阵为 $\bar{\boldsymbol{F}}_e=[\bar{F}_{xi} \quad \bar{F}_{yi} \quad \bar{F}_{xj} \quad \bar{F}_{yj}]^{\mathrm{T}}$。由图2-9可知，杆端力在局部坐标系和总体坐标系之间的变换关系为

$$\begin{aligned}
\bar{F}_{xi}&=F_{xi}\cos\alpha+F_{yi}\sin\alpha\\
\bar{F}_{yi}&=-F_{xi}\sin\alpha+F_{yi}\cos\alpha\\
\bar{F}_{xj}&=F_{xj}\cos\alpha+F_{yj}\sin\alpha\\
\bar{F}_{yj}&=-F_{xj}\sin\alpha+F_{yj}\cos\alpha
\end{aligned}$$

写成矩阵形式，则为

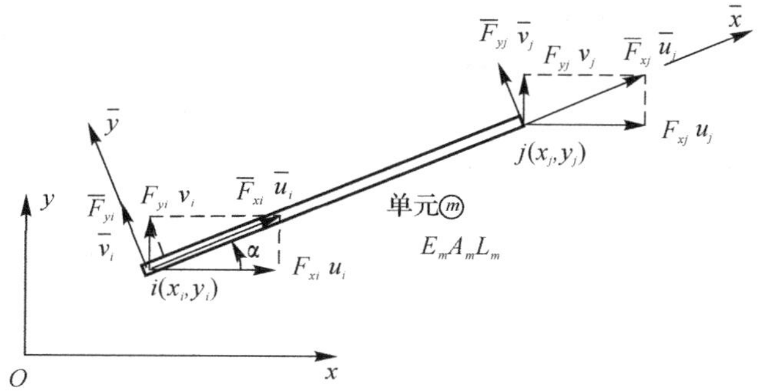

图 2－9　整体坐标系下平面杆单元示意图

$$\begin{bmatrix}\bar{F}_{xi}\\ \bar{F}_{yi}\\ \bar{F}_{xj}\\ \bar{F}_{yj}\end{bmatrix}=\begin{bmatrix}\cos\alpha & \sin\alpha & 0 & 0\\ -\sin\alpha & \cos\alpha & 0 & 0\\ 0 & 0 & \cos\alpha & \sin\alpha\\ 0 & 0 & -\sin\alpha & \cos\alpha\end{bmatrix}\begin{bmatrix}F_{xi}\\ F_{yi}\\ F_{xj}\\ F_{yj}\end{bmatrix}$$

简记为

$$\bar{\boldsymbol{F}}_e=\boldsymbol{T}\boldsymbol{F}_e \tag{2-18}$$

式中，$\boldsymbol{T}$ 称为坐标变换矩阵，它是一个正交矩阵，即 $\boldsymbol{T}^{-1}=\boldsymbol{T}^{\mathrm{T}}$

$$\boldsymbol{T}=\begin{bmatrix}\cos\alpha & \sin\alpha & 0 & 0\\ -\sin\alpha & \cos\alpha & 0 & 0\\ 0 & 0 & \cos\alpha & \sin\alpha\\ 0 & 0 & -\sin\alpha & \cos\alpha\end{bmatrix}$$

单元坐标变换矩阵 $\boldsymbol{T}$ 中各元素值如下：

杆件(单元)的长度为

$$L=\sqrt{(x_j-x_i)^2+(y_j-y_i)^2}$$

$$\cos\alpha=\frac{x_j-x_i}{L},\qquad \sin\alpha=\frac{y_j-y_i}{L}$$

同理，可得杆端位移在两坐标系间的变换关系为

$$\bar{\boldsymbol{u}}_e^m=\boldsymbol{T}\boldsymbol{u}_e^m \tag{2-19}$$

式中，m 为任一单元。

二、平面梁单元杆端位移和杆端力在整体坐标系下的表示方式

如图 2－10 所示的平面梁单元，其在单元坐标系下，节点 i,j 位置的杆端位移列阵为

$$\bar{\boldsymbol{u}}_e=[\bar{u}_i\quad \bar{v}_i\quad \bar{\theta}_i\quad \bar{u}_j\quad \bar{v}_j\quad \bar{\theta}_j]^{\mathrm{T}}$$

杆端力列阵为

$$\bar{\boldsymbol{F}}_e=[\bar{F}_{xi}\quad \bar{F}_{yi}\quad \bar{M}_i\quad \bar{F}_{xj}\quad \bar{F}_{yj}\quad \bar{M}_j]^{\mathrm{T}}$$

由于弯矩和相应的转角位移不随坐标系变化，故由图 2－10 可知，杆端力在局部坐标系和总体坐标系之间的变换关系为

$$
\begin{bmatrix} \overline{F}_{xi} \\ \overline{F}_{yi} \\ \overline{M}_{zi} \\ \overline{F}_{xj} \\ \overline{F}_{yj} \\ \overline{M}_{zj} \end{bmatrix} = \begin{bmatrix} \cos\alpha & \sin\alpha & 0 & 0 & 0 & 0 \\ -\sin\alpha & \cos\alpha & 0 & 0 & 0 & 0 \\ 0 & 0 & 1 & 0 & 0 & 0 \\ 0 & 0 & 0 & \cos\alpha & \sin\alpha & 0 \\ 0 & 0 & 0 & -\sin\alpha & \cos\alpha & 0 \\ 0 & 0 & 0 & 0 & 0 & 1 \end{bmatrix} \begin{bmatrix} F_{xi} \\ F_{yi} \\ M_{zi} \\ F_{xj} \\ F_{yj} \\ M_{zj} \end{bmatrix}
$$

上式可简记为

$$\overline{\boldsymbol{F}}_e = \boldsymbol{T}\boldsymbol{F}_e \tag{2-20}$$

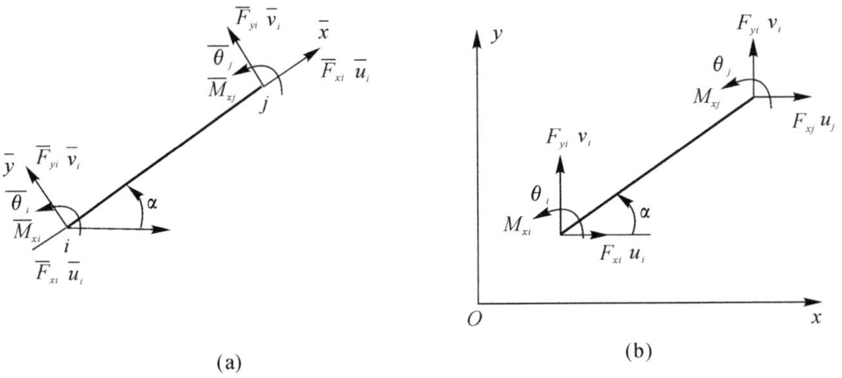

图 2-10　整体坐标系下平面梁单元示意图

(a) 局部坐标系；(b) 整体坐标系

同理单元杆端位移在局部坐标系和总体坐标系之间的变换关系可表示为

$$\overline{\boldsymbol{u}}_e = \boldsymbol{T}\boldsymbol{u}_e \tag{2-21}$$

式中

$$
\boldsymbol{T} = \begin{bmatrix} \cos\alpha & \sin\alpha & 0 & 0 & 0 & 0 \\ -\sin\alpha & \cos\alpha & 0 & 0 & 0 & 0 \\ 0 & 0 & 1 & 0 & 0 & 0 \\ 0 & 0 & 0 & \cos\alpha & \sin\alpha & 0 \\ 0 & 0 & 0 & -\sin\alpha & \cos\alpha & 0 \\ 0 & 0 & 0 & 0 & 0 & 1 \end{bmatrix}
$$

即为平面梁单元在两种坐标系下进行坐标转换的转换矩阵，它亦为正定矩阵。

三、单元刚度矩阵在两种坐标系下的转换

以平面梁单元为例进行说明。将平面梁单元杆端位移的坐标转换公式(2-21)及杆端力的坐标转换公式(2-20)代入单元刚度方程(2-17)，可得

$$\boldsymbol{T}\boldsymbol{F}_e = \overline{\boldsymbol{k}}\boldsymbol{T}\boldsymbol{u}_e \tag{2-22}$$

整理，可得

$$\boldsymbol{F}_e = \boldsymbol{T}^{\mathrm{T}}\overline{\boldsymbol{k}}\boldsymbol{T}\boldsymbol{u}_e \tag{2-23}$$

式中，令 $\boldsymbol{T}^{\mathrm{T}}\overline{\boldsymbol{k}}\boldsymbol{T} = \boldsymbol{k}$，称为整体坐标系下的单元刚度矩阵。而方程

$$\boldsymbol{F}_e = \boldsymbol{k}\boldsymbol{u}_e \tag{2-24}$$

称为总体坐标系下的单元刚度方程。

2.5　总体刚度方程的形成

结构分析的任务是求解在外部载荷作用下结构的各个部件的受力状态。为此，在单元分析的基础上要把作为分离体的各个单元组集成为一个完整的结构，把各单元刚度方程组合成能表达结构整体状态的总体平衡方程（总体刚度方程）以便求解问题。通常采用直接刚度法进行总体刚度方程的组集。

现以图 2-11 所示平面桁架结构为例来说明结构总体刚度方程的形成方法。图中给出了单元、节点编号，力学、几何参数以及结构所受的载荷和未知的约束反力、总体坐标系等。

根据桁架结构各个节点处相关单元对节点的作用力（与对应单元节点力大小相等、方向相反）和节点载荷的平衡关系，可得到结构的总体刚度方程。如图 2-12 给出了结构各节点的受力状态，则各节点的平衡方程分别为

节点 1 处：x 方向　$R_1 = F^1_{x1} + F^3_{x1}$；　　y 方向　$R_2 = F^1_{y1} + F^3_{y1}$

节点 2 处：x 方向　$0 = F^1_{x2} + F^2_{x2} + F^4_{x2}$；　　y 方向　$Q_1 = F^1_{y2} + F^2_{y2} + F^4_{y2}$

节点 3 处：x 方向　$0 = F^2_{x3} + F^5_{x3}$；　　y 方向　$R_3 = F^2_{y2} + F^2_{y3}$

节点 4 处：x 方向　$Q_2 = F^3_{x4} + F^4_{x4} + F^5_{x4}$；　　y 方向　$Q_1 = F^3_{y4} + F^4_{y4} + F^5_{y4}$

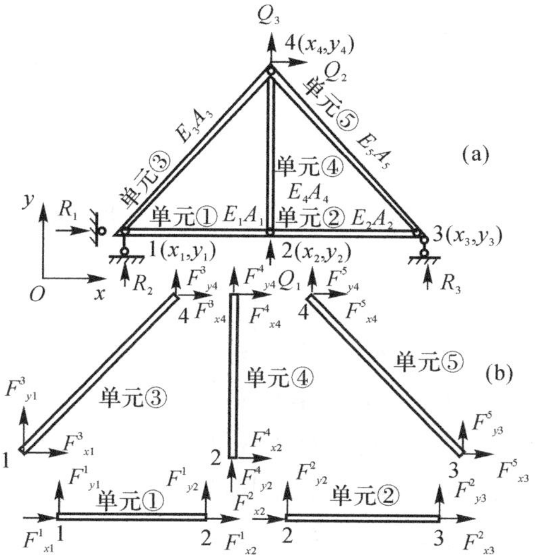

图 2-11　简单桁架结构及离散化

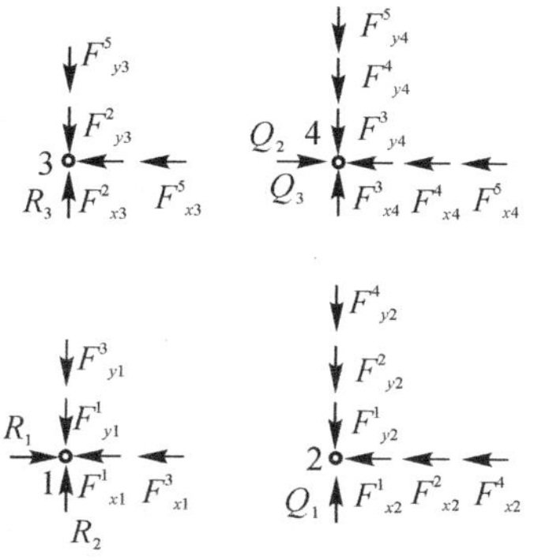

图 2-12　节点力及节点位移

总体坐标系下各单元的单元刚度方程为

单元 ①— 节点 1,2

$$
\begin{bmatrix} F^1_{x1} \\ F^1_{y1} \\ F^1_{x2} \\ F^1_{y2} \end{bmatrix} = \begin{bmatrix} k^1_{11} & k^1_{12} & k^1_{13} & k^1_{14} \\ k^1_{21} & k^1_{22} & k^1_{23} & k^1_{24} \\ k^1_{31} & k^1_{32} & k^1_{33} & k^1_{34} \\ k^1_{41} & k^1_{42} & k^1_{43} & k^1_{44} \end{bmatrix} \begin{bmatrix} u_1 \\ v_1 \\ u_2 \\ v_2 \end{bmatrix} \tag{2-25}
$$

单元 ②— 节点 2,3

$$\begin{bmatrix} F_{x2}^2 \\ F_{y2}^2 \\ F_{x3}^2 \\ F_{y3}^2 \end{bmatrix} = \begin{bmatrix} k_{11}^2 & k_{12}^2 & k_{13}^2 & k_{14}^2 \\ k_{21}^2 & k_{22}^2 & k_{23}^2 & k_{24}^2 \\ k_{31}^2 & k_{32}^2 & k_{33}^2 & k_{34}^2 \\ k_{41}^2 & k_{42}^2 & k_{43}^2 & k_{44}^2 \end{bmatrix} \begin{bmatrix} u_2 \\ v_2 \\ u_3 \\ v_3 \end{bmatrix} \tag{2-26}$$

单元 ③— 节点 1,4

$$\begin{bmatrix} F_{x1}^3 \\ F_{y1}^3 \\ F_{x4}^3 \\ F_{y4}^3 \end{bmatrix} = \begin{bmatrix} k_{11}^3 & k_{12}^3 & k_{13}^3 & k_{14}^3 \\ k_{21}^3 & k_{22}^3 & k_{23}^3 & k_{24}^3 \\ k_{31}^3 & k_{32}^3 & k_{33}^3 & k_{34}^3 \\ k_{41}^3 & k_{42}^3 & k_{43}^3 & k_{44}^3 \end{bmatrix} \begin{bmatrix} u_1 \\ v_1 \\ u_4 \\ v_4 \end{bmatrix} \tag{2-27}$$

单元 ④— 节点 2,4

$$\begin{bmatrix} F_{x2}^4 \\ F_{y2}^4 \\ F_{x4}^4 \\ F_{y4}^4 \end{bmatrix} = \begin{bmatrix} k_{11}^4 & k_{12}^4 & k_{13}^4 & k_{14}^4 \\ k_{21}^4 & k_{22}^4 & k_{23}^4 & k_{24}^4 \\ k_{31}^4 & k_{32}^4 & k_{33}^4 & k_{34}^4 \\ k_{41}^4 & k_{42}^4 & k_{43}^4 & k_{44}^4 \end{bmatrix} \begin{bmatrix} u_2 \\ v_2 \\ u_4 \\ v_4 \end{bmatrix} \tag{2-28}$$

单元 ⑤— 节点 3,4

$$\begin{bmatrix} F_{x3}^5 \\ F_{y3}^5 \\ F_{x4}^5 \\ F_{y4}^5 \end{bmatrix} = \begin{bmatrix} k_{11}^5 & k_{12}^5 & k_{13}^5 & k_{14}^5 \\ k_{21}^5 & k_{22}^5 & k_{23}^5 & k_{24}^5 \\ k_{31}^5 & k_{32}^5 & k_{33}^5 & k_{34}^5 \\ k_{41}^5 & k_{42}^5 & k_{43}^5 & k_{44}^5 \end{bmatrix} \begin{bmatrix} u_3 \\ v_3 \\ u_4 \\ v_4 \end{bmatrix} \tag{2-29}$$

上述各式中上标均表示单元编号。

将各单元刚度方程代入上述各平衡方程的右端,可以得到结构的总体刚度方程,用矩阵形式可表示为

$$\begin{bmatrix} R_1 \\ R_2 \\ 0 \\ Q_1 \\ 0 \\ R_3 \\ Q_2 \\ Q_3 \end{bmatrix} = \begin{bmatrix} k_{11} & k_{12} & k_{13}^1 & k_{14}^1 & 0 & 0 & k_{13}^3 & k_{14}^3 \\ k_{21} & k_{22} & k_{23}^1 & k_{24}^1 & 0 & 0 & k_{23}^3 & k_{24}^3 \\ k_{31}^1 & k_{32}^1 & k_{33} & k_{34} & k_{13}^2 & k_{14}^2 & k_{13}^4 & k_{14}^4 \\ k_{41}^1 & k_{42}^1 & k_{43} & k_{44} & k_{23}^2 & k_{24}^2 & k_{23}^4 & k_{24}^4 \\ 0 & 0 & k_{31}^2 & k_{32}^2 & k_{55} & k_{56} & k_{13}^5 & k_{14}^5 \\ 0 & 0 & k_{41}^2 & k_{42}^2 & k_{65} & k_{66} & k_{23}^5 & k_{24}^5 \\ k_{31}^3 & k_{32}^3 & k_{31}^4 & k_{32}^4 & k_{31}^5 & k_{32}^5 & k_{77} & k_{78} \\ k_{41}^3 & k_{42}^3 & k_{41}^4 & k_{42}^4 & k_{41}^5 & k_{42}^5 & k_{87} & k_{88} \end{bmatrix} \begin{bmatrix} u_1 \\ v_1 \\ u_2 \\ v_2 \\ u_3 \\ v_3 \\ u_4 \\ v_4 \end{bmatrix} \tag{2-30}$$

式中

$$k_{11} = k_{11}^1 + k_{11}^3 \qquad k_{12} = k_{12}^1 + k_{12}^3$$

$$k_{21} = k_{21}^1 + k_{21}^3 \qquad k_{22} = k_{22}^1 + k_{22}^3$$

$$k_{33} = k_{33}^1 + k_{11}^2 + k_{11}^4 \qquad k_{34} = k_{34}^1 + k_{12}^2 + k_{12}^4$$

$$k_{43} = k_{43}^1 + k_{21}^2 + k_{21}^4 \qquad k_{44} = k_{44}^1 + k_{22}^2 + k_{22}^4$$

$$k_{55} = k_{33}^2 + k_{11}^5 \qquad k_{56} = k_{34}^2 + k_{12}^5$$

$$k_{65} = k_{43}^2 + k_{21}^5 \qquad k_{66} = k_{44}^2 + k_{22}^5$$

$$k_{77}=k_{33}^{3}+k_{33}^{4}+k_{33}^{5} \qquad k_{78}=k_{34}^{3}+k_{34}^{4}+k_{34}^{5}$$
$$k_{87}=k_{43}^{3}+k_{43}^{4}+k_{43}^{5} \qquad k_{88}=k_{44}^{3}+k_{44}^{4}+k_{44}^{5}$$

将式(2-30)简写为

$$\boldsymbol{R}=\boldsymbol{KU} \tag{2-31}$$

式中,$\boldsymbol{R}=[R_1 \quad R_2 \quad 0 \quad Q_1 \quad 0 \quad R_3 \quad Q_2 \quad Q_3]^{\mathrm{T}}$,称为总体载荷列阵,简称荷载列阵;$\boldsymbol{U}=[u_1 \quad v_1 \quad u_2 \quad v_2 \quad u_3 \quad v_3 \quad u_4 \quad v_4]^{\mathrm{T}}$,称为总体位移列阵;$\boldsymbol{K}$ 称为总体刚度矩阵,简称总刚矩阵。

下面详细讨论总体刚度矩阵的形成方法和其特性。

一、总体刚度矩阵的形成方法——编码法

从式(2-30)可以看出,总体刚度矩阵的全部元素都是由各个单元刚度矩阵的相应元素组集而成的。如何确定单元刚度矩阵元素与总体刚度矩阵元素的对应关系,最简便且常用的方法是采用编码法。

1. 结构总体自由度编号

在总体刚度方程中总体位移列阵$\boldsymbol{U}=[u_1 \quad v_1 \quad u_2 \quad v_2 \quad u_3 \quad v_3 \quad u_4 \quad v_4]^{\mathrm{T}}$的元素总数称为结构总体自由度数,而元素的顺序号称为结构总体自由度编号。例如,图 2-11 所示结构的总体自由度总数等于 8,v_3 的总体自由度编号为 6。对平面桁架结构,每个节点只有 x,y 两个方向的位移分量(即节点自由度等于 2),因此它的总体自由度数等于节点总数乘 2。通常规定总体自由度编号按节点号顺序由小到大排列,而每一个节点的总体自由度编号先排 x 方向,后排 y 方向。例如节点 i 的 x 方向位移分量 u_i 的总体自由度编号为 $2i-1$,y 方向位移分量 v_i 的总体自由度编号为 $2i$。

在总体刚度方程中,总体载荷列阵 $\boldsymbol{R}=[R_1 \quad R_2 \quad 0 \quad Q_1 \quad 0 \quad R_3 \quad Q_2 \quad Q_3]^{\mathrm{T}}$ 的元素排列顺序必须与总体位移列阵的元素排列顺序一一对应。也就是说,在同一节点同一坐标方向的位移分量和载荷分量在总体位移列阵和总体载荷列阵中元素排列顺序号(即总体自由度编号)是相同的。

2. 单元局部自由度编号

单元刚度方程

$$\begin{bmatrix} F_{xi}^{m} \\ F_{yi}^{m} \\ F_{xj}^{m} \\ F_{yj}^{m} \end{bmatrix}=\begin{bmatrix} k_{11}^{m} & k_{12}^{m} & k_{13}^{m} & k_{14}^{m} \\ k_{21}^{m} & k_{22}^{m} & k_{23}^{m} & k_{24}^{m} \\ k_{31}^{m} & k_{32}^{m} & k_{33}^{m} & k_{34}^{m} \\ k_{41}^{m} & k_{42}^{m} & k_{43}^{m} & k_{44}^{m} \end{bmatrix}\begin{bmatrix} u_i \\ v_i \\ u_j \\ v_j \end{bmatrix} \tag{2-32}$$

式中,单元杆端位移列阵元素 u_i,v_i,u_j,v_j 及其对应的单元杆端力列阵元素 F_{xi}^{m},F_{yi}^{m},F_{xj}^{m},F_{yj}^{m} 的顺序号,称为单元局部自由度编号。

从式(2-32)可以看出,单元刚度矩阵元素 k_{rs}^{m} 是局部自由度编号 r 的杆端力分量与局部自由度编号 s 的杆端位移分量之间的刚度系数。

同理,从总体刚度方程 $\boldsymbol{R}=\boldsymbol{KU}$ 也可以看出,总体刚度矩阵元素 K_{IJ} 是总体自由度编号 I 的节点载荷分量与总体自由度编号 J 的节点位移分量之间的刚度系数。

只要知道单元的节点号就可以确定单元局部自由度编号与结构总体自由度编号的对应关系。例如若单元的节点总体编号是 i 和 j,那么节点位移分量 u_i,v_i,u_j,v_j 在单元内的局部自由

度编号是 1,2,3,4,而在结构中的总体自由度编号是 $2i-1,2i,2j-1,2j$。

3. 编码法

现仍以图 2-11 来具体讨论。例如单元 ③,它的节点号是 1,4。那么两种编号的对应关系是

局部自由度编号	1	2	3	4
总体自由度编号	1	2	7	8

将前述单元 ③ 的单元刚度方程(2-27) 展开为

$$\left.\begin{aligned}&(a)F_{x1}^3=k_{11}^3u_1+k_{12}^3v_1+k_{13}^3u_4+k_{14}^3v_4\\&(b)F_{y1}^3=k_{21}^3u_1+k_{22}^3v_1+k_{23}^3u_4+k_{24}^3v_4\\&(c)F_{x4}^3=k_{31}^3u_1+k_{32}^3v_1+k_{33}^3u_4+k_{34}^3v_4\\&(d)F_{y1}^3=k_{41}^3u_1+k_{42}^3v_1+k_{43}^3u_4+k_{44}^3v_4\end{aligned}\right\}\tag{2-33}$$

再将总体刚度方程(2-30) 式展开为

$$\left.\begin{aligned}&(e)R_1=F_{x1}^1+F_{x1}^3=K_{11}u_1+K_{12}v_1+\cdots+K_{17}u_4+K_{18}v_4\\&(f)R_2=F_{y1}^1+F_{y1}^3=K_{21}u_1+K_{22}v_1+\cdots+K_{27}u_4+K_{28}v_4\\&\quad\cdots\cdots\\&(g)Q_2=F_{x4}^3+F_{x4}^4+F_{x4}^5=K_{71}u_1+K_{72}v_1+\cdots+K_{77}u_4+K_{78}v_4\\&(h)Q_3=F_{y4}^3+F_{y4}^4+F_{y4}^5=K_{81}u_1+K_{82}v_1+\cdots+K_{87}u_4+K_{88}v_4\end{aligned}\right\}\tag{2-34}$$

总体刚度方程是由各节点处单元杆端力与节点载荷的平衡关系得到的,只要把单元刚度方程代入,就可以看出单刚矩阵元素在形成总刚矩阵时的组集位置。

例如单元 ③ 的单元刚度方程组(2-33) 之式(c),根据节点力的平衡关系,应代入总体刚度方程组(2-34) 之式(g),即

$$\begin{aligned}Q_2=F_{x4}^3+F_{x4}^4+F_{x4}^5&=k_{31}^3u_1+k_{32}^3v_1+k_{33}^3u_4+k_{34}^3v_4+F_{x4}^4+F_{x4}^5=\\&K_{71}u_1+K_{72}v_1+\cdots+K_{77}u_4+K_{78}v_4\end{aligned}\tag{2-35}$$

由于单刚矩阵元素和总刚矩阵元素都和节点位移大小无关,从以上等式可以看出:单刚矩阵元素 $k_{31}^3,k_{32}^3,k_{33}^3,k_{34}^3$ 分别对形成总刚矩阵元素 $K_{71},K_{72},K_{77},K_{78}$ 有贡献。$k_{31}^3,k_{32}^3,k_{33}^3,k_{34}^3$ 的第一脚标 3 与 $K_{71},K_{72},K_{77},K_{78}$ 的第一个脚标 7 相对应,这是由于局部自由度编号 3 的杆端力 F_{x4}^3 与总体自由度编号 7 的节点载荷 Q_2 有平衡关系。而 $k_{31}^3,k_{32}^3,k_{33}^3,k_{34}^3$ 的第二个脚标与 K_{71},K_{72},K_{77},K_{78} 的第二个脚标的关系,正是杆端位移分量 u_1,v_1,u_4,v_4 在单元 ③ 的局部自由度编号 1,2,3,4 与总体自由度编号 1,2,7,8 的对应关系。

上述对桁架结构总体刚度方程组集的分析,也适用于其他杆系结构,因此,通过上述实例的具体分析,可以得到如下的单刚矩阵元素与总刚矩阵元素的组集关系。

单刚矩阵元素 k_{rs}^m,其脚标 r,s 是单元 m 的局部自由度编号,与之对应的总体自由度编号分别是 I,J。在形成总刚矩阵时,k_{rs}^m 将累加到总刚矩阵元素 K_{IJ} 中。

在通用程序中,将单元刚度矩阵组集成总体刚度矩阵的实施步骤如下:先将总体刚度矩阵的全部元素置零值,然后依次将每一个单元刚度矩阵组集到总体刚度矩阵中。在组集一个单元刚度矩阵时,分别将每一个元素 k_{rs}^m(根据单元的节点编号,找到与局部自由度 r 和 s 相对应的总体自由度编号 I 和 J) 累加到对应的总体刚度矩阵元素 K_{IJ} 中。

采用以上编码法，在程序中由单元刚度矩阵自动形成总体刚度矩阵是很容易实现的。

二、总体刚度矩阵的特性

总体刚度矩阵有三个重要性质。

1. 对称性

总体刚度矩阵是一个对称矩阵，这是因为所有单元刚度矩阵都是对称矩阵。根据编码法，若单元的局部自由度编码 r 和 s 分别对应总体自由度编码 I 和 J，则单元刚度矩阵元素 k_{rs}^m 将累加到总体刚度矩阵元素 K_{IJ} 中，而单元刚度矩阵元素 k_{rs}^m 将累加到总体刚度矩阵元素 K_{JI} 中。$k_{rs}^m=k_{sr}^m$，所以在组集单元 m 的单元刚度矩阵时，总体刚度矩阵元素 K_{IJ} 和 K_{JI} 将得到相同的贡献值。依此类推，在组集全部对称的单元刚度矩阵后，得到的总体刚度矩阵必然是对称的。

2. 奇异性

在总体载荷列阵 $\boldsymbol{R}=[R_1 \quad R_2 \quad 0 \quad Q_1 \quad 0 \quad R_3 \quad Q_2 \quad Q_3]^{\mathrm{T}}$ 中包括了结构各个节点上作用的全部载荷和支座反力，它们应该满足平面力系的三个平衡方程，即

$$\sum \boldsymbol{F}_x=0, \qquad \sum \boldsymbol{F}_y=0, \qquad \sum M=0$$

尽管各节点位移分量可以随总体载荷列阵不同而改变，上述三个独立的平衡方程总是始终满足。与单刚矩阵奇异性分析一样，可以推知总体刚度矩阵中存在三个线性相关行，因而它是奇异矩阵，即总体刚度矩阵的行列式等于零。

另外，对于没有约束的结构，在总体载荷列阵等于零时，仍然允许产生任意的刚体位移。此时的总体刚度方程是齐次线性方程组，它有非零解的充分必要条件是方程组的系数行列式等于零，也就是总刚矩阵行列式等于零。由此亦可证明总刚矩阵是奇异矩阵。

3. 稀疏性

在大型结构划分单元时，一个节点只能与周围几个单元相连接，如果某一节点的某一位移分量或节点力分量的总体自由度编号是 I，根据编码法，只有含该节点的单元刚度矩阵元素才对总体刚度矩阵第 I 行或列的有关元素有贡献。凡是没有单元刚度矩阵元素贡献的总体刚度矩阵元素均为零值。结构总体自由度数越大，总体刚度矩阵中零元素就越多，将这样存在大量零元素的矩阵称为稀疏矩阵。如果结构的节点号编排得好，就可以使总体刚度矩阵的非零元素都集中到主对角线各元素的附近，形成带状稀疏的总体刚度矩阵。

2.6　总载荷列阵的形成

桁架结构的载荷一般都在节点上作用。将它们沿坐标轴方向分解成节点载荷分量，然后将这些节点载荷分量按各自的总体自由度编号分别组集到总体载荷列阵的对应元素中，即形成桁架结构的总体荷载列阵。

在平面刚架上作用的外载荷有两种。第一种是直接作用在节点上的力和力矩，称为节点载荷。在形成总体载荷列阵时，先将节点载荷分解为总体坐标轴方向的分量，再将这些载荷分量按其总体自由度编号组集到总体载荷列阵的对应元素项。第二种是非节点载荷，如图 2－13(a) 所示。对于非节点载荷，先要在单元内计算等效节点载荷，然后把等效节点载荷组集到总体载荷列阵中。

下面以图 2-13(a) 中的单元 ② 为例来说明如何将非节点载荷化成等效节点载荷。首先把图 2-13(a) 所示单元受非节点载荷作用的情况分解成图 2-13(b) 和图 2-13(c) 两种情况的叠加。在图 2-13(b) 中，因在中间载荷作用下梁单元两端固定，此时在单元两端处必将产生反力和反力矩，称它们为固端力和固端力矩。梁单元在固端力、固端力矩和中间载荷组成的平衡力系作用下，不会引起单元两端的杆端位移，但是能够产生单元内力。在图 2-13(c) 中，单元两端节点承受与固端力、固端力矩大小相等、方向相反的力和力矩作用，将这一力和力矩称为等效节点载荷。因在图 2-13(b) 所示单元受载情况下，并不会引起刚架结构的节点位移，所以，计算刚架结构的节点位移时，只要考虑 2-13(c) 所示等效点载荷的作用就可以了。然而，在计算单元内力时，应该将图 2-13(b) 和图 2-13(c) 两种受力情况分别计算的内力进行叠加，才能求得单元的实际内力。

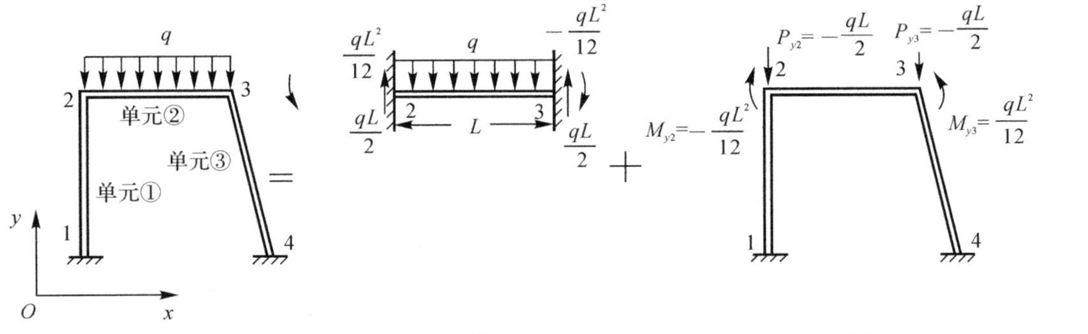

图 2-13　分布载荷的处理

为了编制程序方便，一般通用程序要求使用者将非节点载荷换算成单元局部坐标系的固端力和固端力矩，作为原始数据输入。程序处理时，首先将固端力和固端力矩乘以 -1，再经坐标变换化成总体坐标的单元等效节点载荷，然后组集到总体载荷列阵中。例如图 2-14 所示单元的局部坐标系固端力、固端力矩分别是 $\bar{R}_i$，$\bar{M}_i$，$\bar{R}_j$，$\bar{M}_j$。用列阵表示为

$$\bar{\boldsymbol{P}}=[0\quad \bar{R}_i\quad \bar{M}_i\quad 0\quad \bar{R}_j\quad \bar{M}_j]^{\mathrm{T}}$$

其中列阵元素按单元局部自由度顺序排列。

局部坐标系的单元等效节点载荷列阵 $\bar{\boldsymbol{Q}}$ 为

$$\bar{\boldsymbol{Q}}=-\bar{\boldsymbol{P}} \tag{2-36}$$

总体坐标系的单元等效节点载荷列阵 $\boldsymbol{Q}$ 可以由下列坐标变换关系求得

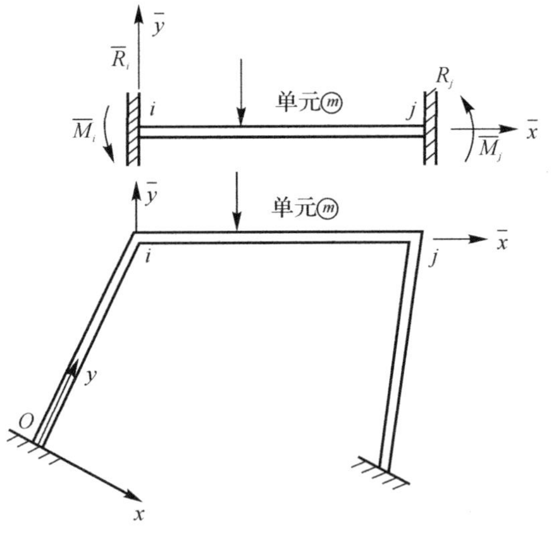

图 2-14　固端支座反力

$$\bar{\boldsymbol{Q}}=\boldsymbol{T}\boldsymbol{Q}$$

或

$$\boldsymbol{Q}=\boldsymbol{T}^{-1}\bar{\boldsymbol{Q}}=\boldsymbol{T}^{\mathrm{T}}\bar{\boldsymbol{Q}} \tag{2-37}$$

式中，$\boldsymbol{T}$ 是单元坐标变换矩阵。

各种单元载荷的固端力和固端力矩可参阅结构力学相关书籍，查表获得。

2.7 引入位移边界条件修正总体刚度方程

对于上文得到的结构总体刚度方程 $\boldsymbol{KU}=\boldsymbol{R}$，由于其没有满足给定的位移边界条件，且总体刚度矩阵 $\boldsymbol{K}$ 是一个奇异矩阵(即逆矩阵不存在)，所以，还不能由此直接求解总体位移列阵 $\boldsymbol{U}$。

消除总体刚度矩阵的奇异性可通过引入约束条件来进行。如平面结构，有三个基本平衡方程 $\sum \boldsymbol{F}_x=0$，$\sum \boldsymbol{F}_y=0$，$\sum \boldsymbol{M}=0$，说明总体刚度矩阵中有三个线性相关行。如果用位移边界条件(即支座约束条件)限制平面结构沿 x，y 方向的刚体位移和在 xOy 平面内的刚体转动，这样修正后的总体刚度方程，其总体刚度矩阵将变成非奇异的。从力学意义上讲，如果结构存在刚体运动，那么它的节点位移将是不确定的，只有限制结构的刚体运动以后，才能求出确定的节点位移值。

一般工程中遇到的杆系结构，都有一定的位移边界条件，所谓位移边界条件，就是通常所说的约束条件或支承条件，涉及的位移边界条件，一般有以下几种：

1) 固定支座：$u=v=\theta=0$；

2) 不动铰支座：$u=v=0$；

3) 可动铰支座：$u=0$ 或 $v=0$；

4) 具有强迫位移值的支座：可以给出一个或几个强迫位移值，$u=u_0$，$v=v_0$ 或 $\theta=\theta_0$，其中，u_0，v_0，θ_0 为非零的已知位移；

5) 弹性支座。

考虑结构中已知的位移边界条件，并按边界条件相应地修改总刚度方程，上述总体刚度矩阵的奇异性自然得到排除，总体刚度方程即可获得唯一解。具体修正方法参见相关《计算结构力学》一书，在此从略。

2.8 根据求得的节点位移分量，计算单元的内力和应力

一、平面杆单元的内力和应力计算

如图 2-15(a) 所示平面杆单元，用截面法沿单元横截面 n—n 截开，取隔离体见图 2-15(b)。再把各力沿单元轴线投影，列平衡方程，得轴力

$$N=F_{xj}\cos\alpha+F_{yj}\sin\alpha \tag{2-38}$$

式中，α 是单元轴线 ij 与 x 轴的夹角，它取决于节点 i，j 的坐标值(x_i,y_i)，(x_j,y_j)。

$$\cos\alpha=\frac{(x_j-x_i)}{\sqrt{(x_j-x_i)^2+(y_j-y_i)^2}}$$

$$\sin\alpha=\frac{(y_j-y_i)}{\sqrt{(x_j-x_i)^2+(y_j-y_i)^2}}$$

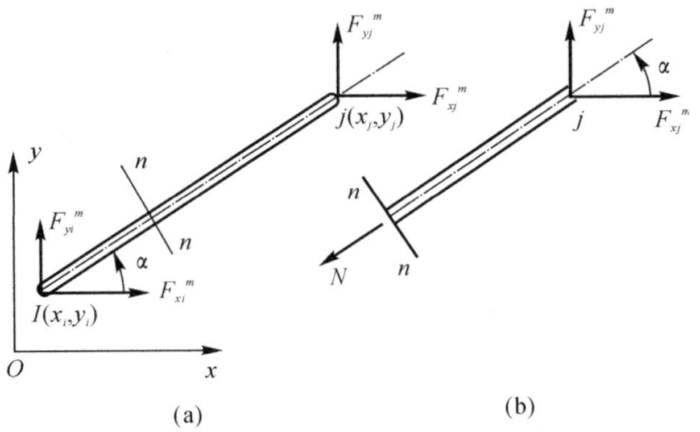

图 2-15　杆单元内力计算

(a) 平面杆单元；(b) 隔离体

采用简写 $c=\cos\alpha$，$s=\sin\alpha$，式(2-38)用矩阵形式可表达为

$$N=\begin{bmatrix} c & s \end{bmatrix}\begin{bmatrix} F_{xj} \\ F_{yj} \end{bmatrix} \tag{2-39}$$

再由单元刚度方程(2-13)得到

$$\begin{bmatrix} F_{xj}^{m} \\ F_{yj}^{m} \end{bmatrix}=\frac{A_m E_m}{L_m}\begin{bmatrix} -c^2 & -cs & c^2 & cs \\ -cs & -s^2 & cs & s^2 \end{bmatrix}\begin{bmatrix} u_i \\ v_i \\ u_j \\ v_j \end{bmatrix}$$

将上式代入式(2-39)，得轴力计算公式

$$N=\frac{A_m E_m}{L_m}\begin{bmatrix} -c & -s & c & s \end{bmatrix}\begin{bmatrix} u_i \\ v_i \\ u_j \\ v_j \end{bmatrix}$$

简写为

$$N=\boldsymbol{s}\boldsymbol{u}^{m} \tag{2-40}$$

式中，$\boldsymbol{s}=\frac{A_m E_m}{L_m}\begin{bmatrix} -c & -s & c & s \end{bmatrix}$称为单元内力矩阵；$\boldsymbol{u}^{m}=\begin{bmatrix} u_i & v_i & u_j & v_j \end{bmatrix}$称为单元杆端位移列阵。

单元横截面上的正应力

$$\sigma=\frac{N}{A_m} \tag{2-41}$$

二、平面梁单元的内力计算

对于平面梁单元，在求出节点位移后，就可以计算各单元两端截面上的内力。对于每一个梁单元，局部坐标系下的单元刚度方程为

$$\overline{\boldsymbol{F}}_e=\boldsymbol{k}\overline{\boldsymbol{u}}_e$$

式中，$\overline{\boldsymbol{u}}_e=\begin{bmatrix} \bar{u}_i & \bar{v}_i & \bar{\theta}_i & \bar{u}_j & \bar{v}_j & \bar{\theta}_j \end{bmatrix}^{\mathrm{T}}$是局部坐标系下的单元杆端位移列阵。它与总体坐标系

的单元杆端位移列阵 $\boldsymbol{u}=[u_i \quad v_i \quad \theta_i \quad u_j \quad v_j \quad \theta_j]^{\mathrm{T}}$ 的关系为

$$\bar{\boldsymbol{u}}_e=\boldsymbol{T}\boldsymbol{u}_e$$

将上式代前式得

$$\bar{\boldsymbol{F}}_e=\bar{\boldsymbol{k}}\boldsymbol{T}\boldsymbol{u}_e$$

由此得到局部坐标系单元杆端力列阵 $\bar{\boldsymbol{F}}=[\bar{F}_{xi} \quad \bar{F}_{yi} \quad \bar{M}_i \quad \bar{F}_{xj} \quad \bar{F}_{yj} \quad \bar{M}_j]^{\mathrm{T}}$。这些杆端力、杆端力矩就是单元两端截面 i,j 上的内力——轴力 $\bar{F}_{xi}$,$\bar{F}_{xj}$,剪力 $\bar{F}_{yi}$,$\bar{F}_{yj}$ 和弯矩 $\bar{M}_i$,$\bar{M}_j$,如图 2－16 所示。在图上内力都用正值符号表示。

如果在单元上还有中间载荷,那么在单元两端截面上除由杆端位移引起的内力 $\bar{F}_{xi}$,$\bar{F}_{yi}$,$\bar{M}_i$,$\bar{F}_{xj}$,$\bar{F}_{yj}$,$\bar{M}_j$ 外,还应该叠加相应的固端力和固端力矩 $\bar{R}_i$,$\bar{M}_i$,$\bar{R}_j$,$\bar{M}_j$。因此,在 i,j 两端截面上的内力是

$$\left.\begin{array}{ll}\text{轴力} & \bar{F}_{xi}\ \text{和}\ \bar{F}_{xj} \\ \text{剪力} & \bar{F}_{yi}+\bar{R}_i\ \text{和}\ \bar{F}_{yj}+\bar{R}_j \\ \text{弯矩} & \bar{M}_{zi}+\bar{M}_i\ \text{和}\ \bar{M}_{zj}+\bar{M}_j\end{array}\right\} \qquad (2-42)$$

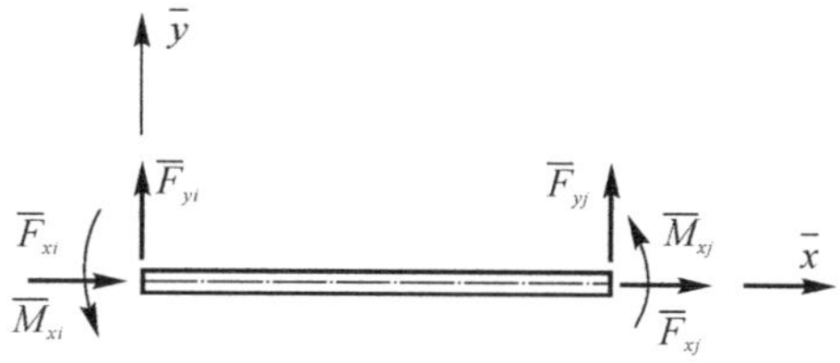

图 2－16　平面梁单元的杆端内力

至于单元中间任意截面上的内力,可以由单元两端已知内力和中间载荷用截面法求得,由获得的单元任一截面上的内力,即可绘制单元以至整个结构的内力图。

思考及练习题

1. 用有限单元法分析不同杆件结构时,有哪几种常用的单元? 各有何特点?

2. 杆系结构有限元分析中,单元节点位移列阵如何确定? 完成习题图 2－1 所示连续梁和格栅结构的离散化模型并写出节点位移列阵。

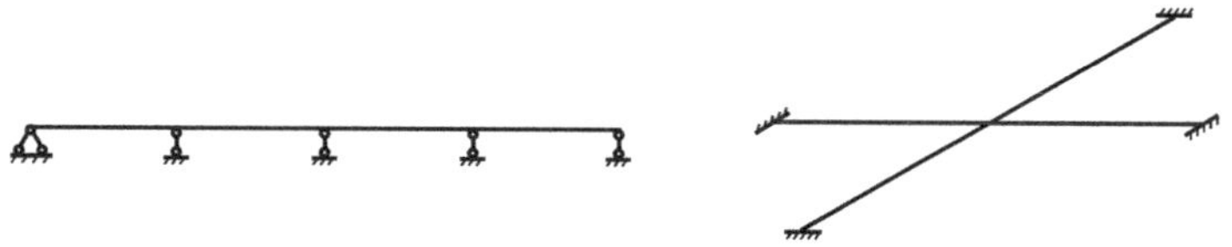

习题图 2－1

3. 用梁单元求解习题图 2－2 所示结构各杆内力。

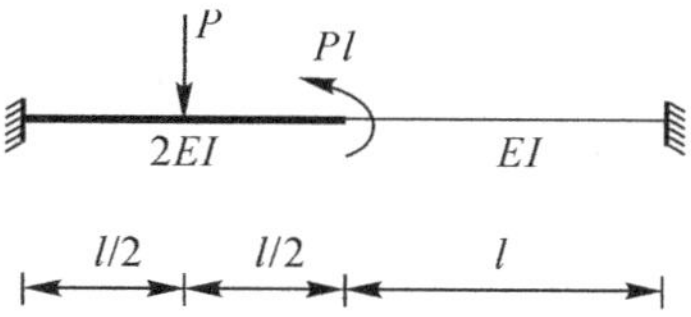

习题图 2－2

4. 习题图 2－3 所示刚架,$E=30\ \mathrm{GN/m^2}$,$A=0.5\ \mathrm{m^2}$,$I=0.05\ \mathrm{m^4}$,用有限单元法求各杆内力。

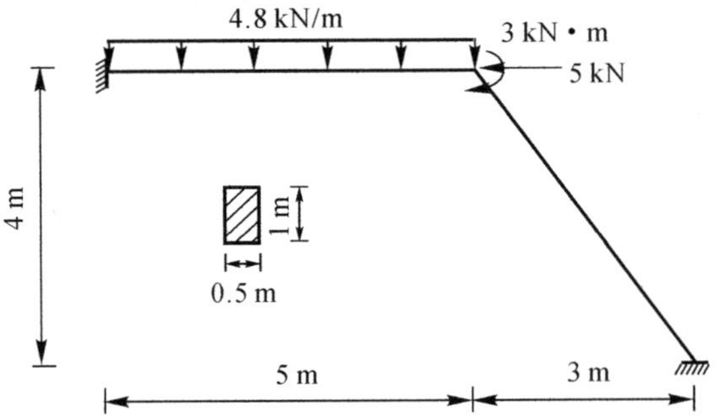

习题图 2-3

第3章 弹性力学有限单元法基本原理与方法

如众所知，弹性力学问题有限单元法源于杆系结构的矩阵分析方法。第2章中，已经对杆系结构的分析方法作了较完整的介绍。在杆系结构中，我们是以结构的每一个自然的构件作为单元，以各杆件的相互交接处作为节点，因而它是十分直观的。由各节点处的位移作为基本未知量(位移法)构成的总体方程组，也就是结构的基本平衡方程，因而其解为“精确解”。

在弹性力学中，问题的解答是求解在给定边界条件下的平衡微分方程组。把一个连续体人为地划分成有限个单元体，并认为其只在节点处相互传递力和位移。这完全是为了计算而作出的假设，因而其解答是近似的。此外，为了避开求解偏微分方程组所遇到的困难，把基本微分方程及应力边界条件转化为一组等价的线性代数方程组，通常需要应用能量原理(或变分原理)进行相应的推导来完成这一转换。本章将对上述有关弹性力学问题有限单元法的基本原理和方法作一概略地讲述，以便于本课程以后各章的学习。

3.1 虚功原理与最小势能原理

弹性力学有限单元法的原理和基本方程可以通过虚功原理(又称虚位移原理)或最小势能原理来建立。要了解有关有限单元法公式及基本方程建立的过程，现首先对虚功原理及最小势能原理予以简明的论述。

一、虚功原理(虚位移原理)

设有一承受外力作用的弹性体，其外力包括体积力 Q 及面力 P。

体力列阵或矢量记为　　$\boldsymbol{Q}=[Q_x \quad Q_y \quad Q_z]^{\mathrm{T}}$

面力列阵或矢量记为　　$\boldsymbol{P}=[P_x \quad P_y \quad P_z]^{\mathrm{T}}$

假设弹性体发生了某种微小的虚位移，与各外力的分量相对应，虚位移 $\delta\boldsymbol{u}^*$ 可记为

$$\delta\boldsymbol{u}^*=[u^* \quad v^* \quad w^*]^{\mathrm{T}}$$

这里所说的“虚位移”可以理解为在满足连续性及边界条件的约束下，由于某种原因在弹性体内产生的微小的可能的位移。或者说，为了分析问题而假想的虚拟的位移。

外力(体力及面力)在微小的虚位移上的做功，我们称它为虚功，记为 δW，并有

$$\delta W=\iiint_V (Q_x u^*+Q_y v^*+Q_z w^*)\mathrm{d}v+\iint_S (P_x u^*+P_y v^*+P_z w^*)\mathrm{d}s$$

上式右边第一项为对连续体的体积分，第二项为在有面力作用的表面积上的积分。

由虚位移引起相应的虚应变仍可由几何方程得出，记为

$$\boldsymbol{\varepsilon}^* = [\varepsilon_x^* \quad \varepsilon_y^* \quad \varepsilon_z^* \quad \varepsilon_{xy}^* \quad \varepsilon_{yz}^* \quad \varepsilon_{zx}^*]^{\mathrm{T}}$$

虚应变能可由应力在相应的虚应变上做功来量度，虚应变能可记为 δU，且有

$$\delta U = \iiint_V (\sigma_x \varepsilon_x^* + \sigma_y \varepsilon_y^* + \sigma_z \varepsilon_z^* + \cdots \sigma_{zx} \varepsilon_{zx}^*) \mathrm{d}v$$

现将上面的公式写成矩阵形式，则有

$$\delta W = \iiint_V \delta \boldsymbol{u}^{\mathrm{T}} \boldsymbol{Q} \mathrm{d}v + \iint_S \delta \boldsymbol{u}^{\mathrm{T}} \boldsymbol{P} \mathrm{d}s \tag{3-1}$$

$$\delta U = \iiint_V \boldsymbol{\varepsilon}^{*\mathrm{T}} \boldsymbol{\sigma} \mathrm{d}v \tag{3-2}$$

虚功原理可以表述为：弹性体（或变形连续体）处于平衡状态的充分和必要条件是对任意微小的虚位移，其外力在虚位移上所做的总虚功，等于变形体总的虚应变能。即

$$\delta W = \delta U \qquad \text{或} \qquad \delta W - \delta U = 0$$

由式(3-1)及式(3-2)，则虚功原理的数学表达式还可写为

$$\iiint_V \boldsymbol{\varepsilon}^{*\mathrm{T}} \boldsymbol{\sigma} \mathrm{d}v = \iiint_V \delta \boldsymbol{u}^{\mathrm{T}} \boldsymbol{Q} \mathrm{d}v + \iint_S \delta \boldsymbol{u}^{\mathrm{T}} \boldsymbol{P} \mathrm{d}s \tag{3-3}$$

式(3-3)通常称为虚功方程。有关虚功原理的证明在此从略。

二、最小势能原理

首先来考察弹性体的变形势能。在材料力学中已讨论过，对于一个单向受力的弹性体，例如沿 x 方向受力，并产生有均匀的正应力 σ_x，及相应的正应变 ε_x，则该弹性体的单位体积内具有的变形势能为 $\frac{1}{2}\sigma_x\varepsilon_x$，称之为比能。若弹性体受外力作用处于更复杂的应力状态下，体内任一点有全部六个应力分量 $\sigma_x, \sigma_y, \sigma_z, \sigma_{xy}, \sigma_{yz}, \sigma_{zx}$，则此时的弹性体比能为

$$U_0 = \frac{1}{2}(\sigma_x\varepsilon_x + \sigma_y\varepsilon_y + \sigma_z\varepsilon_z + \sigma_{xy}\varepsilon_{xy} + \sigma_{yz}\varepsilon_{yz} + \sigma_{xz}\varepsilon_{xz})$$

或

$$U_0 = \frac{1}{2}\boldsymbol{\varepsilon}^{\mathrm{T}}\boldsymbol{\sigma}$$

整个弹性体的总变形势能，应当是比能 U_0 在整体弹性体的积分。由此可得到总变形势能为

$$U = \frac{1}{2}\iiint_V \boldsymbol{\varepsilon}^{\mathrm{T}}\boldsymbol{\sigma} \mathrm{d}x\mathrm{d}y\mathrm{d}z = \frac{1}{2}\iiint_V \boldsymbol{\varepsilon}^{\mathrm{T}}\boldsymbol{D\varepsilon} \mathrm{d}x\mathrm{d}y\mathrm{d}z \tag{3-4}$$

假定弹性体在自然状态下 $u=v=w=0$，其势能为零。在外力（体力、面）作用下弹性体产生位移 u,v,w。则外力势能也就等于外力在实际位移上的做功并给以负值，即

$$W = -(\iiint (Q_x u + Q_y v + Q_z w) \mathrm{d}x\mathrm{d}y\mathrm{d}z + \iint (P_x u + P_y v + P_z w) \mathrm{d}s) \tag{3-5}$$

最小势能原理可以表述为：在给定的外力作用下，在满足位移边界条件的所有可能的位移中，能满足平衡条件的位移应使总势能成为极小值。

由极值条件可知，此时的势能泛函的一阶变分等于零，即

$$\delta(U + W) = \delta U + \delta W = 0 \tag{3-6}$$

如果考虑二阶变分，可以证明这个极值是极小值。把式(3-4)、式(3-5)代入式(3-6)则有

$$\frac{1}{2}\delta(\iiint \boldsymbol{\varepsilon}^{\mathrm{T}}\boldsymbol{\sigma}\mathrm{d}x\mathrm{d}y\mathrm{d}z)-\delta(\iiint \boldsymbol{u}^{\mathrm{T}}\boldsymbol{Q}\mathrm{d}x\mathrm{d}y\mathrm{d}z)-\delta(\iint \boldsymbol{u}^{\mathrm{T}}\boldsymbol{P}\mathrm{d}x)=0$$

或

$$\frac{1}{2}\delta(\iiint \boldsymbol{\varepsilon}^{\mathrm{T}}\boldsymbol{\sigma}\mathrm{d}x\mathrm{d}y\mathrm{d}z)=\delta(\iiint \boldsymbol{u}^{\mathrm{T}}\boldsymbol{Q}\mathrm{d}x\mathrm{d}y\mathrm{d}z+\iint \boldsymbol{u}^{\mathrm{T}}\boldsymbol{p}\mathrm{d}s) \tag{3-7}$$

式(3-6)及式(3-7)即为最小势能原理的数学表达式。式(3-7)表明,对于在外力作用下,处于平衡状态的弹性体,其变形势能(亦称应变势能)的一阶变分与外力势能的一阶变分相等。

3.2　有限单元法基本方程的建立

如前所述,从物理概念来说,有限单元法是把结构力学的方法在连续体中的推广。把连续体看做是由有限个一定几何形状的单元体组合而成,而各单元体的公共角点视为节点。因此,在建立有限单元法基本方程前,首先要解决对连续体的离散化。

一、离散化的基本概念

把一个实际的连续体(二维的、三维的)人为地划分成有限个更细小的子区域,这些小的子区域即称为"单元"。各单元之间认为仅在单元的各顶点——即节点处彼此相互作用;在一个单元的区域内假定其仍满足匀质、连续的假定;对连续体的各个单元及节点给予定义,这就是"离散化"。

单元的形状原则上讲可以是任意给定的几何形状。然而,为了便于基本方程的求解,通常采用比较简单的几何形状。例如二维问题多采用三角形或任意四边形单元,三维问题则普遍采用任意六面体单元等。如图 3-1 所示表示了几种常见的连续体单元的示例。

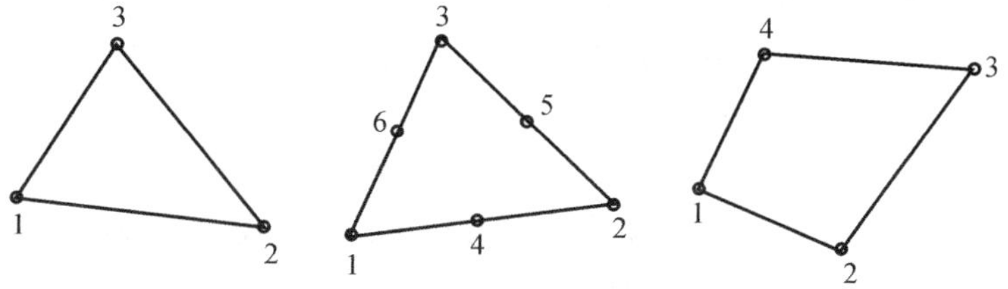

(a)

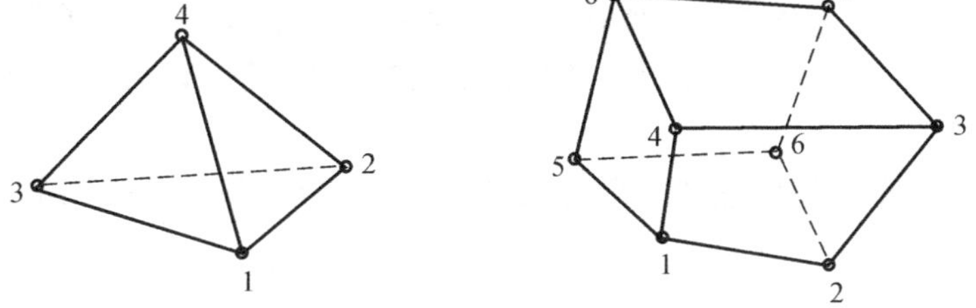

(b)

图 3-1　常见的二维、三维单元
(a) 二维单元;(b) 三维单元

有限单元法通常是以离散化后各个节点的位移作为基本未知量,即按位移求解。若取一个单元来考察，则在外力作用下，单元体的各节点位移，都可以由其沿坐标轴的分量来表示。如图 3-2 所示即为最简单的三维单元——四面体单元的各节点位移。计有 $u_1, v_1, w_1, u_2, v_2, w_2, u_3, v_3, w_3, u_4, v_4, w_4$ 共 12 个分量。同理，对于图 3-1 中的 8 节点六面体单元，应有 24 个分量。依次类推，对于一个具有 m 个节点的三维单元，其节点位移共有 $3\times m$ 个分量。现用符号 $\boldsymbol{u}_e$ 来表示一个单元的节点位移列阵，则有

$$\boldsymbol{u}_e=[u_1 \quad v_1 \quad w_1 \quad u_2 \quad v_2 \quad w_2 \quad \cdots \quad u_m \quad v_m \quad w_m]^{\mathrm{T}} \tag{3-8}$$

与节点位移列阵相对应，单元体的节点内力(周围单元对其的作用力)可记为

$$\boldsymbol{f}=[f_{x1} \quad f_{y1} \quad f_{z1} \quad f_{x2} \quad f_{y2} \quad f_{z2} \quad \cdots \quad f_{xm} \quad f_{ym} \quad f_{zm}]^{\mathrm{T}} \tag{3-9}$$

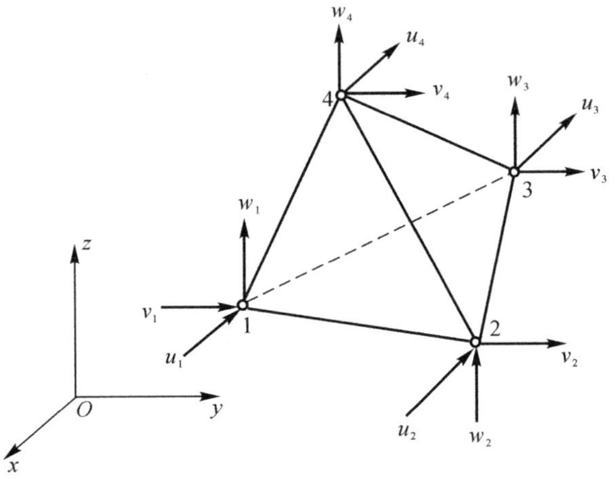

图 3-2　四面体三维单元及节点位移分量

弹性体被离散化成单元体的集合，待求解的基本未知量此时即转化为包含整体弹性体所有各单元节点的位移分量。现用符号 $\boldsymbol{U}$ 表示，称它为总体位移列阵。若弹性体被离散后，共有 N 个节点，则总体位移列阵可写成

$$\boldsymbol{U}=[u_1 \quad v_1 \quad w_1 \quad u_2 \quad v_2 \quad w_2 \quad \cdots \quad u_N \quad v_N \quad w_N]^{\mathrm{T}} \tag{3-10}$$

显然，式(3-8)中各元素(即单元的节点位移分量)乃是式(3-10)中 $\boldsymbol{U}$ 的组成部分，即

$$\boldsymbol{u}_e \subset \boldsymbol{U} \qquad \text{或} \qquad \boldsymbol{U} \supset \boldsymbol{u}_e$$

有限单元法求解将得到总体位移列阵 $\boldsymbol{U}$，则各单元的节点位移列阵也成为已知。单元体内任一点的位移可以表示成单元节点位移的简单的函数，由此即可求得单元体内任一点的位移，应变及应力。这一求解过程以及单元的位移函数等细节，将是以后各章中要逐一讲述的主要内容。

现在，我们姑且把单元体内任意一点的位移与单元节点位移的函数关系看做已知，并表示成以下形式：

$$\boldsymbol{u}=\boldsymbol{N}\boldsymbol{u}_e \tag{3-11}$$

式中，$\boldsymbol{u}=[u \quad v \quad w]^{\mathrm{T}}$ 为单元体内任一点的位移；$\boldsymbol{N}$ 为单元的形函数或称插值函数矩阵。

关于式(3-11)是如何得来，形函数 N 矩阵的具体形式如何，在以后各章中将会有具体的论述和推导。

基于上述的离散化概念及前一节讲述的能量原理，下面将进一步论述有限单元法基本方程的建立及公式推导。

二、单元刚度方程

在 3.1 节中，曾对最小势能原理和虚功原理做了简单的介绍。利用能量原理可以建立有限单元法的基本方程。导出有限单元法的基本公式。

首先，由虚功原理导出单元的刚度方程。在连续体被离散为单元的情况下，由式(3－11)的单元位移函数及弹性体的几何方程式(1－4)可得到单元体内的应变及应力与单元节点位移的关系：

$$\boldsymbol{\varepsilon}=\boldsymbol{L}\boldsymbol{u}=\boldsymbol{L}\boldsymbol{N}\boldsymbol{u}_e=\boldsymbol{B}\boldsymbol{u}_e \tag{3-12}$$

$$\boldsymbol{\sigma}=\boldsymbol{D}\boldsymbol{\varepsilon}=\boldsymbol{D}\boldsymbol{B}\boldsymbol{u}_e \tag{3-13}$$

式中，$\boldsymbol{B}=\boldsymbol{L}\boldsymbol{N}$ 为应变矩阵或几何矩阵。

由前面式(3－1)及式(3－2)的虚功方程可得到单元体的虚应变能为

$$\delta U_e=\iiint_V \boldsymbol{\varepsilon}^{*\mathrm{T}}\boldsymbol{\sigma}\,\mathrm{d}x\,\mathrm{d}y\,\mathrm{d}z=\iiint_V \delta\boldsymbol{u}_e^{*\mathrm{T}}\boldsymbol{B}^{\mathrm{T}}\boldsymbol{D}\boldsymbol{B}\boldsymbol{u}_e\,\mathrm{d}x\,\mathrm{d}y\,\mathrm{d}z$$

式中，积分是对单元的体积积分。由于单元节点位移仅取决于单元节点的坐标，在网格被定义之后，节点坐标已为定值，式中 $\boldsymbol{u}_e$ 中不含变量 x，y，z，可以提至积分号之外，同时令

$$\boldsymbol{k}=\iiint \boldsymbol{B}^{\mathrm{T}}\boldsymbol{D}\boldsymbol{B}\,\mathrm{d}x\,\mathrm{d}y\,\mathrm{d}z \tag{3-14}$$

则有

$$\delta U_e=\delta\boldsymbol{u}_e^{*\mathrm{T}}\boldsymbol{k}\boldsymbol{u}_e$$

考察一个处于平衡状态的单元体，受有外力(体力 Q，面力 P)及其周围单元对其作用的平衡力 $\boldsymbol{f}$。

单元体的虚外功，由式(3－1)及式(3－11)可得

$$\delta W_e=\iiint_V \delta\boldsymbol{u}_e^{*\mathrm{T}}\boldsymbol{N}^{\mathrm{T}}\boldsymbol{Q}_e\,\mathrm{d}x\,\mathrm{d}y\,\mathrm{d}z+\iint_S \delta\boldsymbol{u}_e^{*\mathrm{T}}\boldsymbol{N}^{\mathrm{T}}\boldsymbol{P}_e\,\mathrm{d}s+\delta\boldsymbol{u}_e^{*\mathrm{T}}\boldsymbol{f}$$

把 $\delta\boldsymbol{u}_e^{*\mathrm{T}}$ 提至积分号外，并令

$$\boldsymbol{q}=\iiint_V \boldsymbol{N}^{\mathrm{T}}\boldsymbol{Q}_e\,\mathrm{d}x\,\mathrm{d}y\,\mathrm{d}z \tag{3-15}$$

$$\boldsymbol{p}=\iint_S \boldsymbol{N}_e^{\mathrm{T}}\boldsymbol{P}_e\,\mathrm{d}s \tag{3-16}$$

则由虚功原理 $\delta U=\delta W$ 可得到

$$\delta\boldsymbol{u}_e^{*\mathrm{T}}\boldsymbol{k}\boldsymbol{u}_e=\delta\boldsymbol{u}_e^{*\mathrm{T}}(\boldsymbol{q}+\boldsymbol{p}+\boldsymbol{f})$$

或

$$\boldsymbol{k}\boldsymbol{u}_e=\boldsymbol{q}+\boldsymbol{p}+\boldsymbol{f} \tag{3-17}$$

上面各式中，$\boldsymbol{k}$ 为单元刚度矩阵，$\boldsymbol{q}$，$\boldsymbol{p}$ 为作用在单元上的体力及面力的等效节点力。

式(3－17)即为单元的刚度方程。式(3－14)～式(3－17)即是有限单元法的基本计算公式。对一个处在连续体内部的单元，不会承受面力，式(3－17)则简化为

$$\boldsymbol{k}\boldsymbol{u}_e=\boldsymbol{q}+\boldsymbol{f} \tag{3-18}$$

在不计体力的情况下，考察一个内部单元的平衡状态，则只有外力(面力)引起的该单元周围的单元对它的作用力，则单元刚度方程此时可记为

$$\boldsymbol{k}\boldsymbol{u}_e=\boldsymbol{f} \tag{3-19}$$

以上利用虚功原理推导了有限单元法的基本方程及计算公式。同样地，利用最小势能原

理,也可以导出上述有限单元法的基本公式。

利用最小势能原理来推导单元刚度方程,仍然从一个单元体出发,考察一个单元体的势能。单元体的应变势能用符号 U_e 表示。由式(3-4),(3-11),(3-12)及式(3-13)可得

$$U_e=\frac{1}{2}\iiint \boldsymbol{\varepsilon}^{\mathrm{T}}\boldsymbol{D\varepsilon}\,\mathrm{d}x\mathrm{d}y\mathrm{d}z=\frac{1}{2}\iiint \boldsymbol{u}_e^{\mathrm{T}}\boldsymbol{B}^{\mathrm{T}}\boldsymbol{DBu}_e\mathrm{d}x\mathrm{d}y\mathrm{d}z \tag{3-20}$$

单元体外力作用下的外力势能可由式(3-5)及式(3-11)得出

$$\boldsymbol{W}_e=-\iiint(\boldsymbol{u}^{\mathrm{T}}\boldsymbol{Q}_e\mathrm{d}x\mathrm{d}y\mathrm{d}z)-\iint_S(\boldsymbol{u}^{\mathrm{T}}\boldsymbol{P}_e\mathrm{d}s)=-\iiint_V\boldsymbol{u}_e^{\mathrm{T}}\boldsymbol{N}^{\mathrm{T}}\boldsymbol{Q}_e\mathrm{d}x\mathrm{d}y\mathrm{d}z-\iint_S\boldsymbol{u}_e^{\mathrm{T}}\boldsymbol{N}^{\mathrm{T}}\boldsymbol{P}_e\mathrm{d}s \tag{3-21}$$

单元体的总势能用符号 Π_e 表示,显然有

$$\Pi_e=U_e+W_e \tag{3-22}$$

其一阶变分

$$\delta\Pi_e=\delta U_e+\delta W_e$$

在以单元节点位移为基本未知量的情况下,对单元体的总势能的一阶变分可记为

$$\boldsymbol{f}=\frac{\delta\Pi_e}{\delta\boldsymbol{u}_e}=\begin{bmatrix}\dfrac{\delta\Pi_e}{\delta u_1} & \dfrac{\delta\Pi_e}{\delta v_1} & \dfrac{\delta\Pi_e}{\delta w_1} & \cdots & \dfrac{\delta\Pi_e}{\delta w_m}\end{bmatrix}^{\mathrm{T}} \tag{3-23}$$

式中,定义 $\boldsymbol{f}$ 为单元的节点内力,即单元对其周围单元作用的平衡力。

$$\delta U_e=\iiint\boldsymbol{B}^{\mathrm{T}}\boldsymbol{DB}\,\mathrm{d}x\mathrm{d}y\mathrm{d}z\boldsymbol{u}_e \tag{3-24}$$

$$\delta W_e=-\iiint\boldsymbol{N}^{\mathrm{T}}\boldsymbol{Q}_e\mathrm{d}x\mathrm{d}y\mathrm{d}z-\iint_S\boldsymbol{N}^{\mathrm{T}}\boldsymbol{P}_e\mathrm{d}s \tag{3-25}$$

同前面的推导一样,按式(3-14)~式(3-16)这里仍有

单元刚度矩阵
$$\boldsymbol{k}=\iiint\boldsymbol{B}^{\mathrm{T}}\boldsymbol{DB}\,\mathrm{d}x\mathrm{d}y\mathrm{d}z$$

体力等效节点力
$$\boldsymbol{q}=\iiint\boldsymbol{N}^{\mathrm{T}}\boldsymbol{Q}_e\mathrm{d}x\mathrm{d}y\mathrm{d}z$$

面力等效节点力
$$\boldsymbol{p}=\iint_S\boldsymbol{N}^{\mathrm{T}}\boldsymbol{P}_e\mathrm{d}s$$

由式(3-22),(3-23),(3-24)表示的对单元体总势能的一阶变分,可得

$$\boldsymbol{f}=\boldsymbol{ku}_e-\boldsymbol{q}-\boldsymbol{p}$$

或

$$\boldsymbol{ku}_e=\boldsymbol{f}+\boldsymbol{q}+\boldsymbol{p} \tag{3-26}$$

在无面力作用时(内部单元),有 $\boldsymbol{p}=\boldsymbol{0}$;同时,在不计体力作用时有 $\boldsymbol{q}=\boldsymbol{0}$,此时式(3-26)即退化为式(3-19)。

由上述的推导过程及结果可知,无论是基于虚功原理还是最小势能原理,都可以导出完全相同的有限单元法的基本公式。这正说明了上述有限单元法原理及基本公式的正确性。因为,最小势能原理、虚功原理都是基于弹性力学的基本平衡方程及应力边界条件而得出的,它们同弹性力学的基本平衡方程及应力边界条件是等价的。对于一个在给定了位移边界条件的情况下,在外力作用时处于平衡状态的弹性体必然满足基本平衡微分方程及荷载(应力)边界条件。也只有在满足这些条件时,虚功原理或最小势能原理才成立。因而,由此导出的有限单元法基本公式应当是正确的。

三、总体刚度方程的建立

在给定的位移边界条件下，处于平衡状态的弹性体，若被剖分成 N 个单元。则弹性体总的虚应变能应等于各个单元虚应变能的总和，即

$$\delta U=\sum_{e=1}^{N}\delta U_e=\sum\delta\boldsymbol{u}_e^{*\mathrm{T}}\boldsymbol{k}\boldsymbol{u}_e=\delta\boldsymbol{U}^{*\mathrm{T}}\boldsymbol{K}\boldsymbol{U}$$

外力在相应的虚位移上的虚功应等于各单元体外力虚功之总和，故有

$$\delta W=\sum_{e=1}^{N}\delta W_e=\sum(\delta\boldsymbol{u}_e^{*\mathrm{T}}\boldsymbol{q}+\delta\boldsymbol{u}_e^{*\mathrm{T}}\boldsymbol{p}+\delta\boldsymbol{u}_e^{*\mathrm{T}}\boldsymbol{f})=\delta\boldsymbol{U}^{*\mathrm{T}}\boldsymbol{R}$$

由虚功原理可得

$$\delta U=\delta W$$

故有

$$\delta\boldsymbol{U}^{*\mathrm{T}}\boldsymbol{K}\boldsymbol{U}=\delta\boldsymbol{U}^{*\mathrm{T}}\boldsymbol{R}\qquad 或\qquad \boldsymbol{K}\boldsymbol{U}=\boldsymbol{R}\tag{3-27}$$

式中，$\boldsymbol{K}$ 为连续体的总体刚度矩阵，$\boldsymbol{U}$ 为连续体被离散化后全部节点的位移分量组成的总体位移列阵，$\boldsymbol{R}$ 为全部外力的等效节点力列阵。

上述推导可知，它们与单元特性及单元刚度方程有如下关系：

$$\boldsymbol{K}=\sum\boldsymbol{k}\tag{3-28}$$

$$\boldsymbol{R}=\sum(\boldsymbol{q}+\boldsymbol{p})\tag{3-29}$$

$$\boldsymbol{U}=\sum\boldsymbol{u}_e\tag{3-30}$$

即，结构（弹性体）的总体刚度方程(3-27)中，总刚度矩阵是由各单元刚度矩阵组集而成。总体位移列阵包含各单元所有节点位移，荷载列阵则是作用在各个单元的节点荷载的组集。

下面再利用最小势能原理进行总刚度方程的推导。结构或连续体总的势能（外力势能及应变势能）应等于各个单元体势能之和，在离散化（剖分）的情况下，有

$$\Pi=U+W=\sum_{e=1}^{N}(U_e+W_e)$$

按照最小势能原理：$\delta U+\delta W=0$，在连续体被离散化为单元的情况下，总势能的一阶变分为

$$\delta\Pi=\delta U+\delta W=\sum_{e=1}^{N}\left(\frac{\delta\Pi_e}{\delta\boldsymbol{u}_e}\right)$$

由式(3-25)，(3-26)可得最小势能原理表达式为

$$\delta U+\delta W=\sum_{e=1}^{N}(\boldsymbol{k}\boldsymbol{u}_e-\boldsymbol{q}-\boldsymbol{p})=0$$

故有

$$\boldsymbol{K}\boldsymbol{U}=\boldsymbol{R}$$

我们得到与用虚功原理导出的式(3-27)完全相同的公式。

3.3　有限单元法基本方程的讨论

前面一节通过虚功原理和最小势能原理分别推导了有限单元法的基本方程及式(3-14)～式(3-27)。它们是有限单元法的基础，在以后各章的讲解中将会经常用到它们。特别是式(3-27)是有限单元法求解弹性力学问题及其他位势问题的基本方程。以位移求解是弹性力

学有限单元法的特点，此时，基本未知量为各节点位移分量组成的列阵。式(3-27)即是以$\boldsymbol{U}$作为未知量，$\boldsymbol{R}$为荷载条件的线性方程组。解此方程组可求得$\boldsymbol{U}$，则各单元$\boldsymbol{u}_e$也即成为已知。应用几何方程及物理方程即可以进一步求得各单元的应变及应力。

为了更好地理解有限单元法基本方程的建立及其求解，本节将对基本方程的有关概念作进一步的阐述。

一、单元刚度矩阵与总体刚度矩阵

由前面一节的推导可知有限单元法的基本方程——总体刚度方程是由各单元的刚度方程组集得来的。即由各个单元刚度矩阵按对应的行、列进行叠加得到总体刚度矩阵，把所有各单元的节点位移分量按节点顺序列成一个总的列阵即构成$\boldsymbol{U}$，各单元的外力等效节点力按节点编号进行叠加即构成总体荷载列阵$\boldsymbol{R}$。由此可见有限单元法基本方程的建立，最关键是建立单元的刚度方程，而选择单元类型及正确的位移函数又是单元刚度方程建立的关键。

采用不同类型的单元(不同的几何形状、节点数目及节点自由度)，其单元刚度矩阵也是不同的。由式(3-14)、式(3-15)及式(3-16)可以看出：在单元刚度方程中，单元刚度矩阵$\boldsymbol{k}$及等效节点力$\boldsymbol{p}$,$\boldsymbol{q}$的通用公式中都含有单元的形函数$\boldsymbol{N}$，它仅取决于单元的几何特征。在单元刚度矩阵中的弹性矩阵则决定于材料的物性参数。由此可见，一旦单元的几何形状及其材料物理特性确定，单元的刚度矩阵即可确定。连续体结构的外部荷载为已知，则其等效节点力$\boldsymbol{p}$及$\boldsymbol{q}$也即确定。利用式(3-28)、式(3-29)及式(3-30)即可组集总体刚度方程。由此可见，选择单元类型及正确的位移函数又是单元刚度方程建立的关键。

这里还要指出，单元刚度矩阵的阶数取决于一个单元的节点数目和一个节点的自由度数目。而总体刚度矩阵的阶数(即总体方程组的方程数目)是由整体离散化网格的节点数目及其自由度决定的。不同阶的矩阵是不能直接相加的。例如，对于最简单的平面问题三节点三角形单元，共有自由度数为3×2，因此其单元刚度矩阵这时为6×6阶的。如果整个求解域被划分成N个节点，则总体刚度方程应该是$2N$个方程，总体刚度矩阵为$2N\times2N$阶的。要实现叠加，一种最为直观、笨拙的方法就是，把单元刚度矩阵也都扩大成$2N\times2N$阶的(通过增加元素为零的行和列)然后叠加，用它来说明总刚度矩阵是如何由单元刚度矩阵叠加得到的。然而，实践中这种办法是不可取的。在有限单元法实用的计算软件中，这是通过适当的程序技巧，使单元刚度矩阵的各元素按照“对号入座”的原则实现组集。在第2章杆系结构分析中已经提到过这种方法。

对于不同类型的单元，其单元刚度矩阵及刚度方程的推导细节，以及总刚度矩阵的组集方法，总刚度矩阵的特性等，将在以后各章中逐一予以讲述。

二、总体位移列阵及荷载列阵

由总体刚度方程可知，位移列阵$\boldsymbol{U}$是有限单元法求解的基本未知量。总体位移列阵是由有限单元离散化网格的各节点的位移分量，按照网格节点的顺序号依次排列而形成。求解总体刚度方程(3-27)，即可得到各节点的位移列阵$\boldsymbol{U}$。如前所述，由于单元体的节点位移包含于总体位移列阵中，即$\boldsymbol{u}_e\in\boldsymbol{U}$。因此，当解出$\boldsymbol{U}$时，即可按照单元的节点总体编号由$\boldsymbol{U}$中得到$\boldsymbol{u}_e$。利用几何方程及物理方程可求得单元的应变和应力。

荷载列阵是由外部荷载(即体力、面力)在各个节点的等效节点力形成的。对于一个具体的工程问题，其外部荷载可能是一组集中力，也可能是分布的面力或体力。有限单元法求解只能考虑作用在节点处的集中力，即节点力。因此，不论何种形式的外力都必须转化为等效的节点力。利用式(3－11)和式(3－12)就可以完成这一转化，即

$$\boldsymbol{q}=\iiint \boldsymbol{N}^{\mathrm{T}}\boldsymbol{Q}_e\,\mathrm{d}x\,\mathrm{d}y\,\mathrm{d}z$$

$$\boldsymbol{p}=\iint_S \boldsymbol{N}^{\mathrm{T}}\boldsymbol{P}_e\,\mathrm{d}s$$

式中，当选定了单元类型后，形函数 $\boldsymbol{N}$ 即为已知；体力 $\boldsymbol{Q}_e$ 及面力 $\boldsymbol{P}_e$，这里是直接作用在单元 e 上的外力。对所有直接受有体力或面力作用的单元，利用式(3－15)及式(3－16)即可求得相应的等效节点力 $\boldsymbol{q}$，$\boldsymbol{p}$。按式(3－29)对所有单元的外力等效节点力叠加即得到总的荷载列阵 $\boldsymbol{R}$。由式(3－29)可知，$\boldsymbol{R}$ 应当是同位移矢量等阶的。对一个被划分为 N 个节点的平面问题有限单元方程，则有位移分量 $2N$ 个，位移列阵应为 $2N\times1$ 阶，荷载列阵也为 $2N\times1$ 阶。对于所有受有荷载(体力、面力)作用的单元，按式(3－15)及式(3－16)计算出等效节点力，然后按照对应的单元节点号把它叠加到荷载列阵的对应元素中，即构成荷载列阵；对于没有任何外力作用的节点，在总荷载列阵中对应的项为零，保持 $\boldsymbol{R}$ 为一个 $2N\times1$ 阶的列阵，并能同位移列阵有一一对应的关系。

三、位移边界条件的处理

由前面的讨论和推导可知，弹性力学问题的有限单元法基本方程(3－27)等价于弹性力学理论解的平衡微分方程和应力边界条件。要得到问题的解答还必须给定相应的位移边界条件。基本方程(3－27)在未考虑位移边界条件时是不可解的。

位移边界条件包括边界约束及非零的已知位移两种类型。边界约束条件即表示为部分节点位移分量为零($u=0$ 或 $v=0$，或 $w=0$)，它相当于结构分析中的支座约束，是消除结构或连续体刚体位移所必须的。非零边界位移条件可记为

$$u_i=\bar{u}_i$$

其中，$\bar{u}_i$ 为已知的非零位移分量，它可以是坐标的函数，或者更简单的情况——已知的常量。

考虑位移边界条件，对总体刚度方程做出相应修改后，总体刚度方程才是可解的。有多种方式来处理边界条件，修正总体刚度方程。在此，我们不再更深入的讨论，在以后有关章节中有更具体和详细的阐述。

3.4　有限单元法的求解步骤

有限单元法求解弹性力学问题通常包括结构或连续体的离散化，建立单元刚度方程，组集总体刚度方程，引入位移边界条件，求解总体刚度方程得到问题的位移解 $\boldsymbol{U}$，进一步求解各单元的应变、应力、主应力等对工程有重要价值的物理量。当然所有这一过程中的各步计算都是由通用的有限单元法计算机程序(软件)来完成的。现对上述各求解步骤的具体内容予以简要的介绍。

一、结构的离散化

这一步骤的任务就是把求解对象——结构或连续体——化分成由各单元组成的有限单

元法模型，即有限元网格，如图 3-3 所示。网格剖分时，应当注意满足两个基本要求，即近似性和连续性。

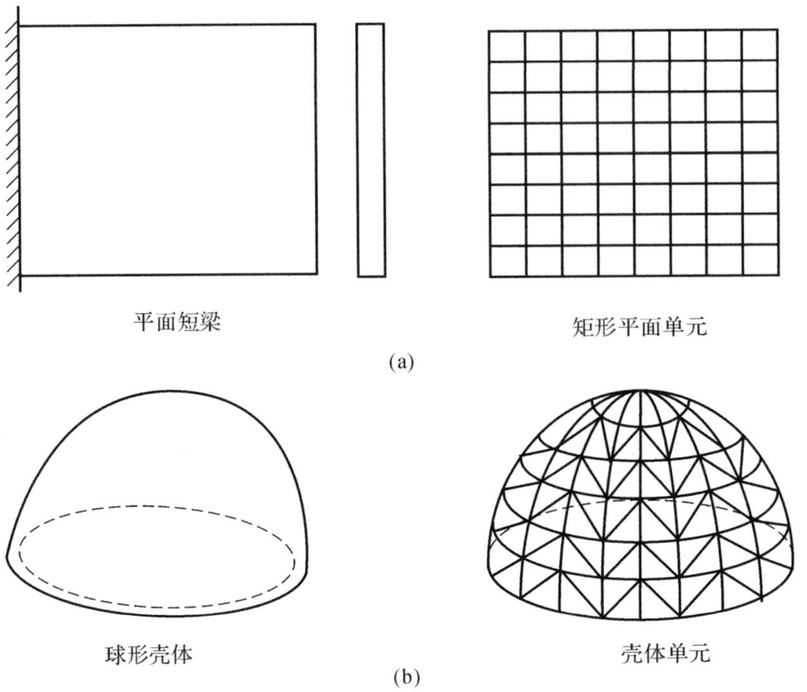

图 3-3　结构离散化网格示例

(a) 平面结构；(b) 壳体结构

近似性包括几何近似和物理近似。即要剖分形成的有限元网格，在几何形状（外形）和物理特性两方面都同原来的结构或连续体充分的接近。这种近似是保证求解精度所必须的。

连续性则要求剖分后的网格在各单元相互邻接的边界上保持连续，不得有任何重叠现象或存在空白间隙。

除上述要求外，有限元网格应当是被充分定义的，在整个有限单元法分析过程中不得发生变化。网格的定义是由相应的网格信息实现的。这些信息包括单元数目、节点数目、节点的编序号、各节点的坐标值以及各个单元的节点信息。各节点信息必须按同样的顺序连续编号，不得有重复或间断的现象，这样就保证了有限单元法网格的连续性要求。图 3-4 给出了一个简单的有限单元计算模型的部分单元及节点信息的示例。

网格的划分及单元、节点的编号顺序，原则上是可以任意编排没有什么严格的限制，单元的节点号的顺序也并无严格规范的要求。但从图 3-4 的单元节点号的排序上还是可以看出一个明显的规律，即所有各单元的节点号都是以绕该单元的形心按逆时针转的方向排序的。例如对于单元 ①，单元 ① 的三个节点号为 2，3，1 是按逆时针方向绕该单元的。当然，它们也可以被记为 3，1，2 或 1，2，3，从哪个节点开始并不重要，重要的是必须按逆时针的顺序记录单元的节点号。这是为了保证有限单元法中求单元面积时不出现负值。

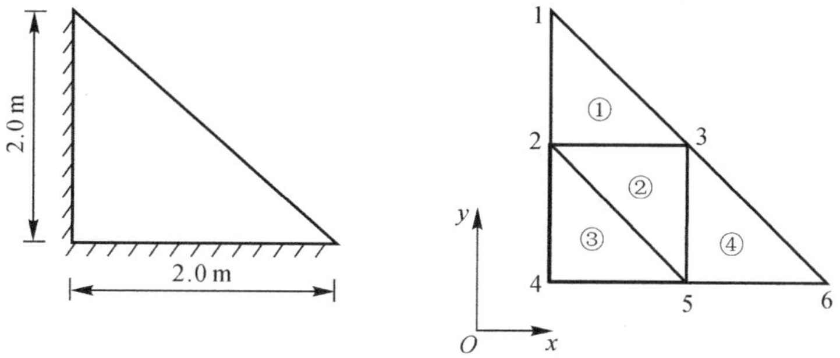

编号	节点号		
①	2	3	1
②	2	5	3
③	4	5	2
④	5	6	3

单元总数 $m=4$

节点总数 $n=6$

编号	节点坐标	
	x	y
1	0.0	2.0
2	0.0	1.0
3	1.0	1.0
4	0.0	0.0
5	1.0	0.0
6	2.0	0.0

图 3-4　单元及节点的编号信息

对于较复杂的情况，例如有几种不同材料组成的弹性体，单元信息中还应包括每一个单元的材料类型。对于一个各部位有不同厚度的平面问题，也还要有每一个单元的厚度的信息等。

目前在工程中人们普遍采用通用性强的商品软件来完成有限单元法分析。例如，SAP，Ansys，MarC 等许多商品软件。这些通用软件都包含有功能很强的前、后处理软件包(post&pre-process)。其前处理部分，即是要完成有限元法网格的自动生成、修改以及有限元法其他原始信息的生成及计算基本条件的输入和处理。掌握这些软件的使用是十分有用的。

二、建立单元刚度矩阵并组集总体刚度方程

本章 3.2 节已导出了单元基本刚度方程及刚度矩阵，外力等效节点力的基本公式。利用这些公式即可以完成单元刚度矩阵的形成以及作用在单元上的外力的等效节点力的计算。对全部单元逐一形成其刚度矩阵、体力及面力的等效节点力，并按照前面所说的“对号入座”的原则进行叠加，就形成了总体刚度方程。

应当指出，有限单元法发展至今，已经成为一种十分成熟并被广泛应用的数值方法。由于前人的研究，在各工程领域及不同学科中常用的各种不同类型的单元，都已有现成的成果，并纳入各种通用的软件中。现用的各种商品软件中，都包含有一个十分丰富的单元库，少则十几种或几十种，多则百余种单元，涵盖了固体力学、流体力学、热传导及温度场等广泛的科学领域。作为有限单元法的使用者，完全不再需要自己推导，也更无须自编程序，只需掌握有关工具软件的使用方法，按照解题具体任务，选择适合的单元，进行相应的上机操作，就可以完成有限单元法的计算任务。

尽管如此，这并不意味着我们可以不用去系统学习有限单元法的基础知识，而只要学会有关软件的使用操作就可以了。学习有限单元法的基础知识对于正确应用有限单元法解答工程问题是十分必要的。只有较好地掌握了有限单元法的基础知识，对这种方法的原理、特点、方法的优势和存在的弱点等有了一个全面的、正确的认识，才有可能正确地建立工程实际问题的计算模型，正确地设计(安排)计算方案以及对计算结果的输出分析和评价，才有可能把正确的分析结果用于工程设计或研究工作中。

三、引入边界条件，修改总体刚度方程

弹性力学问题边界条件包括应力边界条件和位移边界条件。应力边界在总体刚度方程中已得到反映，这里主要是考虑位移边界条件。正如 3.3 节所述在考虑了位移边界条件，对总体刚度方程作相应修改后，才可以求解总体方程组，得到未知的位移列阵 $\boldsymbol{U}$。具体地处理方法在第 4 章中将有详细的说明。

四、求解总体刚度方程

由前面的讨论可知，总体刚度方程为一线性方程组。解方程组即可得到未知位移列阵 $\boldsymbol{U}$，由总体方程 $\boldsymbol{KU}=\boldsymbol{R}$，可得

$$\boldsymbol{U}=\boldsymbol{K}^{-1}\boldsymbol{R}$$

用有限单元法分析弹性力学问题，通常要把连续体划分成上百乃至数千个细小的单元。总体刚度方程，一般为数百或数千个方程的“大型方程组”。按上面公式所表示的，用矩阵求逆的方法解这样大型线性方程组显然是行不通的，用熟知的高斯消元法来求解，其计算量也十分庞大，计算效率极低，因此，要采用特殊的求解方法。在后面将有专门的章节进行讲述。

弹性力学问题求解，除了作为基本未知量的位移之外，通常更注意在弹性体内的变形及应力分布特征。在解方程组求得总体位移列阵后，就可以进一步利用几何方程和物理方程求得单元的应变、应力、主应力及其他未知量。

首先，对任一个单元体，其节点位移 $\boldsymbol{u}_e$，可直接从总体位移列阵中得到。由此即可求得任一单元的应变及应力

$$\boldsymbol{\varepsilon}=\boldsymbol{B}\boldsymbol{u}_e$$

$$\boldsymbol{\sigma}=\boldsymbol{D}\boldsymbol{\varepsilon}$$

五、计算成果的整理、分析与评价

有限单元法计算成果的整理，主要是从大量的结果文件中找出对工程有意义的关键部位的数据(位移、应变及应力)及计算结果反映的规律。这些工作由人工进行整理是一件十分繁琐而费工费时的事。目前已发展和开发出的后处理技术(post processing)使得这些工作可以完全交由计算机来自动完成。后处理技术包括绘制各种图形，如变形图，等值线图，以及按照计算者的要求绘制任一剖面或关键部位的位移、应力、主应力、分布曲线图等，以及各种数据制表等。计算报告书中所需的任何数据和图形都可以由后处理软件来完成。这就大大提高了工作效率，使计算者把主要的精力用于对计算结果的分析与评价工作上。

在本课程的学习过程中，应当有计划地安排一系列上机操作实践，从而使学生逐步学会有关有限单元法的计算分析及前后处理技术的应用。

思考及练习题

1. 试说明如何应用虚功原理导出有限单元法的基本公式(包括单元刚度方程、总体刚度方程及单元刚度矩阵、体力的等效节点力、面力等效节点力计算公式)。

2. 为什么说由能量原理导出的有限单元法基本方程 $\boldsymbol{KU}=\boldsymbol{R}$ 等价于弹性力学中的平衡方程和应力边界条件?

3. 如何确定有限单元法分析过程中单元刚度矩阵和总刚度矩阵的阶数?

4. 有限单元法解题的主要步骤有哪些?

第 4 章　弹性力学二维问题有限单元法

4.1　两种平面问题

严格地说，任何一个物体都是空间体（三维的），通常以具有 x，y，z 三个坐标轴的直角坐标系来定义一个空间体。因此，一个实际的弹性力学问题也都是空间（三维）问题。通常弹性体所受外力也都是空间力系，在某些特殊情况下，弹性体的几何形状及其受力状态，沿某一个坐标轴方向没有变化，或者可以忽略其影响，从而可以简化为二维的（平面）问题来处理。由此使问题的分析难度、工作量都大大减少。弹性力学中的二维问题，可分为下述的两种情况。

一、平面应力问题

假设有一个等厚度、均匀的薄板，只在板的边上受有平行于板平面的面力，及均匀的平行于板平面的体力，面力及体力都不沿厚度变化，如图 4－1 所示，此类问题即属于平面应力问题。

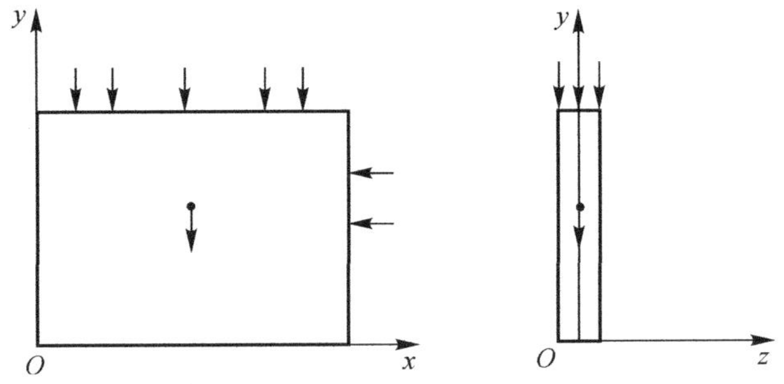

图 4－1　平面应力问题示例

设板的厚度为 t，取板的中面为 xOy 平面，垂直于板中面的方向为 z 轴，由于板厚度 t 远远小于板在 x，y 方向的尺寸，薄板只受平行于板面的外力，且外力不沿 z 方向变化。故有

$$\sigma_z = 0, \qquad \sigma_{xz} = 0, \qquad \sigma_{yz} = 0$$

由于板很薄且外力不沿厚度方向变化，故其余的应力分量也不沿 z 方向变化，即应力分量 σ_x，σ_y，σ_{xy} 不沿 z 方向变化。此时，应力列阵可记为

$$\boldsymbol{\sigma} = [\sigma_x \quad \sigma_y \quad \sigma_{xy}]^{\mathrm{T}}$$

相应地，应变分量也只有 ε_x，ε_y，ε_{xy}，并可记为

$$\boldsymbol{\varepsilon} = [\varepsilon_x \quad \varepsilon_y \quad \varepsilon_{xy}]^{\mathrm{T}}$$

几何方程有

$$\varepsilon_x = \frac{\partial u}{\partial x}, \qquad \varepsilon_y = \frac{\partial v}{\partial y}, \qquad \varepsilon_{xy} = \frac{\partial u}{\partial y} + \frac{\partial v}{\partial x}$$

弹性体的位移也只须考虑 u,v 两个分量，即 $\boldsymbol{u}=[u \quad v]^{\mathrm{T}}$。因此，几何方程可写成如下的矩阵形式

$$\begin{bmatrix}\varepsilon_x \\ \varepsilon_y \\ \varepsilon_{xy}\end{bmatrix}=\begin{bmatrix}\dfrac{\partial}{\partial x} & 0 \\ 0 & \dfrac{\partial}{\partial y} \\ \dfrac{\partial}{\partial y} & \dfrac{\partial}{\partial x}\end{bmatrix}\begin{bmatrix}u \\ v\end{bmatrix} \tag{4-1}$$

或简写为

$$\boldsymbol{\varepsilon}=\boldsymbol{L}\boldsymbol{u}$$

对于平面应力问题，矩阵 $\boldsymbol{L}$ 可写为

$$\boldsymbol{L}=\begin{bmatrix}\dfrac{\partial}{\partial x} & 0 & \dfrac{\partial}{\partial y} \\ 0 & \dfrac{\partial}{\partial y} & \dfrac{\partial}{\partial x}\end{bmatrix}^{\mathrm{T}} \tag{4-2}$$

式中，$\dfrac{\partial}{\partial x}$，$\dfrac{\partial}{\partial y}$ 称为微分算子。

平面应力问题的物理方程，仍可由广义胡克定律得到

$$\varepsilon_x=\frac{1}{E}(\sigma_x-\mu\sigma_y),\qquad \varepsilon_y=\frac{1}{E}(\sigma_y-\mu\sigma_x),\qquad \varepsilon_{xy}=\frac{2(1+\mu)}{E}\sigma_{xy}$$

由以上三式可以解出应力分量的表达式

$$\sigma_x=\frac{E}{1-\mu^2}(\varepsilon_x+\mu\varepsilon_y),\qquad \sigma_y=\frac{E}{1-\mu^2}(\varepsilon_y+\mu\varepsilon_x),\qquad \sigma_{xy}=G\varepsilon_{xy}$$

写成矩阵形式为

$$\begin{bmatrix}\sigma_x \\ \sigma_y \\ \sigma_z\end{bmatrix}=\frac{E}{1-\mu^2}\begin{bmatrix}1 & \mu & 0 \\ \mu & 1 & 0 \\ 0 & 0 & \dfrac{1-\mu}{2}\end{bmatrix}\begin{bmatrix}\varepsilon_x \\ \varepsilon_y \\ \varepsilon_{xy}\end{bmatrix}$$

简写为

$$\boldsymbol{\sigma}=\boldsymbol{D}\boldsymbol{\varepsilon} \tag{4-3}$$

其中

$$\boldsymbol{D}=\frac{E}{1-\mu^2}\begin{bmatrix}1 & & (\text{对称}) \\ \mu & 1 & \\ 0 & 0 & \dfrac{1-\mu}{2}\end{bmatrix} \tag{4-4}$$

式(4-4)称为平面应力问题弹性矩阵。

由式(4-1)～式(4-4)平面应力问题的几何方程与物理方程可以看出，同第 1 章中相比其矩阵表达式具有完全相同的形式，尽管其具体的展开形式有所不同，但其矩阵的简单表达式是相同的。这就是有限单元法用矩阵表述的优点所在。这种统一的形式，不仅有利于程序编制也有利于有限单元法的基本公式的建立。由上述统一形式的公式，可以看出，第 3 章中导出的有限单元法的基本方程及基本公式，对平面问题也是正确的。只需要以平面应力问题的式(4-1)～式(4-4)代替第 3 章中三维问题的相应公式即可。

二、平面应变问题

设有一等截面柱体，与平面应力问题相反，它沿某一坐标轴方向假定为无限长且截面无变化。其所受外力（面力、体力）平行于横截面，且沿长度方向无变化。取 $Oxyz$ 坐标系，其 xOy 平面与长柱体的横截面平行，z 轴沿柱体长度方向，如图 4－2 所示。

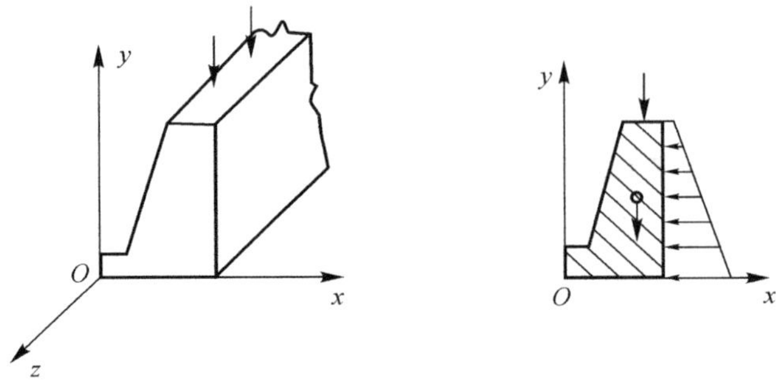

图 4－2　平面应变问题示例

在这种情况下，所有的变形分量和应力分量都不沿 z 轴变化，即它们都只是 x，y 的函数。由于假定柱体为无限长，故其任一横截面均可以认为是该弹性体对 z 轴的对称面。在对称面上的各点均没有垂直于对称面的位移，即 $w=0$，又因为各位移分量都只是 x，y 的函数与 z 无关，即 $u=u(x,y)$，$v=(x,y)$，由几何方程

$$\varepsilon_z=\frac{\partial w}{\partial z}=0,\qquad \varepsilon_{xz}=\frac{\partial u}{\partial z}+\frac{\partial w}{\partial x},\qquad \varepsilon_{yz}=\frac{\partial v}{\partial z}+\frac{\partial w}{\partial y}=0$$

可知，在 z 方向的位移及应变均为零。故称这类问题为平面应变问题。

在工程实际中，真正无限长的柱体是不存在的。通常，外力及结构特征符合上述条件且有足够长度的柱体，都可以被看做是平面应变问题。只要其沿 z 方向的长度与其横截面的尺寸相比十分大，例如，等截面的拦河大坝、交通隧洞、长的条形基础等，在设计实践中都把它们视为平面应变问题进行分析。

对平面应变问题，由上述可知，其位移、应变、应力分量为

位移：$\boldsymbol{u}=[u\quad v]^{\mathrm{T}}$

应变：$\boldsymbol{\varepsilon}=[\varepsilon_x\quad \varepsilon_y\quad \varepsilon_{xy}]^{\mathrm{T}}$

应力：$\boldsymbol{\sigma}=[\sigma_x\quad \sigma_y\quad \sigma_{xy}]^{\mathrm{T}}$

它们同平面应力问题情况相同。但要注意，平面应变问题由于结构及外力都沿 z 方向延续，因而 $\sigma_z\neq 0$。但它不是一个独立的分量，按平面应变问题的定义可知，σ_z 沿 z 方向无变化，也仅为 x，y 的函数，且有如下关系：

$$\sigma_z=\mu(\sigma_x+\sigma_y)$$

平面应变问题的物理方程由广义胡克定律可以导出为

$$\left.\begin{aligned}\varepsilon_x &= \frac{1-\mu^2}{E}\left(\sigma_x - \frac{\mu}{1-\mu}\sigma_y\right)\\ \varepsilon_y &= \frac{1-\mu^2}{E}\left(\sigma_y - \frac{\mu}{1-\mu}\sigma_x\right)\\ \varepsilon_{xy} &= \frac{2(1+\mu)}{E}\sigma_{xy}\end{aligned}\right\} \tag{4-5}$$

由式(4－5)解出应力，则有

$$\left.\begin{aligned}\sigma_x &= \frac{E(1-\mu)}{(1+\mu)(1-2\mu)}\left(\varepsilon_x - \frac{\mu}{1-\mu}\varepsilon_y\right)\\ \sigma_y &= \frac{E(1-\mu)}{(1+\mu)(1-2\mu)}\left(\frac{\mu}{1-\mu}\varepsilon_x + \varepsilon_y\right)\\ \sigma_{xy} &= \frac{E}{2(1+\mu)}\varepsilon_{xy}\end{aligned}\right\} \tag{4-6}$$

将式(4－6)写成矩阵形式，则有

$$\begin{bmatrix}\sigma_x\\ \sigma_y\\ \sigma_{xy}\end{bmatrix} = \frac{E}{(1+\mu)(1-2\mu)}\begin{bmatrix}1-\mu & \mu & 0\\ \mu & 1-\mu & 0\\ 0 & 0 & \dfrac{1-2\mu}{2}\end{bmatrix}\begin{bmatrix}\varepsilon_x\\ \varepsilon_y\\ \varepsilon_{xy}\end{bmatrix}$$

简写为

$$\boldsymbol{\sigma} = \boldsymbol{D\varepsilon} \tag{4-7}$$

弹性矩阵 $\boldsymbol{D}$ 为

$$\boldsymbol{D} = \frac{E}{(1+\mu)(1-2\mu)}\begin{bmatrix}1-\mu & & \text{(对称)}\\ \mu & 1-\mu & \\ 0 & 0 & \dfrac{1-2\mu}{2}\end{bmatrix} \tag{4-8}$$

物理方程式(4－7)与平面应力问题有完全相同的形式，二者不同之处在于弹性矩阵 $\boldsymbol{D}$。并且，两种平面问题还有如下关系：即如果在平面应力问题中的式(4－3)中，将 E 换为 $E(1-\mu^2)$，将 μ 置换为 $\mu(1-\mu)$，则可转化为式(4-7)。这一关系有利于计算机程序的统一。由前面的讲述可知，两种平面问题的几何方程及平衡方程相同，应力、应变都是相同的 3 个分量。因此可以采用统一的计算机程序处理两种平面问题，只需要对平面应力问题采用弹性参数 E，μ，对平面应变问题令 $E=E/(1-\mu^2)$，$\mu=\mu/(1-\mu)$ 予以转换。

尽管完全符合平面问题严格定义的工程实际问题并不常见，多数情况属三维问题，然而三维问题的有限单元法分析在具体操作实施上要复杂、费时得多。因此，在许多情况下，总是希望尽可能地简化为平面问题进行分析，在有限单元法的应用实践中，按平面问题处理的工程实例很多。尽管严格来说它们不一定完全符合平面问题的定义，而且会带来误差，但计算结果反映出的某些定性的规律性的信息也还是十分有价值的。作为一个应用有限单元法处理工程问题的分析和研究工程人员应当对上述情况充分了解。

4.2　平面问题三角形常应变单元的位移模式及形函数

由几何知识已知，三个点即构成一个平面，因此，对平面问题的离散化最简单的处理是把它剖分成许多细小的三角形。这种由 3 节点构成的三角形单元是平面问题中最简单的一种单元。在弹性力学中曾经提出过基本的假定：均匀、连续、各向同性和完全弹性的，这是各向同性弹性体的基本假定。在连续体被离散化为单元体的情况下，以上的假定可以被限定于每一个单元体内，也就是说，所有单元体都必须满足以上基本假定。但每一个单元体可以是独立的具有自己的相应物性参数，因此就使得有限单元法可以十分方便地处理非匀质，多介质、不等厚度的(平面问题) 等许多经典弹性理论难以解答的问题。

3 节点三角形单元可以是任意的三角形，如图 4-3 所示。3个节点在网格中的总体编号记为 i,j,m，在总体坐标系中的坐标分量为 $x_i,y_i,,x_j,y_j,x_m,y_m$。3 个节点的位移分别为 u_i,v_i，u_j,v_j,u_m,v_m，写成矩阵形式，有

$$\boldsymbol{u}_e=[u_i \quad v_i \quad u_j \quad v_j \quad u_m \quad v_m]^{\mathrm{T}} \tag{4-9}$$

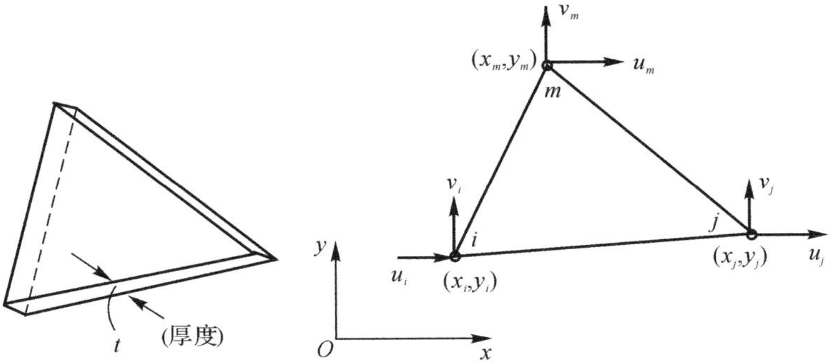

图 4-3　3 节点三角形单元

单元的节点位移乃是有限单元法总体位移列阵的组成部分。作为有限单元法的基本未知量，解总体刚度方程可求得总体位移列阵 $\boldsymbol{U}$。则各单元的节点位移即为已知。单元体内部任一点的位移，可以通过选择一个适当的位移模式把它表示成单元节点位移的函数。由于一个单元的面积同整个求解区相比非常小，通常可以采用比较简单的函数来描述单元体内部任一点的位移与节点位移的关系。例如，采用有限次数的代数多项式。对于上述简单的三角形单元，可假定单元内任一点的位移是其坐标的线性函数，即

$$\left.\begin{aligned} u&=\alpha_1+\alpha_2 x+\alpha_3 y \\ v&=\alpha_4+\alpha_5 x+\alpha_5 y \end{aligned}\right\} \tag{4-10}$$

式(4-10) 为单元体的"位移函数"，通过适当的推导即可以由式(4-10) 导出单元内任一点位移与节点位移的关系。

对于初次接触有限单元法的初学者，在此可能产生疑问：① 对于理论解析都难以求解的复杂的弹性力学问题，采用如此简单的单元"位移函数" 是否可行，能否保证必要的精度？② 对于不同形状的单元体，如何正确地确定其位移函数的具体形式(选用什么阶次的代数多项式)？对于第二个问题，本章后面将有专门的讨论。对于前一个疑问，现在通过以下一维问题的例子予以说明。

图 4-4 表示一维问题的位移函数 $U=f(x)$ 的具体图形。未知函数 $U=f(x)$，设在 0 ～ N 个点处已知其确定值 $u_0,u_1,u_2,\cdots,u_N$。因此如果把区间 A—B 分为 N 个微小的分段，则每一分段(子区间、单元) 内，函数 $f(x)$ 即可以充分近似地视为线性的。即

$$u = f_e(x) = \alpha_1 + \alpha_2 x \tag{4-11}$$

把区段 e 放大如图 4－4(b) 所示。其起点与终点分别为 i，j。从图中可以看出按简单的线性(图4－4(b) 上端虚线) 来逼近，与原函数相比较，该函数也是足够精确的。我们可以通过 i，j 两点的坐标 x_i，x_j 及对应的函数值 u_i，u_j 分别代入式(4－11)，即可以求出待定系数 α_1，α_2。并可以把 $f_e(x)$ 表示成两端点值 u_i，u_j 的函数，由式(4－11) 可得

$$\left.\begin{aligned} u_i &= \alpha_1 + \alpha_2 x_i \\ u_j &= \alpha_1 + \alpha_2 x_j \end{aligned}\right\} \tag{4-12}$$

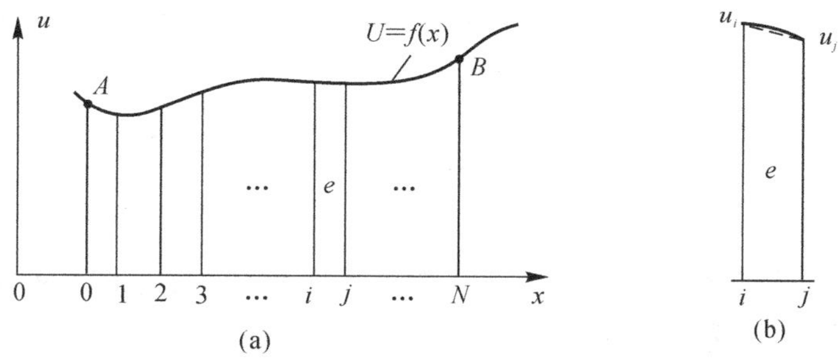

图 4－4　未知函数 $U = f(x)$ 的离散化处理

(a) 连续函数的离散化；(b)i—j 区间的线性逼近

联立解式(4－12) 即可得到待定系数 α_1 及 α_2。把得到的 α_1 及 α_2 的表达式代入式(4－11)，经整理后可得

$$u = N_i u_i + N_j u_j \tag{4-13}$$

式中，N_i，N_j 即称为“插值函数”。因为求 i—j 之间的任一点 x 处的 u 值即是通过 u_i，u_j 用简单的插值方法得到的。“插值函数”即由此得名。N_i，N_j 的形式(略去以上推导过程) 为

$$\left.\begin{aligned} N_i &= (x_j - x)/(x_j - x_i) \\ N_j &= (x - x_i)/(x_j - x_i) \end{aligned}\right\} \tag{4-14}$$

很显然，在对 A—B 区间分段离散化的情况下，式(4－13) 适用于任一区段、任一点处的 u 值的求解。无论原函数 $U = f(x)$ 有多么复杂，只要区段划分得足够小，式(4－11) 的模式及导出的式(4－13) 都能够充分近似地得到任一点的函数 $U = f(x)$ 的值。

把这种一维情况，推广到二维，我们采用式(4－10) 表达三角形单元的位移模式(或叫“位移函数”) 就完全可以理解了。毫无疑问，只要单元划分得充分小，式(4－10) 完全可以充分近似地表达单元体内部任一点的位移变化规律。

按照上述对一维的简单例子采用的方法进行推导，首先把三角形单元 3 个节点的节点坐标及节点位移分量代入式(4－10)，则有

$$\begin{aligned} u_i &= \alpha_1 + \alpha_2 x_i + \alpha_3 y_i \quad ① \qquad & v_i &= \alpha_4 + \alpha_5 x_i + \alpha_6 y_i \quad ④ \\ u_j &= \alpha_1 + \alpha_2 x_j + \alpha_3 y_j \quad ② \qquad & v_j &= \alpha_4 + \alpha_5 x_j + \alpha_6 y_j \quad ⑤ \\ u_m &= \alpha_1 + \alpha_2 x_m + \alpha_3 y_m \quad ③ \qquad & v_m &= \alpha_4 + \alpha_5 x_m + \alpha_6 y_m \quad ⑥ \end{aligned}$$

显然，由上面的①～③3个式子可以解出系数 α_1，α_2，α_3；由后面的④～⑥3个式子可以解出 α_4，α_5，α_6。

把 $\alpha_1 \sim \alpha_6$ 代入式(4－10)，经合并、整理后即得到如下的形式：

$$u = N_i u_i + N_j u_j + N_m u_m$$
$$v = N_i v_i + N_j v_j + N_m v_m$$

写成矩阵形式，有

$$\boldsymbol{u} = [N_i I \quad N_j I \quad N_m I]\boldsymbol{u}_e = \boldsymbol{N}\boldsymbol{u}_e \tag{4-15}$$

其中

$$N_i = \frac{1}{2\Delta}(a_i + b_i x + c_i y) \quad (i,j,m) \tag{4-16}$$

$$a_i = x_j y_m - x_m y_j, \qquad b_i = y_j - y_m, \qquad c_i = x_m - x_j \quad (i,j,m)$$

$$\Delta = \frac{1}{2}\begin{vmatrix} 1 & x_i & y_i \\ 1 & x_j & y_j \\ 1 & x_m & y_m \end{vmatrix} = \frac{1}{2}(a_i + b_i x_i + c_i y_i) \tag{4-17}$$

式中，Δ—— 三角形的面积；

N_i—— 位移模式的插值函数，因其唯一取决于单元体的几何形状及单元节点的位置(坐标)，故又称为单元的形函数。

以上的推导过程也完全可以用矩阵形式来表述，由式(4-10)给定的位移函数，其矩阵形式可写为

$$\boldsymbol{u} = \begin{bmatrix} u \\ v \end{bmatrix} = \begin{bmatrix} 1 & x & y & 0 & 0 & 0 \\ 0 & 0 & 0 & 1 & x & y \end{bmatrix}\boldsymbol{\alpha} \tag{4-18}$$

简写为

$$\boldsymbol{u} = \boldsymbol{M}\boldsymbol{\alpha}$$

重复上述的推导，把节点坐标及节点位移分量代入得到的式 ① ～ ⑥6 个方程，现在可以写为

$$\boldsymbol{u}_e = \begin{bmatrix} A_1 & 0 \\ 0 & A_2 \end{bmatrix}\boldsymbol{\alpha} = \boldsymbol{A}\boldsymbol{\alpha}$$

由此可以求得各待定系数列阵 $\boldsymbol{\alpha}$，即

$$\boldsymbol{\alpha} = \boldsymbol{A}^{-1}\boldsymbol{u}_e = \begin{bmatrix} \boldsymbol{A}_1^{-1} & \\ & \boldsymbol{A}_2^{-1} \end{bmatrix}\begin{bmatrix} u'_e \\ v'_e \end{bmatrix}$$

代 $\boldsymbol{\alpha}$ 入式(4-18)，则有

$$\boldsymbol{u} = \boldsymbol{M}\boldsymbol{\alpha} = \boldsymbol{M}\boldsymbol{A}^{-1}\boldsymbol{u}_e = \boldsymbol{N}\boldsymbol{u}_e$$

得到与式(4-15)完全相同的形式。

式(4-15)即表明单元内部任一点的位移与单元的节点位移的关系，这种联系是通过插值函数(或叫形函数)来实现的。一旦完成有限单元法基本方程求解，得到位移矢量 $\boldsymbol{U}$，则各单元的节点位移即可已知。由式(4-15)通过插值函数 N 即可求得单元体内任一点的位移，再利用几何方程及物理方程求得其应变、应力及其他工程要求的物理量。可见对于某一种具体的单元导出其插值函数或形函数是十分重要的。后面我们还会看到只有在完成插值函数的推导后，才可以进一步完成有限单元基本方程的建立(在第 3 章有过阐述)。

函数 N_i 的上述意义决定了它具有如下的特征：

(1) 形函数 N_i 在本节点 i 处等于 1，在除 i 以外的其他各节点处等于零，亦即

$$\begin{cases} N_i(x_i, y_i) = 1 & (i, j, m) \\ N_i(x_j, y_j) = N_i(x_m, y_m) = 0 & (i \neq j \neq m) \end{cases}$$

这一特性可由把相应的单元节点坐标代入式(4-16)得到证实。单元体的内部形函数 N_i 的变化为线性的(式(4-16)为一线性式),并可以表示为图 4-5 的形式。

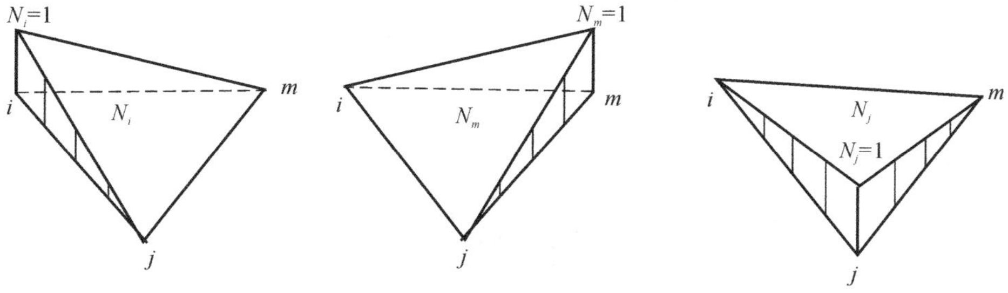

图 4-5　形函数在节点处及单元内的规律

(2) 全部形函数的总和等于 1,即 $\sum N_i = 1$。

要证明这一特性,可假定单元沿某一方向,例如沿 x 方向产生一刚体位移 u_o,则单元的各节点以及单元体的任一点都产生同样的位移 u_o,则有

$$u_o = N_i u_i + N_j u_j + N_m u_m = N_i u_o + N_j u_o + N_m u_o = u_o(N_i + N_j + N_m)$$

故有

$$N_i + N_j + N_m = 1$$

形函数的上述两个基本特性也可以用来检验某种单元的形函数的正确性。当需要建立某种新单元时,取得的形函数必须能满足上述的两种特性。

4.3　单元的刚度方程——刚度矩阵及等效节点力的推导

有了上一节推导出的位移模式及形函数,就可以进一步导出单元的应变矩阵(又称几何矩阵)、应力矩阵以及单元刚度矩阵及外力等效节点力的具体形式。在第 3 章中介绍有限单元法的基本概念及原理时,就曾利用几何方程及物理方程导出了有关的基本公式。当单元内的位移假定为式(4-15)的形式时,则单元内任一点的应力及应变分别为式(3-12)及式(3-13)即

$$\boldsymbol{\varepsilon} = \boldsymbol{L}\boldsymbol{N}\boldsymbol{u}_e = \boldsymbol{B}\boldsymbol{u}_e$$

$$\boldsymbol{\sigma} = \boldsymbol{D}\boldsymbol{\varepsilon} = \boldsymbol{D}\boldsymbol{B}\boldsymbol{u}_e = \boldsymbol{S}\boldsymbol{u}_e$$

式中,矩阵 $\boldsymbol{B}$ 及 $\boldsymbol{S}$ 分别为应变矩阵及应力矩阵。已知

$$\boldsymbol{L} = \begin{bmatrix} \dfrac{\partial}{\partial x} & 0 \\ 0 & \dfrac{\partial}{\partial y} \\ \dfrac{\partial}{\partial y} & \dfrac{\partial}{\partial x} \end{bmatrix}$$

利用式(4-15),则有

$$\boldsymbol{B} = \boldsymbol{L}\boldsymbol{N} = \boldsymbol{L}[N_i I \quad N_j I \quad N_m I] =$$

$$\begin{bmatrix} \frac{\partial N_i}{\partial x} & 0 & \frac{\partial N_j}{\partial x} & 0 & \frac{\partial N_m}{\partial x} & 0 \\ 0 & \frac{\partial N_i}{\partial y} & 0 & \frac{\partial N_j}{\partial y} & 0 & \frac{\partial N_m}{\partial y} \\ \frac{\partial N_i}{\partial y} & \frac{\partial N_i}{\partial x} & \frac{\partial N_j}{\partial y} & \frac{\partial N_j}{\partial x} & \frac{\partial N_m}{\partial y} & \frac{\partial N_m}{\partial x} \end{bmatrix} = [\boldsymbol{B}_i \quad \boldsymbol{B}_j \quad \boldsymbol{B}_m] \tag{4-12}$$

式中

$$\boldsymbol{B}_i = \begin{bmatrix} \frac{\partial N_i}{\partial x} & 0 \\ 0 & \frac{\partial N_i}{\partial y} \\ \frac{\partial N_i}{\partial y} & \frac{\partial N_i}{\partial x} \end{bmatrix} = \frac{1}{2\Delta}\begin{bmatrix} b_i & 0 \\ 0 & c_i \\ c_i & b_i \end{bmatrix} \quad (i,j,m)$$

在单元已被离散化网格定义的情况下，单元各节点坐标即为已知，故矩阵 $\boldsymbol{B}$ 中的各元素即为常量，求解后各节点位移即为已知，故单元应变即可由关系式 $\boldsymbol{\varepsilon}=\boldsymbol{B}\boldsymbol{u}_e$ 求得。并且，由于单元的应变矩阵 $\boldsymbol{B}$ 中的各元素均为常量，由此求得单元的应变也应为一常量列阵，即各应变分量 $\varepsilon_x,\varepsilon_y,\varepsilon_{xy}$ 在该单元体内为常量(单元体内各点应变相同)。因此，这种最简单的 3 节点三角形单元被称为“常应变三角形单元”。

在一个单元体内的各点应变为常量，这样的结果与实际情况显然并不一致，甚至可能有很大误差，除非单元划分得非常细小，这种误差也变得十分小，达到工程所允许的范围。这种情况也说明了，有限单元法的求解精度取决于离散化的剖分细度。随着网格的加密，单个的单元很细小，解答的误差也愈小，并收敛于精确解。常应变三角形单元由于其简单常被用来作为讲解有限单元法的概念及方法的典型单元。然而其求解精度差，各单元之间的应变、应力的变化呈不连续阶跃式的变化也给成果的整理和分析增加了困难。因而，常应变三角形单元在计算实践中已甚少采用，而被具有更高精度及适用性的高精度等参数单元所取代。

在完成了应变矩阵 $\boldsymbol{B}$ 的推导后，可以直接应用在第 3 章中导出的一般化公式得到单元的刚度矩阵及外力的等效节点力。由式(3-14)

$$\boldsymbol{k} = \iiint \boldsymbol{B}^{\mathrm{T}}\boldsymbol{D}\boldsymbol{B}\,\mathrm{d}x\,\mathrm{d}y\,\mathrm{d}z$$

把式(4-19)的矩阵 $\boldsymbol{B}$ 及平面问题的弹性矩阵 $\boldsymbol{D}$ 代入上式即可得到单元刚度矩阵的具体形式。考虑到平面问题单元厚度为 t，单元体积为 Δt。在矩阵 $\boldsymbol{D}$ 中均不含变量 x,y,z 故上式的积分可简化为

$$\boldsymbol{k}_{6\times 6} = \boldsymbol{B}^{\mathrm{T}}\boldsymbol{D}\boldsymbol{B}\Delta t \tag{4-20}$$

写成分块形式为

$$\boldsymbol{k} = \begin{bmatrix} \boldsymbol{B}_i^{\mathrm{T}} \\ \boldsymbol{B}_j^{\mathrm{T}} \\ \boldsymbol{B}_m^{\mathrm{T}} \end{bmatrix} \boldsymbol{D} [\boldsymbol{B}_i \quad \boldsymbol{B}_j \quad \boldsymbol{B}_m] = \begin{bmatrix} \boldsymbol{k}_{ii} & \boldsymbol{k}_{ij} & \boldsymbol{k}_{im} \\ \boldsymbol{k}_{ji} & \boldsymbol{k}_{jj} & \boldsymbol{k}_{jm} \\ \boldsymbol{k}_{mi} & \boldsymbol{k}_{mj} & \boldsymbol{k}_{mm} \end{bmatrix}$$

其中，$\boldsymbol{k}_{rs}(r=i,j,m;s=i,j,m)$ 是一个 2×2 阶的子块。它们对应于单元的 3 个节点。并有任一子块 $\boldsymbol{k}_{rs}$ 为

$$\boldsymbol{k}_{rs}=\iint\boldsymbol{B}_r^{\mathrm{T}}\boldsymbol{D}\boldsymbol{B}_s t\,\mathrm{d}x\mathrm{d}y=\frac{Et}{4(1-\mu^2)\Delta}\begin{bmatrix}b_r & 0 & c_r\\0 & c_r & b_r\end{bmatrix}\begin{bmatrix}1 & \mu & 0\\\mu & 1 & 0\\0 & 0 & \dfrac{1-\mu}{2}\end{bmatrix}\begin{bmatrix}b_s & 0\\0 & c_s\\c_s & b_s\end{bmatrix}=$$

$$\frac{Et}{4(1-\mu^2)\Delta}\begin{bmatrix}b_rb_s+\dfrac{1-\mu}{2}c_rc_s & \mu b_rc_s+\dfrac{1-\mu}{2}b_sc_r\\ \mu b_sc_r+\dfrac{1-\mu}{2}b_rc_s & c_rc_s+\dfrac{1-\mu}{2}b_rb_s\end{bmatrix}\tag{4-21}$$

由式(4-21)可以看出：当 $r=s$ 时即为式(4-20)中的主对角线上的子块 k_{ii}，k_{jj}，k_{mm}，此时的主子块应为对称的 2×2 阶子矩阵。而当 $r\neq s$ 时，$\boldsymbol{k}_{rs}$ 为非主对角线的子块。由式(4-21)可以看出

$$\boldsymbol{k}_{rs}^{\mathrm{T}}=\boldsymbol{k}_{sr}$$

这一关系证明了单元刚度矩阵为一对称方阵。对称性是单元刚度矩阵的重要特性。

处于边界上的单元可能作用有边界面力，此外单元体的重力、惯性力等则属于体力。在体力及面力的作用下，均须转化为单元的等效节点力。利用第3章导出的公式，则有体力等效节点力

$$\boldsymbol{q}=\iint\boldsymbol{N}^{\mathrm{T}}\boldsymbol{Q}_e t\,\mathrm{d}x\mathrm{d}y$$

把式(4-9)、式(4-10)所示形函数 $\boldsymbol{N}$ 及已知的体力 $[Q_x\quad Q_y]^{\mathrm{T}}$ 代入上式并完成积分运算即可得到体力的等效节点力 $\boldsymbol{q}$。注意到三角形单元的面积为 Δ，厚度为 t，若单元体的体力视为常量(即 Q_x，Q_y 为常量，当三角单元充分小时这种简化是可行的)，则上述积分仅对形函数 N_i 进行。考虑到形函数 N_i 在单元面积上的积分即为 N_i 在三角形面积上构成的四面体体积(见图4-5)，故有 $\iint_A N_i\mathrm{d}A=\dfrac{\Delta}{3}$，由此得单元体力等效节点力为

$$\boldsymbol{q}=\iiint\boldsymbol{N}^{\mathrm{T}}\boldsymbol{Q}_e\mathrm{d}V=\iint_A\boldsymbol{N}^{\mathrm{T}}\mathrm{d}A\boldsymbol{Q}_e t=$$

$$\frac{t\Delta}{3}[Q_x\quad Q_y\quad Q_x\quad Q_y\quad Q_x\quad Q_y]^{\mathrm{T}}\tag{4-22}$$

边界上的分布面力的等效节点力，只对于至少有一个边在边界上的单元才需要考虑(并且该边上作用有面力)。由前面第3章已导出的公式

$$\boldsymbol{p}=\iint_S\boldsymbol{N}^{\mathrm{T}}\boldsymbol{p}_e\mathrm{d}S=\int_l[N_iI\quad N_jI\quad N_mI]\begin{Bmatrix}p_x\\p_y\end{Bmatrix}t\,\mathrm{d}l$$

这里仍以常量的分布面力来讨论，假定在 i 点的对应边 l_i 上作用有边界面力，则由于积分是对 i 点对边的边长 l_i 进行，并有

$$\int_{l_i}N_i\mathrm{d}l=0,\qquad \int_{l_i}N_j\mathrm{d}l=\int_{l_i}N_m\mathrm{d}l=\frac{1}{2}l_i$$

故有

$$\boldsymbol{p}_i=\frac{tl_i}{2}[0\quad 0\quad p_x\quad p_y\quad p_x\quad p_y]^{\mathrm{T}}\tag{4-23}$$

式(4-23)即为单元的 i 点的对边处在边界上并作用有常量面力情况下的面力等效节点力。同样，我们可以类推出另外的两种情况下的公式：

当 j 点的对边为在边界上并受有分布面力时，

$$\boldsymbol{p}_j = \frac{tl_j}{2}[p_x \quad p_y \quad 0 \quad 0 \quad p_x \quad p_y]^{\mathrm{T}} \tag{4-24}$$

当 m 点的对边在边界上并受有分布面力时，

$$\boldsymbol{p}_m = \frac{tl_m}{2}[p_x \quad p_y \quad p_x \quad p_y \quad 0 \quad 0]^{\mathrm{T}} \tag{4-25}$$

式中，l_i, l_j, l_m 分别为与 i, j, m 点相对的边的长度。至此我们就完成了单元刚度方程的建立，即

$$\boldsymbol{k}\boldsymbol{u}_e = \boldsymbol{f}$$

导出了单元刚度矩阵、体力及面力的等效节点力，而单元节点位移列阵即为由三角形各节点位移分量组成的列阵。

4.4　单元位移函数的选择原则

4.3 节对 3 节点三角形平面单元，通过假定一个简单的位移函数线性代数多项式，导出了相应的“形函数”，把单元体内任一点的位移表述为单元节点位移的函数，进而推导了单元的刚度矩阵、体力及面力的等效节点力，完成了单元刚度方程的建立，为组集总体刚度方程及求解完成了理论上的阐述。如前所述，三角形常应变单元是一种简单的、精度较差的单元。要提高计算精度须增加离散化网格的密度，而节点数目及单元数目的增加也大大增加了占用的计算机内存及计算时间，并且精度的提高也是有一定限度的。

提高有限单元法的求解精度的另一途径是采用更高精度的单元(例如，6 节点的三角形单元、4 节点或 8 节点的四边形单元等)，不同的单元需要采取不同的位移函数，且位移函数还必须满足协调性和收敛性的要求，保证有限单元法的解能够随着网格的细分收敛于精确解。如何对不同的单元正确地选择位移函数，本节将就这一问题做进一步讨论。

位移函数通常采用代数多项式的形式，其形式简单且能够满足协调性及收敛性的要求。选用线性的、二次的或更高阶次的多项式，要视单元节点的自由度数目而定，在此介绍一种表述代数多项式的“帕斯卡三角形”，图 4-6 即为帕斯卡三角形及其应用示例。前面讨论的 3 节点三角形单元即取其帕斯卡三角形顶端一、二层。若用四边形 4 节点的单元，位移函数应包含 4 项，如图 4-6 所示。若是 6 节点三角形则取帕斯卡三角形的顶端三行共 6 项。

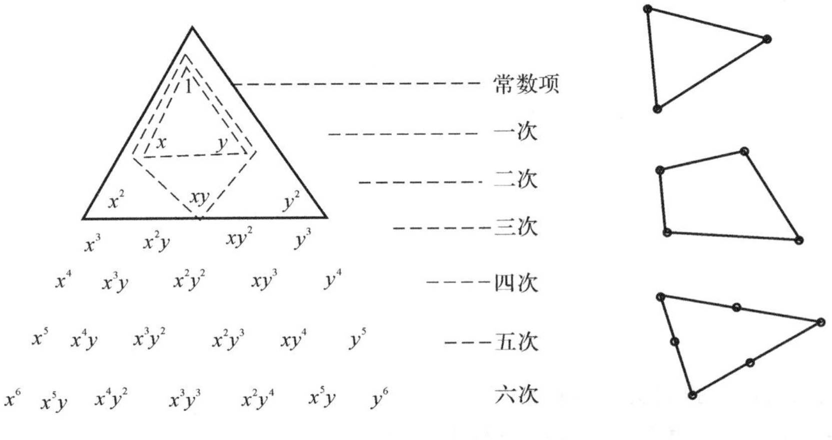

图 4-6　帕斯卡三角形及单元位移函数示例

3 节点三角形单元：

$$u=\alpha_1+\alpha_2 x+\alpha_3 y$$
$$v=\alpha_4+\alpha_5 x+\alpha_6 y$$

4 节点四边形单元：

$$u=\alpha_1+\alpha_2 x+\alpha_3 y+\alpha_4 xy$$
$$v=\alpha_5+\alpha_6 x+\alpha_7 y+\alpha_8 xy$$

6 节点三角形单元：

$$u=\alpha_1+\alpha_2 x+\alpha_3 y+\alpha_4 x^2+\alpha_5 xy+\alpha_6 y^2$$
$$v=\alpha_7+\alpha_8 x+\alpha_9 y+\alpha_{10} x^2+\alpha_{11} xy+\alpha_{12} y^2$$

按照图 4-6 的帕斯卡三角形选择位移函数，通常遵循以下原则：

（1）选择多项式的阶次及项数，应由单元的节点数目及自由度数来决定。保证多项式中的待定系数的数量同单元的总体自由度数相一致，以避免在确定待定系数时增加困难。例如本章讨论的 3 节点三角形平面单元。单元的每个节点有两个自由度（即 3 个节点的位移各有 u，v 分量）共 2×3 个自由度。在位移函数（$u=\alpha_1+\alpha_2 x+\alpha_3 y$；$v=\alpha_4+\alpha_5 x+\alpha_6 y$）中也共有 6 个待定系数。由 3 个节点的坐标值及节点位移分量 u_i，u_j，u_k 代入第一式即可解待定系数 $\alpha_1\sim\alpha_3$。由 3 个节点的坐标值及节点位移分量 v_i，v_j，v_k 代入第二式即可解待定系数 $\alpha_4\sim\alpha_6$。

（2）由于节点数目及节点自由度的限制，选择位移函数时，不一定正好是帕斯卡三角形中表示的完整的二、三次或更高次多项式，而常常是在高次项目中只取一部分，例如 4 节点 4 边形单元，仅在二次式中取了 xy 这一项。在这种对高次多项式中只选取一部分项的情况下，应遵守“对称性原则”，即取其最高次式中的位置对称的相应项。采取对称性原则在于保证在各坐标轴方向上具有相同的精度，例如，对于 8 节点的任意四边形单元（见图 4-7），按上述原则其位移函数应取为

$$\begin{cases}u=\alpha_1+\alpha_2 x+\alpha_3 y+\alpha_4 x^2+\alpha_5 xy+\alpha_6 y^2+\alpha_7 x^2 y+\alpha_8 xy^2\\ v=\alpha_9+\alpha_{10} x+\alpha_{11} y+\alpha_{12} x^2+\alpha_{13} xy+\alpha_{14} y^2+\alpha_{15} x^2 y+\alpha_{16} xy^2\end{cases}$$

位移分量：$\boldsymbol{u}_e=[u_1\quad v_1\quad u_2\quad v_2\quad \cdots\quad u_8\quad v_8]^{\mathrm{T}}$ 共 16 个分量

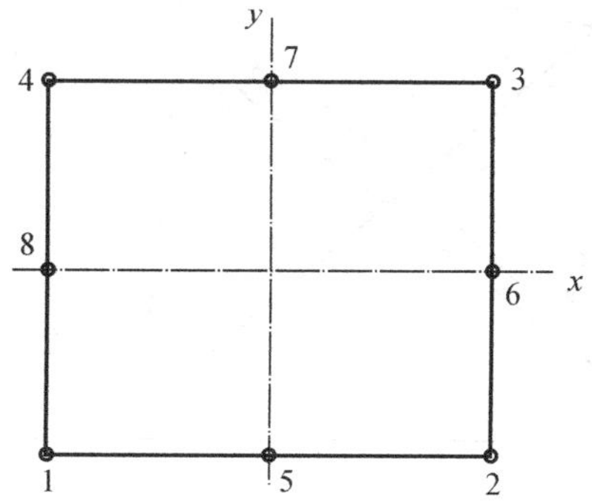

图 4-7　八点节四边形单元

（3）位移函数应满足完备性要求。所谓完备性要求是指选择的单元位移函数应当满足单元（物体）的各种可能的位移和应力状态。其中也包括刚体位移和常量应变状态。这一要求的物理意义可以做如下的解释：

首先对求解对象被离散化后的某一单元(或某些单元),单元本身没有直接受有外力的作用。在外力的作用下,弹性体的变形正好使该单元(或该部分单元)的各个节点位移相等,因而,不会引起该单元产生应变。由于求解对象(弹性体)的受力变形会引起该(部分)单元产生整体的刚位移动。作为有限单元法求解基础的单元位移函数,显然,在这种情况下也应当是满足的。

研究证明,无论是最简单的线性位移函数,还是更多节点单元所选用的更高次的代数多项式位移函数。只要在位移函数中包含有帕斯卡三角形中的常数项和一次项,就能够满足刚体位移。现以 3 节点三角形单元为例对其简单验证。

当单元做刚体运动时,则有 $\varepsilon_x=0$,$\varepsilon_y=0$,$\varepsilon_{xy}=0$,即

$$\frac{\partial u}{\partial x}=0,\qquad \frac{\partial v}{\partial y}=0,\qquad \frac{\partial u}{\partial y}+\frac{\partial v}{\partial x}=0$$

3 节点三角形单元的位移函数,如前面的式(4-8)。把以上的条件代入,得

$$\alpha_2=0,\qquad \alpha_6=0,\qquad \alpha_3+\alpha_5=0$$

把这一结果回代入原位移函数中,则有

$$\left.\begin{aligned}u&=\alpha_1+\alpha_2x+\alpha_3y=\alpha_1+\alpha_3y=\alpha_1-\frac{\alpha_5-\alpha_3}{2}y\\v&=\alpha_4+\alpha_5x+\alpha_6y=\alpha_4+\alpha_5x=\alpha_4+\frac{\alpha_5-\alpha_3}{2}x\end{aligned}\right\}\tag{4-26}$$

今有某一单元 e 产生刚体位移(平移和转动),其沿 x,y 方向的平移可分别记为 u_0,v_0。单元的刚体转动假定其相对于 x 轴转动 ω_0 角。则单元内任一点 $A(x,y)$ 由此产生沿 x 方向和 y 方向的位移分量为(见图 4-8)

$$u'=-r\omega_0\sin\theta=-\omega_0 y$$
$$v'=r\omega_0\cos\theta=\omega_0 x$$

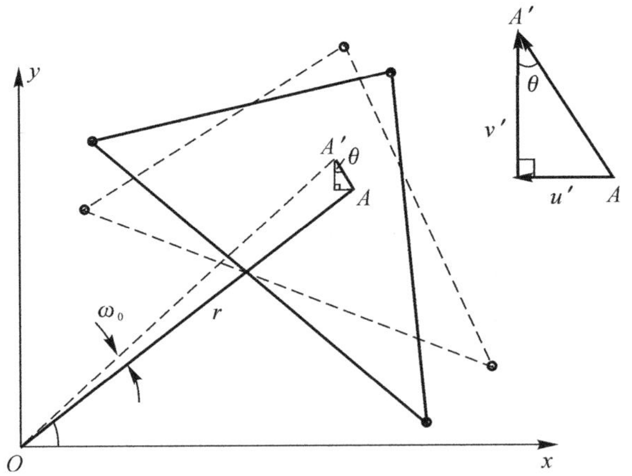

图 4-8　单元产生绕 x 轴转动

则由于刚体位移在单元内任一点 A 处产生的总位移为

$$\left.\begin{aligned}u&=u_0+u'=u_0-\omega_0 y\\v&=v_0+v'=v_0+\omega_0 x\end{aligned}\right\}\tag{4-27}$$

比较式(4-26)及式(4-27)可知

$$\alpha_1 = u_0, \qquad \alpha_4 = v_0, \qquad \frac{\alpha_5 - \alpha_3}{2} = \omega_0$$

这一结果表明了所选取的位移函数可以满足刚体位移。

有限单元法的特点之一是，随着网络的细分，有限单元法的解答将收敛于精确解。当网格有足够密度，单元尺寸变得非常小时，单元内的应变（及应力）也将近似为一常量。因此，位移函数的选择应当能够包含这种常应变状态。同样，要满足常应变状态，位移函数也必须包含常数项和一次项。对于本章已讨论的三角形单元，位移函数即为含常数项和一次项的线性位移函数。则由几何方程可知

$$\varepsilon_x = \frac{\partial u}{\partial x} = \alpha_2, \qquad \varepsilon_y = \frac{\partial v}{\partial y} = \alpha_6, \qquad \varepsilon_{xy} = \frac{\partial u}{\partial y} + \frac{\partial v}{\partial x} = \alpha_3 + \alpha_5$$

即各应变分量均为常量，因此，它满足单元的常应变状态。

（4）位移函数还要满足协调性要求。协调性要求是指相邻单元在公共边界上的位移连续性，亦即在两相邻单元的公共边界上的点有唯一的位移，否则，两个单元在公共边界上的同一点产生不同的位移值，则边界处将会出现重叠或者撕裂（开裂）现象，这当然是不符合实际情况的。以代数多项式作为单元的位移函数，由于多项式是坐标的连续函数，在公共边界也是连续的，因而能够满足协调性（连续性）的要求。

包含常数项及一次项的位移函数可通过下面的简单推演及图 4－9 来证明满足协调性要求。图 4－9 所示为两个三角形单元 A 及 B，其公共边为边 m—j。首先考察单元 A，按前面三角形的推导已知，其位移函数可写为

$$u = N_i u_i + N_j u_j + N_m u_m$$
$$v = N_i v_i + N_j v_j + N_m v_m$$

在 m—j 边上，由形函数的特性可知 $N_i = 0$，故有

$$\left.\begin{aligned} u &= N_j u_j + N_m u_m \\ v &= N_j v_j + N_m v_m \end{aligned}\right\} \tag{4-28}$$

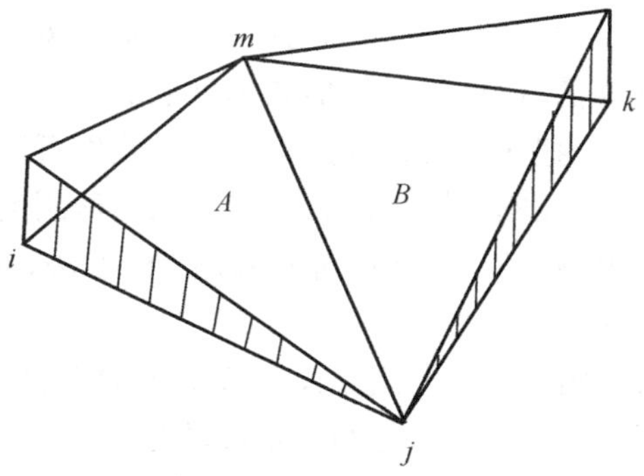

图 4－9　单元公共边界上位移的协调性

再考察单元 B，其位移函数为

$$u = N_j u_j + N_k u_k + N_m u_m$$
$$v = N_j v_j + N_k v_k + N_m v_m$$

在 m—j 边上有 $N_k = 0$，故有

$$\left.\begin{aligned} u &= N_j u_j + N_m u_m \\ v &= N_j v_j + N_m v_m \end{aligned}\right\} \tag{4-29}$$

比较式(4-28)和式(4-29)可知，由两个单元得到的在m—j边上的位移函数是完全相同的。节点位移分量u_j，u_m，v_j，v_m可由求解有限元总体方程得到，它们的值是唯一的。形函数N_j，N_m在公共边界上的值也仅决定于节点j及m的坐标。因此，由两个单元得到的在公共边界上任一点的位移值也是唯一的，即满足了协调性要求。

4.5 总体刚度方程的建立

在第3章关于有限单元法的基本公式推导中，通过虚功原理或最小势能原理建立了单元刚度矩阵、外力(体力、面力)等效节点力的基本公式以及有限单元法的总体刚度方程，并且证明了组成总刚度方程的总体刚度矩阵、总体位移列阵及总体荷载列阵，都是由各单元的相应矩阵叠加得到的。亦即，只要完成了单元刚度方程的建立，通过对各单元的叠加即可建立起来总体刚度方程。本节将对这种叠加的细节做进一步的说明。

一、总体刚度矩阵的组集

由式(3-28)可知，总体刚度矩阵，是由各单元刚度矩阵叠加得到，即

$$\boldsymbol{K} = \sum_{e=1}^{m} \boldsymbol{k}_e$$

式中，m为离散化网格的单元总数目。

对于一个具有n个节点的平面问题有限单元法计算模型(网格)，总体刚度方程应当是$2n \times 2n$阶的方阵，而单元刚度矩阵要小得多，例如，3节点三角形单元为6×6阶，4节点四边形单元为8×8阶。按照矩阵运算的规则，只有相同行列数的矩阵才可以进行加减运算。为了实现叠加，一种最为直接的办法是按照网格的总体节点编号的顺序，用增加零元素的行列的方法把各单元刚度矩阵扩大为和总体刚度矩阵相同的阶次，然后把对应元素相加即得到总体刚度矩阵。当然这种做法是最直观的，但也是最笨拙和不可取的。

根据矩阵加法的规则——把相同行列的元素相加。我们可以利用单元的节点信息，即单元各节点的总体序号，直接把单元刚度矩阵的各元素送入总体刚度矩阵的相应行列上，并同总体刚度矩阵该元素的已有值相加，即用所谓“对号入座”的方法，对所有单元依次完成这一过程即实现了总体刚度矩阵的组集。

下面通过图4-10的简单例子来说明组集总刚度矩阵的方法。图4-10(a)为简单的结构离散化网格及其单元信息，图4-10(b)为总刚度矩阵的分块形式，图4-10(c)及(d)为两个单元的刚度矩阵。这里k_{ij}对于二维问题是一个2×2阶的子方阵，对于三维问题为一个3×3阶的子方阵。

图中给出了两个单元(单元1及单元3)的刚度矩阵示例，按照单元的节点号，就可以决定出单元刚度矩阵的每一个子块在总体刚度矩阵中的位置。k_{ij}^e的下标给出了它在总体刚度矩阵中的行、列号，上标e表示相应的单元编号。k_{ij}^e即表示单元e对总体刚度矩阵第i行第j列的贡献。把对第i行第j列上所有单元的贡献叠加即得到总体刚度矩阵的该元素k_{ij}。例如，对图4-10(a)中的节点1，只有单元①与其有联系。因此，对应于节点1的主子块k_{11}有

$$k_{11}=k_{11}^{1}$$

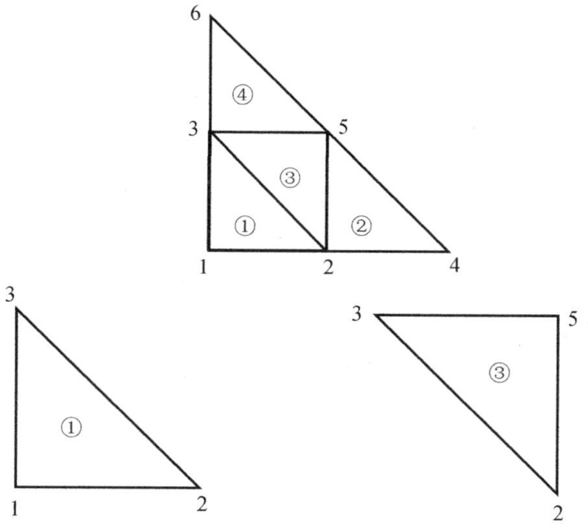

(a)

$$\begin{array}{cccccccc} 1 & 2 & 3 & 4 & 5 & 6 & & \\ \vdots & \vdots & \vdots & \vdots & \vdots & \vdots & & \end{array}$$

$$\begin{bmatrix} k_{11} & k_{12} & k_{13} & k_{14} & k_{15} & k_{16} \\ k_{21} & k_{22} & k_{23} & k_{24} & k_{25} & k_{26} \\ k_{31} & k_{32} & k_{33} & k_{34} & k_{35} & k_{36} \\ k_{41} & k_{42} & k_{43} & k_{44} & k_{45} & k_{46} \\ k_{51} & k_{52} & k_{53} & k_{54} & k_{55} & k_{56} \\ k_{61} & k_{62} & k_{63} & k_{64} & k_{65} & k_{66} \end{bmatrix} \begin{array}{l} \cdots\ 1 \\ \cdots\ 2 \\ \cdots\ 3 \\ \cdots\ 4 \\ \cdots\ 5 \\ \cdots\ 6 \end{array}$$

(b)

$$\begin{array}{ccc} 1 & 2 & 3 \\ \vdots & \vdots & \vdots \end{array} \qquad\qquad \begin{array}{ccc} 2 & 5 & 3 \\ \vdots & \vdots & \vdots \end{array}$$

$$\begin{bmatrix} k_{11}^{1} & k_{12}^{1} & k_{13}^{1} \\ k_{21}^{1} & k_{22}^{1} & k_{23}^{1} \\ k_{31}^{1} & k_{32}^{1} & k_{33}^{1} \end{bmatrix} \begin{array}{l} \cdots\ 1 \\ \cdots\ 2 \\ \cdots\ 3 \end{array} \qquad \begin{bmatrix} k_{22}^{3} & k_{25}^{3} & k_{23}^{3} \\ k_{52}^{3} & k_{55}^{3} & k_{53}^{3} \\ k_{32}^{3} & k_{35}^{3} & k_{33}^{3} \end{bmatrix} \begin{array}{l} \cdots\ 2 \\ \cdots\ 5 \\ \cdots\ 3 \end{array}$$

(c)　　　　　　　　(d)

图 4 - 10　总体刚度矩阵与单元刚度矩阵

(a) 离散化网格及其单元信息；(b) 总体刚度矩阵；

(c) 单元 ① 刚度矩阵；(d) 单元 ③ 刚度矩阵

与节点 2 有关的单元是单元 ①,②,③,因而对应于节点 2 的总刚度矩阵的主子块 k_{22} 则有上述 3 个单元的贡献,即

$$k_{22}=k_{22}^{1}+k_{22}^{2}+k_{22}^{3}$$

依次类推,有

$$\begin{cases} k_{33}=k_{33}^{1}+k_{33}^{3}+k_{33}^{4} \\ k_{44}=k_{44}^{2} \\ k_{55}=k_{55}^{2}+k_{55}^{3}+k_{55}^{4} \\ k_{66}=k_{66}^{4} \end{cases}$$

对于非主对角线上的子块 $k_{ij}(i \neq j)$，则仅取决于具有公共边界的各单元的贡献。例如，k_{21} 只是单元 ① 的一个边，故有

$$k_{21} = k_{21}^1$$

同理

$$\begin{cases} k_{31} = k_{31}^1 \quad k_{32} = k_{32}^1 + k_{32}^3 \\ k_{42} = k_{42}^2 \\ k_{52} = k_{52}^2 + k_{52}^3 \quad k_{53} = k_{53}^3 + k_{53}^4 \\ k_{54} = k_{54}^2 \quad k_{63} = k_{63}^4 \quad k_{65} = k_{65}^4 \end{cases}$$

总体刚度矩阵为对称矩阵，为了节省内存及减少求解方程组所用计算机时（即减少运算次数），通常只存储其一半。即只存储主对角线上的各元素及其以下（或以上）的各非主元素。按照半带宽存储下半带，则本简例的总刚度矩阵的组集结果，可写成如下的分块形式：

$$\begin{bmatrix} k_{11} & & & & & \\ k_{21} & k_{22} & & & \text{（对称）} & \\ k_{31} & k_{32} & k_{33} & & & \\ 0 & k_{42} & 0 & k_{44} & & \\ 0 & k_{52} & k_{53} & k_{54} & k_{55} & \\ 0 & 0 & k_{63} & 0 & k_{65} & k_{66} \end{bmatrix} \tag{4-30}$$

由以上组集的结果还可以看出总刚度矩阵的另外两个特点：稀疏性和带状分布。稀疏性是指总体刚度矩阵中有大量的零元素。带状分布的特点是指非零元素通常是集中在主对角线的两侧。这些特点是由有限元的网格结构所决定的。实际的工程算例，有限单元分析的离散化模型，通常有数百乃至数千个节点及单元。这种稀疏性及带状分布的特点就更加突出。对称、稀疏及带状分布的特点，有利于提高计算效率和减少占用的内存量。

二、总体位移列阵

总体位移列阵是包含有限元网格全部节点位移分量的一列矩阵。当待求解的连续体（或结构）被划分为 m 个单元、n 个节点时，对于平面问题，位移列阵应为 $2n \times 1$（即包含 $2n$ 个元素）的列阵。把各节点位移分量按节点的总体编号顺序地排列即成了总体位移列阵。即

$$\boldsymbol{U} = [u_1 \quad v_1 \quad u_2 \quad v_2 \quad u_3 \quad v_3 \quad \cdots \quad u_n \quad v_n]^{\mathrm{T}} \tag{4-31}$$

式中，总体位移列阵 $\boldsymbol{U}$ 即是有限单元法求解的基本未知量。

三、总体荷载列阵

总体刚度方程中的荷载列阵（方程的右端项）$\boldsymbol{R}$ 为在弹性力学中所说的荷载边界条件。它是由有限单元分析的离散化网格各节点的外力等效节点力组成的。同总刚度矩阵的组集方法类似，荷载列阵中的任一元素，也是由所有包含有该节点的单元在该节点上的等效节点力相叠加而得到。

荷载列阵与位移列阵，都是按照有限元网格中节点的编号顺序排列的。因而，二者是一一对应的。故荷载列阵可一般地记为

$$\boldsymbol{R} = [R_{x1} \quad R_{y1} \quad R_{x2} \quad R_{y2} \quad R_{x3} \quad R_{y3} \quad \cdots \quad R_{xn} \quad R_{yn}]^{\mathrm{T}} \tag{4-32}$$

式中，这里下标 x，y 表示节点力沿相应坐标轴 x，y 方向的分量，下标 $1,2,\cdots,n$ 则表示对应的

节点号。

需要特别说明，一般来说并非每一个节点都作用有外力。例如，在不计体力的情况下，内部的各节点均无外力，且外部面力也可能只作用在局部边界上，这时只有直接作用有外荷载的边界节点才有节点荷载。内部各节点以及没有直接作用有面力的节点都没有节点荷载。在荷载列阵中与这些节点对应的荷载分量则为零(即此时有 $R_{xi}=0, R_{yi}=0$)。

通过上述的方法完成总体刚度矩阵 $\boldsymbol{K}$、位移列阵 $\boldsymbol{U}$ 及荷载列阵 $\boldsymbol{R}$ 的组集。由此即组成了有限单元法的基本方程

$$\boldsymbol{KU}=\boldsymbol{R}$$

显然，这是一个多元的大型线性方程组，解此方程组即求得基本未知量 —— 各节点的位移 $\boldsymbol{U}$。然而，这时的方程还不能求解。因为，尚未考虑位移边界条件，这时的总刚度矩阵是奇异矩阵。这种奇异性是由于求解对象(结构或连续体)尚有刚体位移的可能，因而不能得到一个唯一解，其解答是不定的。必须进一步考虑位移边界条件，即引入必要的约束以消除可能的刚体位移，才可以求得一个定解。

4.6　有限单元法基本方程的求解

有限单元法的求解即按上一节组集得到的总体刚度方程组，在引入位移边界条件，进行相应修正之后，解方程组即可得到基本未知量 $\boldsymbol{U}$。依靠单元的节点位移，可进一步求解出单元内任一点的应变、应力、主应力等工程中需要的有关物理量。

一、边界条件的处理

这里主要是指位移边界条件，即在部分边界上的位移为已知，在有限元分析中是把位移边界条件转化为在部分边界节点上的位移分量为已知。即

$$u_i=\bar{u}_i, \qquad v_i=\bar{v}_i$$

已知位移包含了非零已知位移和零位移两种情况。有外部约束的节点位移分量、在对称轴上的各点与对称轴垂直的位移分量均等于零。某些特殊的条件下，部分节点的位移量可能是已知的($u_i=\bar{u}_i\neq 0$ 或 $v_i=\bar{v}_i\neq 0$) 这两种情况可采取不同的方法处理。

1. 位移为零的情况

对于一部分节点位移分量为零的情况，例如：$u_1, v_1, u_4, v_7, \cdots$，最简单的处理办法是把这些零位移分量相对应的节点位移和节点荷载项，从总位移列阵及荷载列阵中删去，同时总刚度矩阵中与零位移相对应的行、列删去。这相当于使总体方程组的方程数目减少了，保持方程数目同未知量的数目一致。例如，一个具有 n 个节点的平面问题未知位移分量及方程数目都是 $2n$ 个。总刚度矩阵此时为 $2n\times 2n$ 阶的。若已知位移为零的分量总数为 s 个。则实际的未知位移分量数目为 $2n-s$。经上述处理后，总体刚度方程组的方程数目减少至 $2n-s$ 个，与未知量的数目一致。总体刚度矩阵被降为$(2n-s)(2n-s)$ 阶。修改后的方程即是满足了零位移边界条件的总体刚度方程。此方程的总体刚度矩阵也由奇异变为非奇异的正定矩阵。由于已消除了刚体位移的可能性，总体刚度方程有唯一解。

2. 已知的非零位移的处理

已知非零位移边界条件即是在一部分边界节点上的位移值为已知。通常采用两种处理方

法。现分别介绍如下：

(1) 消除法。消除法与上述零位移的处理方法十分类似，其处理步骤如下：

1) 令 $R_i = u_i = \bar{u}_i$ （$\bar{u}_i$ 即为已知的非零位移分量）。

2) 把总体刚度矩阵中与已知非零位移对应的行修改为

$$K_{ii} = 1, \qquad K_{ij} = K_{ji} = 0 \quad (i \neq j)$$

3) 把各荷载分量作相应修改 $R_s = R_s - K_{si}\bar{u}_i (s \neq i)$。

如前所述，总刚度矩阵为对称矩阵，利用其对称性通常只存储总刚度矩阵的一半（例如只存储下三角或下半带宽）。这时，可以把 2)，3) 两步的修改公式改写成如下形式，即当位移分量 u_i 为已知时（$u_i = \bar{u}_i$），修正公式改为

$$K_{ii} = 1, \qquad K_{ij} = 0 \quad (i \neq j, i < j)$$

$$R_s = R_s - K_{is}\bar{u}_i \quad (\text{当 } i < s \text{ 时}, s \neq i)$$

$$R_s = R_s - K_{si}\bar{u}_i \quad (\text{当 } i > s \text{ 时}, s \neq i)$$

经此修改之后，总刚度矩阵中与已知位移 $\bar{u}_i$ 对应的行列除主元为 1，其他各元素均为零。因此，与 $\bar{u}_i$ 对应的方程则变成为

$$\bar{u}_i = \bar{u}_i$$

因而在求解方程的过程中即无须参与求解。而总体刚度矩阵的阶数保持不变。可以看出，这种方法也同时适用于零位移的情况。即当已知位移 $u_i = \bar{u}_i = 0$ 时，代入上述各步骤的公式中即得到与前面关于零位移的相同结果。此时，由于主元 $K_{ii} = 1$，在荷载列阵中对应 $R_i = \bar{u}_j$，与已知位移对应的行变为 $u_i = \bar{u}_i$，方程的总数不变，经过这样修改以后，总体方程可写为如下形式，为便于书写简便及易于理解，现假定讨论的问题是一维的（即每个节点只有一个自由度），则有

$$\begin{bmatrix} K_{11} & K_{12} & \cdots & K_{1j-1} & 0 & K_{1j+1} & \cdots & K_{1n} \\ \vdots & \vdots & & \vdots & \vdots & \vdots & & \vdots \\ K_{j-11} & K_{j-12} & \cdots & K_{j-1j-1} & 0 & K_{j-1j+1} & \cdots & K_{j-1n} \\ 0 & 0 & & 0 & 1 & 0 & & 0 \\ K_{j+11} & K_{j+12} & \cdots & K_{j+1j-1} & 0 & K_{j+1j+1} & \cdots & K_{j+1n} \\ \vdots & \vdots & & \vdots & \vdots & \vdots & & \vdots \\ K_{n1} & K_{n2} & \cdots & K_{nj-1} & 0 & K_{nj+1} & \cdots & K_{nn} \end{bmatrix} \begin{bmatrix} u_1 \\ \vdots \\ u_{j-1} \\ u_j \\ u_{j+1} \\ \vdots \\ u_n \end{bmatrix} = \begin{bmatrix} R_1 - K_{1j}\bar{u}_j \\ \vdots \\ R_{j-1} - K_{j-1j}\bar{u}_j \\ \bar{u}_j \\ R_{j+1} - K_{j+1j}\bar{u}_j \\ \vdots \\ R_n - K_{nj}\bar{u}_j \end{bmatrix} \tag{4-33}$$

对于有更多非零已知位移的节点，例如，有 m 个非零已知位移分量，只需按照上述修改方法重复进行 m 次修改即可。亦即对每一个已知非零位移的分量都按上述方法进行修改，即得到最终结果。

(2) 扩大主元法。扩大主元法即是利用总刚度矩阵的主元优势的特点（主对角线的元素 K_{ii}，远比非主对角元素大得多）。如非零已知位移 $u_j = \bar{u}_j$，则可按如下方法修改总体刚度方程：

1) 把总刚度矩阵中与 $\bar{u}_j$ 对应的主元 K_{jj} 乘以充分大的数，例如乘以 $10^{(8\sim10)}$，其他保持不变。

2) 把与 $\bar{u}_j$ 对应的荷载矢量中的 P_j 修改为 $\bar{u}_j \times K_{jj} \times 10^{(8\sim10)}$，其他保持不变。

经此修改之后，总体刚度方程变成为（对于 $n \times n$ 阶的 $\boldsymbol{K}$）

$$\boldsymbol{K}^* \boldsymbol{U} = \boldsymbol{R}^*$$

即

$$\begin{bmatrix} K_{11} & K_{12} & \cdots & K_{1j} & \cdots & K_{1n} \\ K_{21} & K_{22} & \cdots & K_{2j} & \cdots & K_{2n} \\ \vdots & \vdots & & \vdots & & \vdots \\ K_{j1} & K_{j2} & \cdots & K_{jj\times 10^{10}} & \cdots & K_{jn} \\ \vdots & \vdots & & \vdots & & \vdots \\ K_{n1} & K_{n2} & \cdots & K_{nj} & \cdots & K_{nn} \end{bmatrix} \begin{bmatrix} u_1 \\ u_2 \\ \vdots \\ u_j \\ \vdots \\ u_n \end{bmatrix} = \begin{bmatrix} R_1 \\ R_2 \\ \vdots \\ \bar{u}_j \times K_{jj} \times 10^{10} \\ \vdots \\ R_n \end{bmatrix} \tag{4-34}$$

将式(4－34) 与原总体刚度方程比较，其他方程没有改变，只有第 j 个方程修改为

$$K_{j1}u_1 + K_{j2}u_2 + \cdots + K_{jj} \times 10^{10} \times u_j + K_{jj}u_{j+i} + \cdots + K_{jn}u_n = \bar{u}_j \times K_{jj} \times 10^{10}$$

上式中有两项 $K_{jj} \times 10^{10} \times u_j$ 和 $\bar{u}_j \times K_{jj} \times 10^{10}$ 比其余各项的量级要大得多。因此，相对来讲，其余各项可以略去不计，上式可以近似写为

$$K_{jj} \times 10^{10} \times u_j = \bar{u}_j \times K_{jj} \times 10^{10} \qquad 或 \qquad u_j = \bar{u}_j$$

以上证明 $\boldsymbol{K}^* \boldsymbol{U} = \boldsymbol{R}^*$ 的解满足给定位移边界条件 $u_j = \bar{u}_j$。如果弹性体上有 m 个给定位移边界条件，只须按上述对角线项扩大法作 m 次修正。

二、总体方程求解

按上述方法引入边界条件，修改总体刚度方程之后，总体刚度矩阵即成为一个非奇异的对称方阵。由总体刚度方程即可求得未知的位移列阵，即

$$\boldsymbol{U} = \boldsymbol{K}^{-1}\boldsymbol{R} \tag{4-35}$$

通过系数矩阵$\boldsymbol{K}$求逆即可解出位移。然而，对于具有上千个方程的大型方程组来说，用矩阵求逆的方法来直接求解是不可取的。这样不仅要占用庞大的计算机内存，还需要很长的计算机时间，对于“大型的线性方程组”的求解，前人已研究出多种专门的计算方法。在后面第 6 章中将对大型方程组的求解作更进一步的介绍。

求解线性方程组最为常用的基本方法即熟知的高斯消元法(直接解法) 和迭代法(通过一个假定的试探解，经过多次的迭代修正而收敛于精确解)，迭代解是一种逐次逼近的近似方法，高斯消元法则是经过消元和回代求解两大过程得到方程的解，原理上讲它是一种直接求解方程组得到精确解的方法。事实上在由数字计算机求解时，不可避免地产生舍入误差，对于特大型的方程组，舍入误差的累积可能使计算结果有较大的误差。有限单元法分析中，方程组的系数矩阵(即总刚度矩阵)，具有对称、稀疏的特点，充分利用这些特点改进高斯消元法，已有许多前人做了大量研究，并发展了一些改进算法。

有限单元法中求解总刚度方程的直接解法最常采用的有两种方法：三角形分解法(又称乔列斯基法) 和波前法。有关这种方法的细节将在后面有专门章节介绍，在此暂不多叙。现有的有限元分析商品软件中，通常都提供数种解法供选择。

三、单元应力及应变的计算

解总体方程求得位移列阵之后，即可由几何方程及物理方程求得单元的应变及应力。即

$$\boldsymbol{\varepsilon}_e = \boldsymbol{B}\boldsymbol{u}_e$$

$$\boldsymbol{\sigma}_e = \boldsymbol{D}\boldsymbol{\varepsilon}_e = \boldsymbol{D}\boldsymbol{B}\boldsymbol{u}_e$$

如前所述，3 节点三角形单元为常应变单元，在一个单元内各点的应变及应力为常量，在

成果整理时通常可取单元的形心点代表该单元。绘制有关曲线。

工程中更关心主应力的情况。在求得单元应力之后，还可进一步求得单元主应力。由材料力学中已知主应力的计算公式为

$$\begin{bmatrix}\sigma_1\\ \sigma_2\end{bmatrix}=\frac{1}{2}\left[(\sigma_x+\sigma_y)\pm\sqrt{(\sigma_x-\sigma_y)^2+4\tau_{xy}^2}\right] \tag{4-36}$$

由 x 轴到主应力截面法线的夹角以 θ 表示，称为“主应力方向角”。并有

$$2\theta_1=\arctan\frac{2\tau_{xy}}{\sigma_x-\sigma_y}\quad\left(\frac{-\pi}{2}<2\theta_1<\frac{\pi}{2}\right) \tag{4-37}$$

$$2\theta=2\theta_1+m\pi\quad(m=0,\pm1,\pm2,\cdots) \tag{4-38}$$

由式(4-37)、式(4-38)知，θ 可有无数个，因此通过其求得的主方向角究竟为最大主应力方向，还是最小主应力方向，尚不明确。今规定 θ 角以逆时针方向转为正，且把由 x 轴到最大主应力 σ_1 的夹角定为主方向角。则有如下几种情况：

$$\left.\begin{array}{ll}1)\ 若\ \sigma_x>\sigma_y,则 & \theta=\theta_1\\ 2)\ 若\ \sigma_x=\sigma_y,则 & \begin{cases}\sigma_{xy}>0, & \theta=\dfrac{\pi}{4}\\ \sigma_{xy}<0, & \theta=3\dfrac{\pi}{4}\end{cases}\\ 3)\ 若\ \sigma_x<\sigma_y,则 & \theta=\theta_1+\dfrac{\pi}{2},与\ \sigma_{xy}\ 的符号无关\end{array}\right\} \tag{4-39}$$

有了各单元的主应力，就可以用来完成后期的成果整理，如绘制对工程有意义的剖面或部位的应力变化曲线、应力等值线、以及按照某种强度理论判别结构可能的破坏情况等。按照有限元分析结果也可以绘出结构的变形图、各节点的位移趋势图、位移等值线等。所有这些后期的成果整理工作被称为有限元分析的后处理工作。由于计算机图形技术的发展为有限元分析的后处理工作提供了良好的技术支持，如今这种复杂、繁琐的工作可以完全由计算机来完成。功能强、操作方便的后处理软件包可给有限元分析人员提供极大的方便。

4.7　有限元分析的实例

本节通过具体的计算示例来证明有限元分析的效能及求解精度。

例题 4-1　一简支梁的几何尺寸及其受载情况如图 4-11 所示。

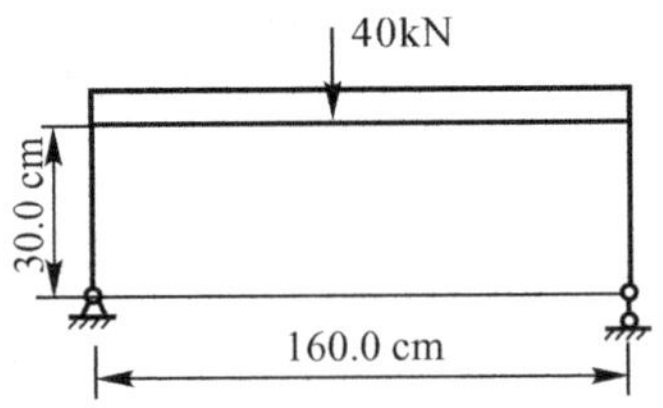

图 4-11　受集中力的简支梁

梁的厚度(宽度)取为单位值。

材料参数为

$$E=2.1\times10^4\ \text{kN/cm}^2$$

$$\mu=0.3$$

部分成果输出，见图 4-12 及图 4-13。

1）有限元网格

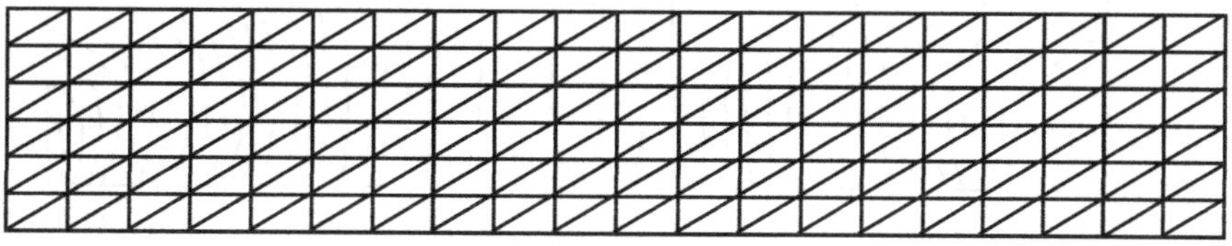

2）整体变形

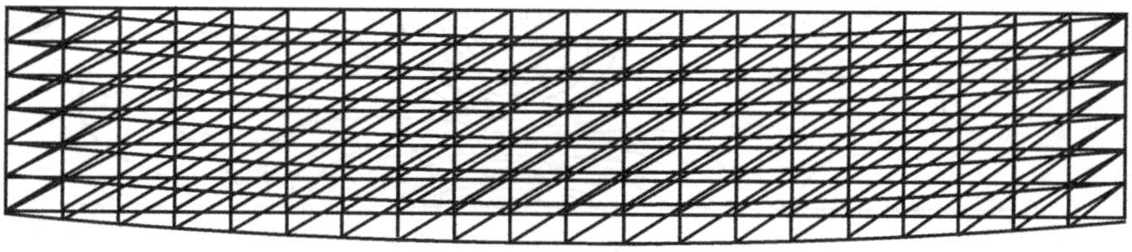

3）水平位移等值线 u

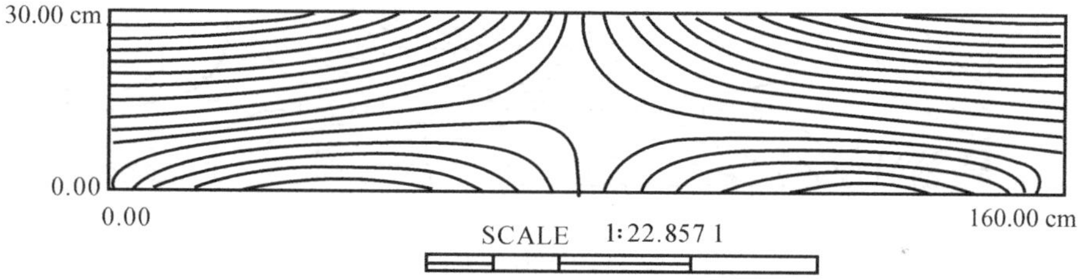

4）竖向位移等值线 v

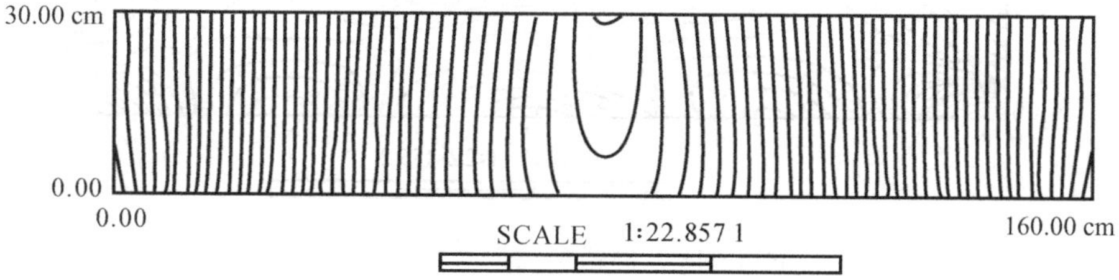

图 4－12　例题 4－1 计算结果(一)

计算结果经过处理直接输出图形结果。其优点是直观，一目了然，可以从图中直接看出结果，如梁的总体变形情况，位移的规律以及各部位的位移特征，应力特征等。

除了输出图形结果之外，计算结果还以数据文件方式存于计算机中。可根据计算者的需要输出全部数据文件，包括：有限元网格的有关信息及全部计算结果（位移、应力、主应力等）的数据，或者指定部位的位移、应力，并可按要求绘制多种曲线，用于对计算结果作更深入的分析。

1）总(合)位移 u_R

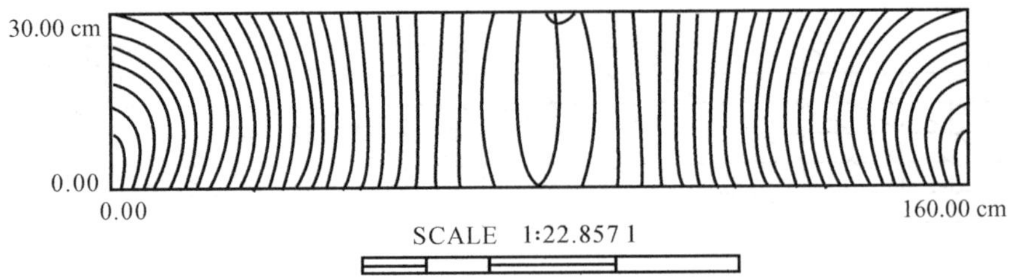

2）最大主应力 σ_1

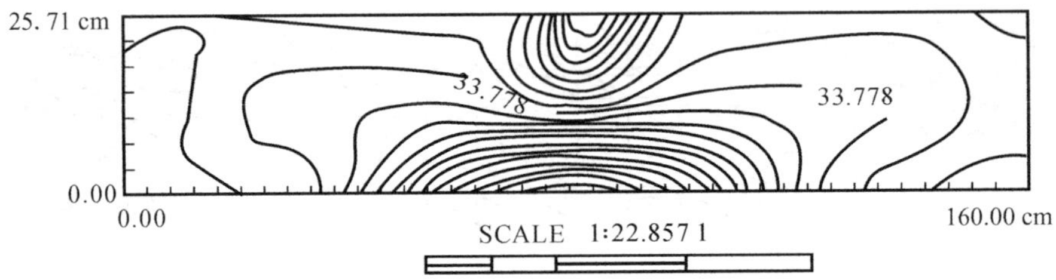

3）最小主应力 σ_2

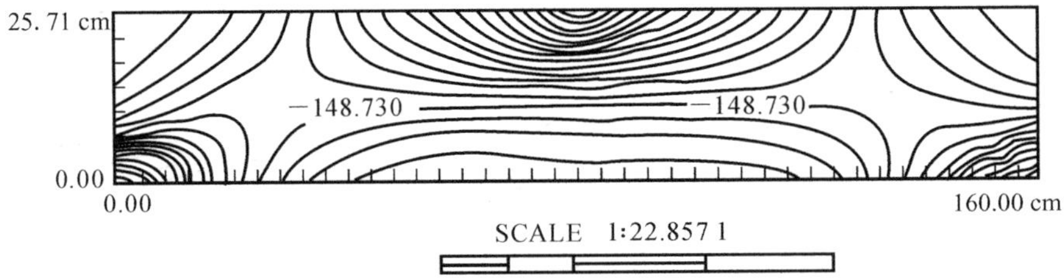

4）最大剪应力 τ_{max}

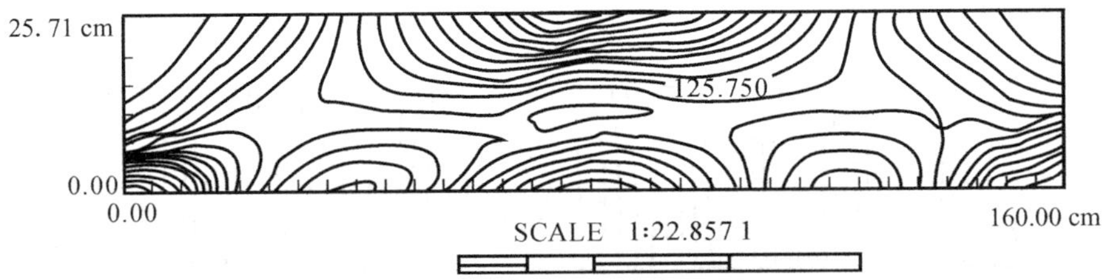

图 4-13　例题 4-1 计算结果(二)

思考及练习题

1. 平面应力问题和平面应变问题在几何形态、力学特征方面有哪些异同？
2. 试简要说明平面 3 节点三角形单元形函数的推导过程，单元形函数有什么特性？
3. 平面 3 节点三角形单中的位移、应力和应变具有什么特征？
4. 位移函数选择的基本原则是什么？如何选择才能保证有限单元法解答的完备性和协

调性要求。

5. 举例说明如何由单元刚度矩阵组集形成总体刚度矩阵。

6. 平面问题有限元分析中位移边界条件的处理有哪几种方法？

7. 设有一半径 $R=10$ cm，$L=30$ cm 的圆柱形试块，弹性模量 $E=2.0\times109$ Pa、泊松比 $\mu=0.2$。对该试块进行劈裂试验，压力机作用在试块上的荷载强度为 $P=200$ kN，试建立该试验的有限元分析模型，并使用有限元分析软件进行试块应力、应变及变形的分析计算。

8. 已知一个山体隧道的尺寸如习题图 4-1 所示。山体岩石的材料参数为：密度 $=2\ 450$ kg/m^3，弹性模量 $E=2.85\times104$ MPa、泊松比 $\mu=0.12$。试建立正确的有限元计算模型并计算山体隧道结构在重力作用下的变形和受力情况。

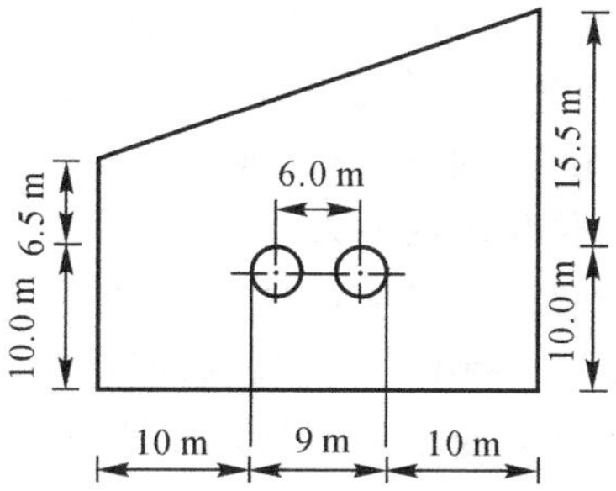

习题图 4-1

第 5 章　形函数与等参数单元

由前面几章的学习和讨论不难了解到形函数在有限单元法中的重要性。我们已经知道，建立位移模式是有限元分析中重要的一步，也是有限单元法的核心问题。形函数作为单元的内插函数，在单元的位移模式中扮演着重要的角色。也因此，在单元刚度矩阵的推导、外力（体力、面力）向节点力转化的等效节点力计算公式推导中，都起着关键的作用。

在前面一章的讨论中，我们是首先假定一个简单的代数多项式位移函数。然后通过把单元节点坐标及节点位移分量代入位移函数中去，求得多项式（位移函数）的待定系数。再把已求得的待定系数回代入假定的位移函数多项式中，经过进一步的推演最终得到了以形函数（内插的插值函数）表达的位移模式。这种推导方法的原理和推导过程十分明确、严谨，但是过于繁琐。对于前面导出的最简单的常应变三角形单元尚可行。然而，对于具有更多自由度的单元，这种推导方式靠人工是难以完成的。例如，二维的 8 节点四边形单元，共有 16 个待定系数，要求解两组由 8 个代数方程组成的联立方程（双二次方程）组，才能求得 16 个待定系数，再回代推演出形函数，这个过程极为繁琐，人工几乎难以完成。如果对于三维的 20 节点的单元，则有20×3 个待定系数，要求解三组由 20 个高次方程组成的方程组，困难就更大了。

好在我们另有捷径。既然形函数实际上是单元位移的“内插函数”（即利用节点处的已知值，插值求得单元内部任一点的值），我们为什么不利用数学中的“插值函数”方法，直接给出形函数？从而可以避开像上述那样的繁重且困难的数学推导过程。本章的重要任务就是介绍如何利用数学中的“插值方法”来完成单元形函数及位移模式的建立。

形函数按其定义方式和特征可以分为拉格朗日（Lagrange）和赫米特（Hermite）两种类型。每一种类型又根据采用多项式的次幂可以是一次、二次、三次或更高次的。

拉格朗日插值型的形函数是通过每个已知点的值（例如节点的位移）来建立的，因而它适用于那些只有纯量的自由度的单元（即只计及单元的节点线位移，不考虑其斜率及曲率），如连续体的二维或三维单元，杆系结构中的轴力杆单元。而赫米特插值型形函数除了上述的纯量（即单元节点的线位移）外还进一步要求节点处位移的斜率及曲率，也就是说赫米特插值不仅是通过每一个已知点处的函数值，还需要已知点处函数的 n 阶导数来完成，适用于具有弯曲、挠曲或扭曲问题的单元。

关于这两种插值方法的细节在 5.2 中将专门给予讲述。为了便于插值函数及等参数单元的讲解。需要首先介绍有关特殊坐标的概念。

5.1　面积坐标与自然坐标

现在介绍两种在过去的课程学习中，尚不曾接触过的两种特殊坐标系的基本概念。这两种坐标都是“局部坐标”系，即它们都是只在一个单元体内有意义。在有限单元法分析中，通过适当的坐标转换可以实现这两种局部坐标与总体坐标之间的转换。在局部坐标系下建立单元的形函数及位移模式，推导单元的刚度矩阵，外力等效节点力的公式都十分简便。

一、三角形面积坐标

前文已指出，通过增加单元的自由度数目(或节点数目)可以提高单元的精度。对于较高精度的三角形单元利用面积坐标推导有限单元法基本公式十分方便。

1. 面积坐标的定义

如图 5-1 所示的三角形 $i\ j\ m$，在三角形内的任一点 P，其在直角坐标系中的坐标 x，y(即 $P(x, y)$) 确定了它的位置。在此三角形范围内，还可以用另一种方式来定义 P 点：先由 P 点向三个角点(即节点) 连线，由此将原三角形分割成 3 个子三角形，P 点在三角形内的位置即可以用 3 个子三角形的面积来表示，即

$$L_i = \frac{A_i}{A},\qquad L_j = \frac{A_j}{A},\qquad L_m = \frac{A_m}{A}$$

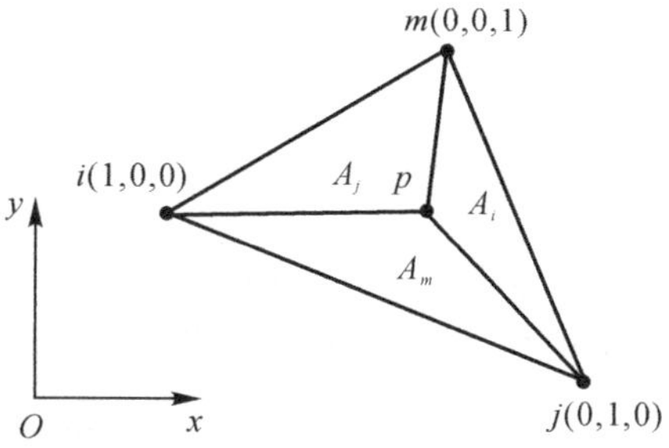

图 5-1　面积坐标的定义

面积坐标通过子三角形与原三角形面积之比来定义，A_i，A_j，A_m 分别表示三角形顶点 i，j，m 对应的子三角的面积，A 则表示原三角形 $i\ j\ m$ 的面积。L_i，L_j，L_m 即定了 P 点的位置，也就是 P 点的坐标，故在面积坐标中，P 点可以记为 $P(L_1, L_2, L_3)$。各节点的面积坐标示于图中。

2. 面积坐标的性质

在此特别强调，面积坐标是一种局部坐标，它仅在三角形内有定义，由上述关于面积坐标的定义可以看出，它有如下的基本性质(或特征)：

特性一：

$$A_i + A_j + A_m = A \tag{5-1}$$

$$L_i + L_j + L_m = 1 \tag{5-2}$$

可见，在 3 个坐标分量 L_i，L_j，L_m 中只有两个是独立的。例如，由式(5-1) 可知，任一个子三角形面 $A_m = A - (A_i + A_j)$，由式(5-2) 可知 $L_m = 1 - (L_i + L_j)$，因此，只要已知其中的两个，第三个便可由这种关系得到。

特性二：在三角形的 3 个顶点处，相应的坐标值为

节点 i 处：$L_i = 1, L_j = 0, L_m = 0$

节点 j 处：$L_i = 0, L_j = 1, L_m = 0$

节点 m 处：$L_i = 0, L_j = 0, L_m = 1$

特性三：在三角形的 3 条边上，面积坐标分别是

i—j 边上：$L_m = 0(A_m = 0)$

j—m 边上：$L_i = 0(A_i = 0)$

m—i 边上：$L_j = 0(A_j = 0)$

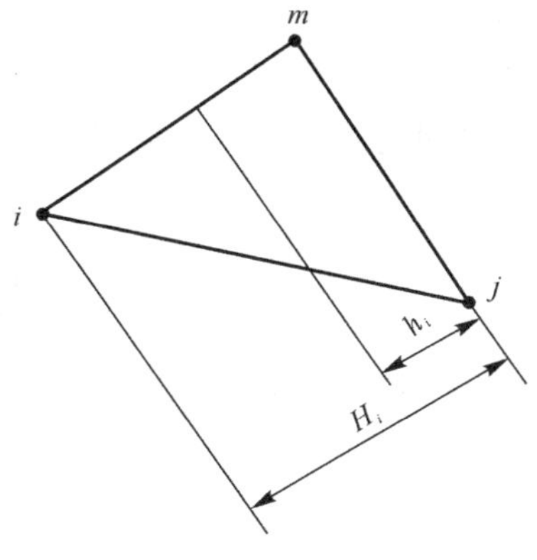

图 5-2　面积坐标的性质

由此可推论，在三角形内一条平行于三角形任一边的直线上的各点，具有相同的与该边对应的坐标值。例如，平行于 j—m 边的直线上具有相同的 L_i 值(见图 5-2)，且有

$$L_i = h_i / H_i \quad (i, j, m)$$

该直线从 i 点至 j—m 边，其 L_i 值变化于 1～0 之间。由此则可以继续推理知，在三角形的形心（重心）处，应有

$$L_i = L_j = L_m = \frac{1}{3}$$

3. 面积坐标与直角坐标的转换

在第 4 章关于 3 节点三角形单元的形函数推导中，我们已给出三角形的面积公式（式 4-17），利用该面积公式，对于由三角形内任一点 P 与三角形的两顶点构成的子三角形的面积可以写为

$$A_i = \frac{1}{2}\begin{vmatrix} 1 & x & y \\ 1 & x_j & y_j \\ 1 & x_m & y_m \end{vmatrix} = \frac{1}{2}(a_i + b_i x + c_i y) \quad (i,j,m) \tag{5-3}$$

式中，x，y 即为三角形内部任一点 $P(x,\ y)$ 在总体直角坐标系中的坐标。a_i，b_i，c_i 的公式与第 4 章中的相同。三角形 A 的面积以 Δ 表示，则由此可以得到

$$\left.\begin{aligned} L_i &= \frac{A_i}{A} = \frac{1}{2\Delta}(a_i + b_i x + c_i y) \\ L_j &= \frac{A_j}{A} = \frac{1}{2\Delta}(a_j + b_j x + c_j y) \\ L_m &= \frac{A_m}{A} = \frac{1}{2\Delta}(a_m + b_m x + c_m y) \end{aligned}\right\} \tag{5-4}$$

对照第 4 章中三角形常应变单元的位移模式与形函数 N_i 的表达式即可看出，面积坐标与形函数之间有如下关系：

$$L_i = N_i, \qquad L_j = N_j, \qquad L_m = N_m$$

即三角形面积坐标 L_i，L_j，L_m 就是常应变三角形的相应的形函数。由此，如果我们利用面积坐标来建立单元的位移模式时，就可以直接把 3 节点三角形单元的位移函数（位移模式）写成以面积坐标表示的形式如下所示：

$$\left.\begin{aligned} u &= L_i u_i + L_j u_j + L_m u_m \\ v &= L_i v_i + L_j v_j + L_m v_m \end{aligned}\right\} \tag{5-5}$$

简写为

$$u = \sum L_i u_i, \qquad v = \sum L_i v_i$$

其中

$$L_i = N_i \quad (i,j,m)$$

如果把式(5-4)写成矩阵形式，则有

$$\begin{bmatrix} L_i \\ L_j \\ L_m \end{bmatrix} = \frac{1}{2\Delta}\begin{bmatrix} a_i & b_i & c_i \\ a_j & b_j & c_j \\ a_m & b_m & c_m \end{bmatrix}\begin{bmatrix} 1 \\ x \\ y \end{bmatrix} \tag{5-6}$$

由式(5-6)求逆即可得到

$$\begin{bmatrix} 1 \\ x \\ y \end{bmatrix} = \begin{bmatrix} 1 & 1 & 1 \\ x_i & x_j & x_m \\ y_i & y_j & y_m \end{bmatrix}\begin{bmatrix} L_i \\ L_j \\ L_m \end{bmatrix} \tag{5-7}$$

式(5-7)中的第一行可展开为

$$1 = L_i + L_j + L_m$$

这也就是前面已讨论过的面积坐标的基本特性之一，也是第 4 章讨论过的形函数的特性之一。由此也可以间接地证明直接利用面积坐标建立位移模式(式 5-5) 是正确的，可行的。式(5-7) 中的第 2,3 两行则表示出局部的面积坐标与整体的直角坐标之间的关系，写成展开式，则有

$$\left.\begin{aligned} x &= L_i x_i + L_j x_j + L_m x_m \\ y &= L_i y_i + L_j y_j + L_m y_m \end{aligned}\right\} \tag{5-8}$$

把式(5-5) 与式(5-6) 比较，两公式具有相同的形式，完全相同的插值函数(形函数)。式(5-6) 即为面积坐标与整体直角坐标的坐标转换公式，而式(5-5) 则为以面积坐标表示的单元位移模式(或位移函数)。

4. 面积坐标的求导及积分

在推导单元特性及建立有限元计算公式时，常要进行对直角坐标系的求导和积分运算(例如导出几何矩阵 **B**)。当用面积坐标表述时，面积坐标对直角坐标系的求导，由式(5-4) 可得到

$$\frac{\partial L_i}{\partial x} = \frac{b_i}{2\Delta},\qquad \frac{\partial L_j}{\partial x} = \frac{b_j}{2\Delta},\qquad \frac{\partial L_m}{\partial x} = \frac{b_m}{2\Delta}$$

$$\frac{\partial L_i}{\partial y} = \frac{c_i}{2\Delta},\qquad \frac{\partial L_j}{\partial y} = \frac{c_j}{2\Delta},\qquad \frac{\partial L_m}{\partial y} = \frac{c_m}{2\Delta}$$

根据复合函数的求导规则可得

$$\begin{aligned} \frac{\partial}{\partial x} &= \frac{\partial L_i}{\partial x}\frac{\partial}{\partial L_i} + \frac{\partial L_j}{\partial x}\frac{\partial}{L_j}\frac{\partial L_m}{\partial x}\frac{\partial}{\partial L_m} = \frac{1}{2\Delta}\left(b_i\frac{\partial}{\partial L_i} + b_j\frac{\partial}{\partial L_j} + b_m\frac{\partial}{\partial L_m}\right) \\ \frac{\partial}{\partial y} &= \frac{\partial L_i}{\partial y}\frac{\partial}{\partial L_i} + \frac{\partial L_j}{\partial y}\frac{\partial}{L_j}\frac{\partial L_m}{\partial y}\frac{\partial}{\partial L_m} = \frac{1}{2\Delta}\left(c_i\frac{\partial}{\partial L_i} + c_j\frac{\partial}{\partial L_j} + c_m\frac{\partial}{\partial L_m}\right) \end{aligned} \tag{5-9}$$

式(5-9) 可写成如下的矩阵形式：

$$\begin{bmatrix} \dfrac{\partial}{\partial x} \\ \dfrac{\partial}{\partial y} \end{bmatrix} = \frac{1}{2\Delta}\begin{bmatrix} b_i & b_j & b_m \\ c_i & c_j & c_m \end{bmatrix}\begin{bmatrix} \dfrac{\partial}{\partial L_i} \\ \dfrac{\partial}{\partial L_j} \\ \dfrac{\partial}{\partial L_m} \end{bmatrix} \tag{5-10}$$

二次求导公式，即对式(5-10) 再进行一次求导，则有

$$\begin{bmatrix} \dfrac{\partial^2}{\partial x^2} \\ \dfrac{\partial^2}{\partial y^2} \\ \dfrac{\partial^2}{\partial x\partial y} \end{bmatrix} = \frac{1}{4\Delta^2}\begin{bmatrix} b_i^2 & b_j^2 & b_m^2 & 2b_ib_j & 2b_jb_m & 2b_mb_j \\ c_i^2 & c_j^2 & c_m^2 & 2c_ic_j & 2c_jc_m & 2c_mc_j \\ b_ic_i & b_jc_j & b_mc_m & (b_ic_j + b_jc_i) & (b_jc_m + b_mc_j) & (b_mc_i + b_ic_m) \end{bmatrix}\left[\frac{\partial^2}{\partial L^2}\right] \tag{5-11}$$

其中

$$\left[\frac{\partial^2}{\partial L^2}\right] = \left[\frac{\partial^2}{\partial L_i^2}\quad \frac{\partial^2}{\partial L_j^2}\quad \frac{\partial^2}{\partial L_m^2}\quad \frac{\partial^2}{\partial L_i\partial L_j}\quad \frac{\partial^2}{\partial L_j\partial L_m}\quad \frac{\partial^2}{\partial L_m\partial L_i}\right]^{\mathrm{T}}$$

关于面积坐标的积分，最常用到的积分公式有

$$\iint\limits_A L_i^a L_j^b L_m^c \mathrm{d}x\mathrm{d}y = 2\Delta \frac{a!\ \ b!\ \ c!}{(a+b+c+2)!}$$

$$\iint\limits_A L_i^a L_j^b \mathrm{d}x\mathrm{d}y = 2\Delta \frac{a!\ \ b!}{(a+b+2)!} \qquad \begin{matrix}(i,j,m)\\(a,b,c)\end{matrix} \tag{5-12}$$

$$\iint\limits_A L_i^a \mathrm{d}x\mathrm{d}y = 2\Delta \frac{a!}{(a+2)!}$$

由式(5-12)可引出如下常用的公式：

$$\iint\limits_A L_i \mathrm{d}x\mathrm{d}y = 2\Delta \frac{1}{3!} = \frac{\Delta}{3} \tag{5-13}$$

$$\iint\limits_A L_i \mathrm{d}x\mathrm{d}y = 2\Delta \frac{2!}{4!} = \frac{\Delta}{6} \tag{5-14}$$

$$\iint\limits_A L_i L_j \mathrm{d}x\mathrm{d}y = 2\Delta \frac{1}{4!} = \frac{\Delta}{12} \tag{5-15}$$

式中，Δ 为三角形单元的面积。

二、四边形自然坐标

首先来考察一个正方形，如图 5-3(a) 所示。现取该正方形的两对边中点作为该正方形的局部坐标系，以 $O\xi\eta$ 表示，并且规定 ξ,η 的坐标值的有效取值范围在 $0\rightarrow\pm1$ 之间，即在中心点(原点) 处 $\xi=\eta=0$，在正方形的各边上有：与 ξ 轴相交的边上有 $\xi=\pm1$，与 η 轴相交的边上有 $\eta=\pm1$，由此可得到在各角点处有 $\xi=1$ 或 -1，$\eta=1$ 或 -1。在正方形内部的任一点的位置可由其局部坐标 ξ,η 来定义，即 $P(\xi,\eta)$。

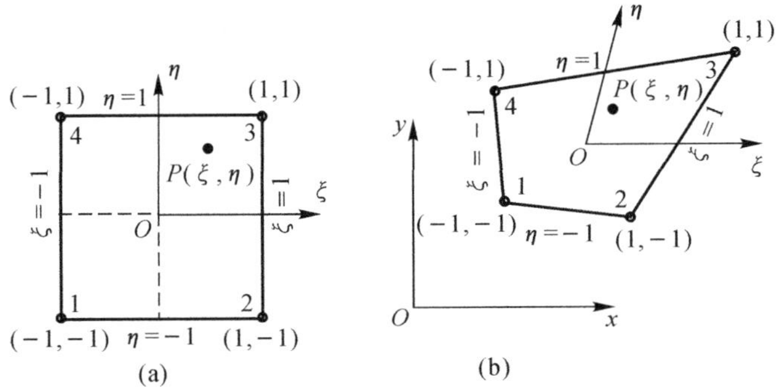

图 5-3　四边形自然坐标与 4 节点四边形单元

(a) 母体单元；(b) 实际单元

现在来分析一个 4 节点的任意四边形单元。仍按照上述方法定义一个局部坐标系 $O\xi\eta$，以及坐标的有效取值范围 $0\rightarrow\pm1$，则得到如图 5-3(b) 所示的单元及相应节点值。显然，在这种局部坐标的定义下，二者是等同的。亦即，二者具有相互映射的关系，通常把图 5-3(a) 称做图 5-3(b) 的母体单元。这种基于四边形形状而定义的坐标系，是同任意四边形的自然形状相关的，故称之为“自然坐标”。局部的自然坐标系 $O\xi\eta$ 和整体的直角坐标系 Oxy 之间可通过适当的坐标转换公式相互转化。

如果在四边形的各边中点增加节点，即构成一种更高精度的单元。同样，与之对应的母体单元如图 5-4(a) 所示。按照前面关于坐标系 $O\xi\eta$ 的定义，这时的各节点坐标也同图 5-3 有类似的特点。

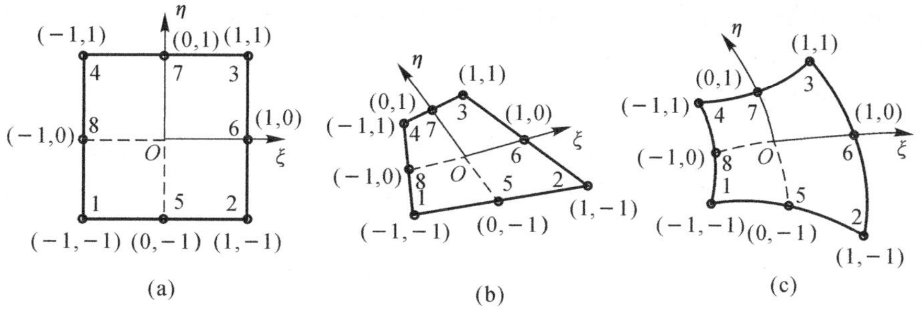

图 5-4　面积坐标与 8 节点任意四边形

(a) 母体单元；(b) 直边实际单元；(c) 曲边实际单元

8 节点的任意四边形，每一边有 3 个节点，因而它实际上是一条二次曲线(见图 5-4(c))，因而 8 节点四边形可以是曲边的。当然，它也可以是直线边界，即当一边上的 3 个节点处在同一直线这种特殊情况下。曲边的 8 节点四边形，相应的自然坐标 ξ,η 轴也呈曲线形，如图 5-4(c) 所示。因而，自然坐标系 $O\xi\eta$，也常被称为曲线坐标系。显然，无论是曲边的或直边的 8 节点四边形，在局部的自然坐标系下，它们同母体单元都是等同的。依此类推具有更多节点的任意四边形(12 节点，16 节点，…，直边的、曲边的) 也具有同样的特性。

引入这种局部坐标系的主要优点在于：一是在这种坐标系下，无论四边形的大小和形状如何，其坐标特征是相同的，因此可以用统一的表达式来描述，这有利于推导统一的有限元公式(例如，单元的应变矩阵、刚度矩阵等)；二是以局部坐标系 $O\xi\eta$ 导出的有限元公式，有利于实现数值积分运算，这就克服了高精度单元的刚度矩阵、等效节点力矩阵等因无法导出显式而必须进行积分所遇到的困难；三是高精度(8 节点及以上) 的单元，单元的边界可以是直边的或曲边的，这就可以更好地逼近实际物体复杂的几何形状。

5.2　插值函数

一、基本概念

由第 4 章关于有限单元法的讲述已知，有限单元法最基本的一步是选择合适的位移模式，即以形函数表达的单元体内位移函数的近似表达式。以前述的平面问题为例，有

$$u=\sum_{i=1}^{m}N_iu_i,\qquad v=\sum_{i=1}^{m}N_iv_i$$

这里，u_i，v_i 是单元节点上的位移值(某些考虑弯曲的问题中还包括节点的转角位移的导数)。而被称为“形状函数”的 N_i 应当是这样的一个函数，它不仅保证基本变量 u_i，v_i 在单元体内是连续的，而且沿相邻两单元的公共边界上也是相容的(或称协调的)。所谓“相容”是指不论从相邻单元中的哪一个单元(或者说从公共边界哪一侧) 趋近于公共边界上的某一点，该点处都具有相同的(唯一的) 变量值。满足这种连续性和相容的函数，用数值分析的术语来说，就叫做插值函数。

在有限单元法中用于建立单元特性的插值方法，通常采用赫米特插值和拉格朗日插值。对于只考虑线位移的单元(例如一维、二维、三维的连续体单元)适合应用拉格朗日插值。对于除线位移外还需近一步考虑节点转角的单元(例如：梁、板弯曲问题等)可用赫米特插值。为了便于理解，我们首先按一维问题来表述其概念。

赫米特插值可表述为：若函数 $F(x)$ 在 m 个点上有已知值 $F(x_i)$ 以及这些点上的不大于 n 阶的导数。则可以用在这 m 个点上的值以及所有 $1\sim n$ 阶的导数构造的多项式 $f(x)$ 来近似。例如：函数 $F(x)$ 已知有如下的 m 个点的函数值及其 $1\sim n$ 阶的导数值($n=m-1$)：

函数值	$1\sim n$ 阶导数			
$F(x_1)$	$F'(x_1)$	$F''(x_1)$	$\cdots$	$F^n(x_1)$
$F(x_2)$	$F'(x_2)$	$F''(x_2)$	$\cdots$	$F^n(x_2)$
$\vdots$	$\vdots$	$\vdots$		$\vdots$
$F(x_m)$	$F'(x_m)$	$F''(x_m)$	$\cdots$	$F^n(x_m)$

上标“′”,“″”,“n”表示 1 阶,2 阶,…,n 阶导数。现要构造一个充分逼近 $F(x)$ 的近似函数 $f(x)$，它应满足如下条件：

$$\left.\begin{aligned} f(x_i) &= F(x_i) \\ f'(x_i) &= F'(x_i) \\ &\vdots \\ f^n(x_i) &= F^n(x_i) \end{aligned}\right\} \quad (i=1,2,\cdots,m)$$

按照赫米特插值，该函数用如下的代数多项式表示，即

$$f(x)=\sum_{j=1}^{m}\left[H_{0j}^{n}(x)F(x_j)+H_{1j}^{n}(x)F'(x_j)+\cdots+H_{nj}^{n}(x)F^{n}(x_j)\right] \tag{5-16}$$

式(5-16)即称为赫米特插值函数。其中，$H_{ij}^{n}(x)$ 称为 m 点 n 阶的赫米特插值函数，$F^{l}(x_j)$ 为 $F(x)$ 在 x_j 处的 l 阶导数值($l=0,1,2,\cdots,n$)。在式(5-16)的方括号内共有 $n+1$ 项。而 $f(x)$ 的总项数为 $m(n+1)$。故赫米特插值函数是一个 $m(n+1)-1$ 阶的多项式。

拉格朗日插值可表述为：若函数 $F(x)$ 在 m 个点上有已知值，则可以用在这些点上的已知值构造一个不超过 $n=(m-1)$ 阶的代数多项式来近似(逼近)。该近似函数 $f(x)$，在所有已知点处均满足 $f(x_i)=F(x_i)$。构造这样的近似函数可以用拉格朗日插值多项式，并记为

$$f(x)=\sum_{i=1}^{m}L_i^n(x)F(x_i) \tag{5-17}$$

式中，$L_i^n(x)$ 称为 n 阶拉格朗日插值函数，也叫“拉格朗日乘子”。拉格朗日插值函数可由如下公式求得：

$$L_i^n(x)=\prod_{j=1,i\neq j}^{m}\left(\frac{x-x_j}{x_i-x_j}\right) \tag{5-18}$$

式中，符号 $\prod$ 表示求积，即在 j 的值域范围内的连乘积。

当不考虑 $F(x)$ 的导数时，对于赫来特插值而言，相当于 $n=0$。此时式(5-16)则变为

$$f(x)=\sum_{j=1}^{m}H_{0j}^{0}(x)F(x_j)$$

与式(5-17)比较，二者有完全相同的形式，此时有 $H_{0j}^{0}(x)=L_i^n(x)$。也就是说，拉格朗日插值相当于零阶的赫米特插值。在以后的讨论中，我们将主要介绍拉格朗日插值。

二、一维问题拉格朗日插值

为了书写的简化，拉格朗日插值函数将被简写为 L_i^n，其上标 n 表示函数的幂次，下标 i 表示对应的已知点（或节点）。对于一维问题 L_i^n 即 $L_i^n(x)$，二维问题则表示为 $L_i^n(x,y)$，三维问题则表示 $L_i^n(x,y,z)$。统一用 L_i^n 简写，将会使有关公式的书写大为简化。

现在，首先考察最简单的二点插值的情况。$m=2,n=m-1=1$，拉格朗日插值函数应为一次多项式，即"线性插值"。由式(5-17) 可知，这时构造的近似函数 $f(x)$ 为

$$f(x)=L_1^1F(x_1)+L_2^1F(x_2)$$

再由式(5-18) 可得到(参照图 5-5(a))

$$\left.\begin{aligned}L_1^1&=(x-x_2)/(x_1-x_2)=1-\frac{x}{l}\\L_2^1&=(x-x_1)/(x_2-x_1)=\frac{x}{l}\end{aligned}\right\}\tag{5-19}$$

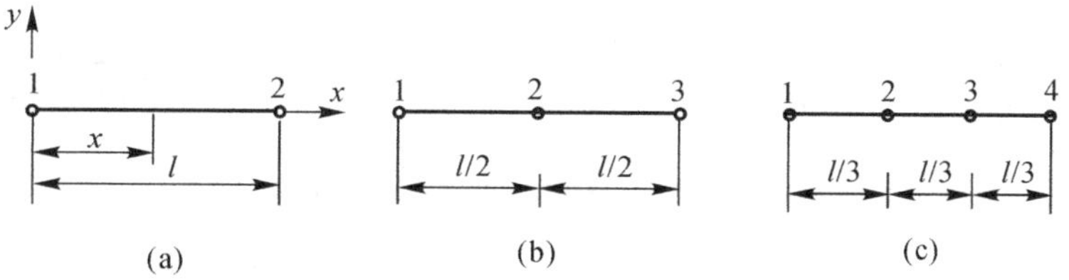

图 5-5　x—y 坐标系下的插值

(a) 两点插值；(b) 三点插值；(c) 四点插值

对于如图 5-5(b) 所示的三点插值，$m=3,n=m-1=2$。这时的插值函数为二次多项式。并有

$$f(x)=L_1^2F(x_1)+L_2^2F(x_2)+L_3^2F(x_3)\tag{5-20}$$

其中

$$L_1^2=\frac{(x-x_2)}{(x_1-x_2)}\frac{(x-x_3)}{(x_1-x_3)}=2\left(\frac{x}{l}-\frac{1}{2}\right)\left(\frac{x}{l}-1\right)=(1-2L_2^1)L_1^1$$

$$L_2^2=\frac{(x-x_1)}{(x_2-x_1)}\frac{(x-x_3)}{(x_2-x_3)}=4\frac{\alpha}{l}\left(1-\frac{x}{l}\right)=4L_1^1L_2^1$$

$$L_3^2=\frac{(x-x_1)}{(x_3-x_1)}\frac{(x-x_2)}{(x_3-x_2)}=\frac{x}{l}\left(2\frac{x}{l}-1\right)=L_2^1(2L_2^1-1)$$

对于四点插值(图 5-5(c))$m=4,n=m-1=3$，即插值函数为 3 次的。这时有

$$f(x)=L_1^3F(x_1)+L_2^3F(x_2)+L_3^3F(x_3)+L_4^3F(x_4)\tag{5-21}$$

与上述过程相同，利用式(5-12) 可以导出

$$L_1^3=\frac{1}{2}(1-3L_2^1)(2-3L_2^1)L_1^1$$

$$L_2^3=\frac{9}{2}L_2^1(2-3L_2^1)L_1^1$$

$$L_3^3=\frac{9}{2}L_2^1(3L_2^1-1)L_1^1$$

$$L_4^3=\frac{1}{2}(3L_2^1-1)(3L_2^1-2)L_2^1$$

由上述可知，二次、三次的拉格朗日插值函数均可以由最简单的线性插值的某种组合来表示，或者说可以表示成线性插值的函数。对于更高次的拉格朗日插值也是如此。

如果采用无量纲坐标(自然坐标系)，如图5-6所示，这里取$\xi=\frac{x}{l}$，则可以把拉格朗日插值函数的公式(5-17)，(5-18)表示成如下的形式：

$$f(\xi)=\sum_{i=1}^{m}L_i^n(\xi)F(\xi_i)$$

$$L_i^n(\xi)=\prod_{i=1,i\neq j}^{m}\left(\frac{\xi-\xi_j}{\xi_i-\xi_j}\right)$$

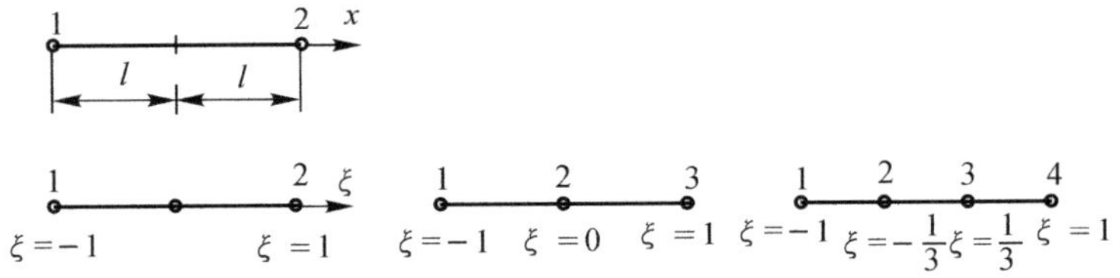

图5-6　无量纲坐标下的插值

这时，二点插值有

$$\left.\begin{aligned}L_1^1&=\frac{\xi-1}{-1-1}=\frac{1}{2}(1-\xi)\\L_2^1&=\frac{\xi-(-1)}{1-(-1)}=\frac{1}{2}(1+\xi)\end{aligned}\right\}\tag{5-22}$$

三点插值，四点插值的插值函数同二点插值的线性函数仍保持与上面式(5-20)、式(5-21)相同的形式，即

三点插值：
$$\begin{cases}L_1^2=(1-2L_2^1)L_1\\L_2^2=4L_1^1L_2^1\\L_3^2=L_2^1(2L_2^1-1)\end{cases}\tag{5-23}$$

四点插值：
$$\begin{cases}L_1^3=\frac{1}{2}(1-3L_2^1)(2-3L_2^1)L_1^1\\L_2^3=\frac{9}{2}L_2^1(2-3L_2^1)L_1^1\\L_3^3=\frac{9}{2}L_2^1(3L_2^1-1)L_1^1\\L_4^3=\frac{1}{2}(3L_2^1-1)(3L_2^1-2)L_2^1\end{cases}\tag{5-24}$$

三、二维、三维拉格朗日插值

二维问题拉格朗日插值构造的逼近函数 $f(x,y)$ 可写为

$$f(x,y)=\sum_{i=1}^{m}\sum_{j=1}^{p}L_i^n(x)L_j^q(y)F(x_i,y_j)\quad(n=m-1,q=p-1)$$

式中，m,p 分别为在 x,y 方向上的插值点数目，$n=m-1,q=p-1$，为插值函数的幂次。

同理，在采用无量纲坐标系 $O\xi\eta$ 的情况下，上式中的变量 x,y 分别以 ξ,η 取代，有

$$f(\xi,\eta)=\sum_{i=1}^{m}\sum_{j=1}^{p}L_i^n(\xi)L_j^q(\eta)F(\xi_i,\eta_j) \tag{5-25}$$

如果在两个坐标方向上都取相同数目的点，则有 $m=p,n=q$，上述的插值多项式得以简化。通常情况下，都采用在两个方向上有相等的已知点来构建插值多项式（逼近函数或称 $F(x,y)$ 的近似函数）。

二维问题的拉格朗日插值函数 $L_i^n(x,.y)$ 或 $L_i^n(\xi,\eta)$ 可以参照一维问题相应公式分别以 ξ 及 η 为变量给出，详见表 5-1。表中分别给出二维问题的线性、二次和三次拉格朗日插值函数。

表 5-1　无量纲拉格朗日插值函数

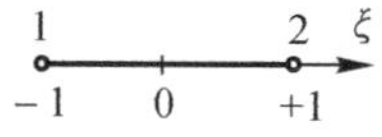 (一次)	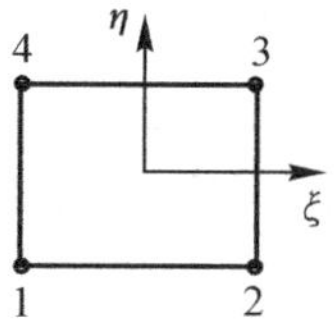	$L_1^1(\xi)=\frac{1}{2}(1-\xi);L_1^1(\eta)=\frac{1}{2}(1-\eta)$ $L_2^1(\xi)=\frac{1}{2}(1+\xi);L_2^1(\eta)=\frac{1}{2}(1+\eta)$	表中第二列为二维的拉格朗日簇，以同一维（第一栏）的作对照。应注意到，在二维情况下，二次、三次插值都存在内节点（四边形内部点）。而有限元分析中的高阶四边形单元是要除去内节点的。因此相应的插值函数 L_i^n 也必须作相应修正。5.3 节将作进一步讨论
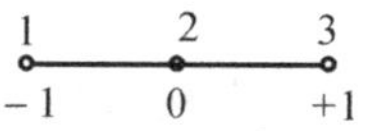 (二次)	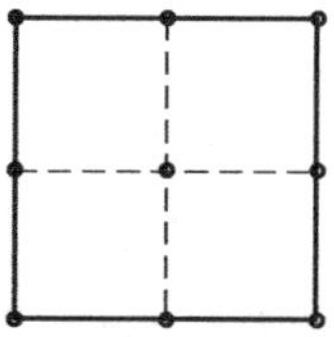	$L_1^2(\xi)=\frac{1}{2}\xi(\xi-1);L_1^2(\eta)=\frac{1}{2}\eta(\eta-1)$ $L_2^2(\xi)=(1-\xi^2);L_2^2(\eta)=(1-\eta^2)$ $L_3^2(\xi)=\frac{1}{2}\xi(1+\xi);L_3^2(\eta)=\frac{1}{2}\eta(1+\eta)$	
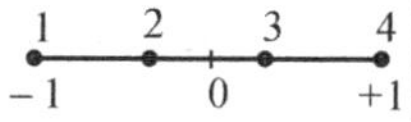 (三次)	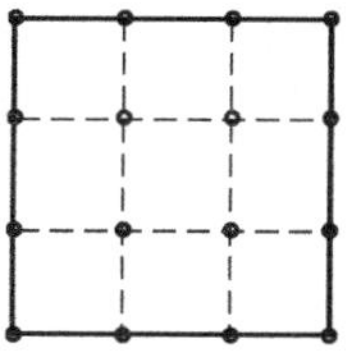	$L_1^3(\xi)=\frac{1}{16}(3\xi+1)(3\xi-1)(1-\xi)$ $L_1^3(\eta)=\frac{1}{16}(3\eta+1)(3\eta-1)(1-\eta)$ $L_2^3(\xi)=\frac{9}{16}(1-\xi^2)(1-3\xi)$ $L_2^3(\eta)=\frac{9}{16}(1-\eta^2)(1-3\eta)$ $L_3^3(\xi)=\frac{9}{16}(1-\xi^2)(1+3\xi)$ $L_3^3(\eta)=\frac{9}{16}(1-\eta^2)(1+3\eta)$ $L_4^3(\xi)=\frac{1}{16}(1+\xi)(3\xi+1)(3\xi-1)$ $L_4^3(\eta)=\frac{1}{16}(1+\eta)(3\eta+1)(3\eta-1)$	

三维问题拉格朗日插值，可将构建的逼近函数写为

$$f(x,y,z)=\sum_{i=1}^{m}\sum_{j=1}^{p}\sum_{k=1}^{r}L_i^n(x)L_j^q(y)L_k^s(z)F(x_i,y_j,z_k) \tag{5-26a}$$

或

$$f(\xi,\eta,z)=\sum_{i=1}^{m}\sum_{j=1}^{p}\sum_{k=1}^{r}L_i^n(\xi)L_j^q(\eta)L_k^s(\zeta)F(\xi_i,\eta_j,\zeta_k) \tag{5-26b}$$

式中，m, p, r 分别为在三个坐标轴方向上的插值点(已知点) 数目。最常采用的是在 3 个方向上选取相同数目的已知点，这时则有 $r=p=m$，相应地有 $s=q=n=m-1$。

在二维、三维高精度等参数单元的推导中，用格朗日插值函数来建立单元的形函数及单元位移模式是十分方便的。

5.3 等参数单元

二维(平面) 问题的单元，按其几何特征可有两簇，其一为以 3 节点三角形为基础，通过增加边节点而构成的一系列单元，包括较高精度的三角形等参数单元；另一簇为以任意四边形为基础，通过增加边节点而构成的一系列四边形等参数单元。就应用的广度来说，四边形等参数单元是应用最普遍的。而三角形单元(包括高精度的三角形单元) 由于其自身的某些不足，例如在网格自动生成、计算成果的整理以及可视化的成果图形的处理方面都有诸多不便，在程序处理及相应的计算机效率方面也不如四边形单元简便，因而其应用相对较少。本节将以四边形单元为重点对等参数单元系统进行讲述。

一、四边形等参数单元

这里讨论的四边形单元指的是任意四边形(包括正方形，矩形等)。由 4 节点构成的任意四边形是最简单的一种。通过增加边节点(从而也就增加了节点自由度及位移函数的幂次) 即可以构成 8 节点，12 节点，16 节点等高精度单元。对于这类单元，利用上节所讲到的拉格朗日插值方法直接选定相应的形函数来构造单元的位移模式是十分方便的。此外，利用自然坐标来建立单元特性，可以避开烦琐的数学推演。特别是对于高次的单元，由于不可能导出显式，单元刚度矩阵及外力等效节点力的计算都必须进行积分运算，利用自然坐标更便于利用数值积分。因此，有关等参数单元的建立都是以局部自然坐标为基础。

由第 4 章的讲述，我们已知，单元的位移模式可一般地表示为代数多项式的形式，并通过单元的节点已知值(节点坐标、节点位移分量) 最终导出以形函数表达的单元体内的位移函数(位移模式)。

对于弹性力学的二维(平面) 问题，可一般地表示为

$$u=\sum_{i=1}^{n} N_i u_i, \qquad v=\sum_{i=1}^{n} N_i v_i$$

自然坐标与整体直角坐标之间的关系，可用类似的形式表示，即

$$x=\sum_{i=1}^{m} M_i x_i, \qquad y=\sum_{i=1}^{m} M_i y_i$$

式中，n, m 均为已知(插值) 点的数目，N_i, M_i 可取为相应的拉格朗日插值函数，它们都是 ξ, η 的函数，N_i 为单元内位移的插值函数(亦即形函数)，M_i 为两种坐标系相互转换的插值函数。通常情况下，取位移形函数与坐标转换的插值函数有相同的已知点，即令 $m=n$。

当 $m=n$，且 u_i, v_i 与节点坐标 x_i, y_i 有一一对应的关系时，则有 $M_i=N_i$。也就是说单元位移模式的形函数与坐标转换的插值函数具有相同的形式。具有这种特性的单元就称为等参数单元。下面就几种有限单元法分析中最常用的几种四边形单元的插值函数分别予以介绍。

1. 4节点四边形单元

4节点的任意四边形单元，可参看图5-3。其位移函数可参考帕斯卡三角形，写成以局部自然坐标表示的多项式形式为

$$u=\alpha_1+\alpha_2\xi+\alpha_3\eta+\alpha_4\xi\eta$$
$$v=\alpha_5+\alpha_6\xi+\alpha_7\eta+\alpha_8\xi\eta \tag{5-27}$$

每式包含4项，正好同单元的节点数目相一致。式中包含了常数项和一次项，因而可以满足完备性要求。

由插值函数的概念，这相当于已知4个点处的函数值(单元的4个节点处的值)来构造一个近似的位移函数，它符合拉格朗日插值的基本定义。因而，可以直接利用拉格朗日插值写出单元的位移函数及坐标转换公式，有

$$u=\sum_{i=1}^{4}N_iu_i,\qquad v=\sum_{i=1}^{4}N_iv_i \tag{5-28}$$

$$x=\sum_{i=1}^{4}M_ix_i,\qquad y=\sum_{i=1}^{4}M_iy_i \tag{5-29}$$

写成展开式则有位移模式为

$$u=N_1u_1+N_2u_2+N_3u_3+N_4u_4$$
$$v=N_1v_1+N_2v_2+N_3v_3+N_4v_4$$

坐标转换为

$$x=N_1x_1+N_2x_2+N_xu_3+N_4x_4$$
$$y=N_1y_1+N_2y_2+N_3y_3+N_4y_4$$

4节点四边形每一边有两个节点，即在ξ及η方向上均为两点插值。可采用二维的二点插值公式。由式(5-25)及表5-1可得相应的N_i。

$$N_1=L_1(\xi)L_1(\eta)$$
$$N_2=L_2(\xi)L_1(\eta)$$
$$N_3=L_2(\xi)L_2(\eta)$$
$$N_4=L_1(\xi)L_2(\eta)$$

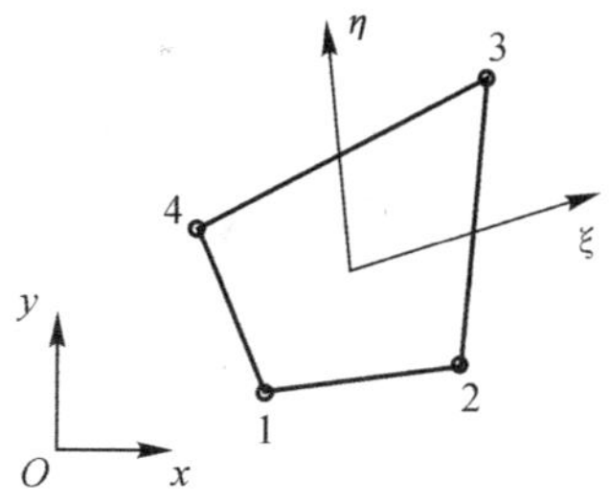

图5-7　4节点四边形单元

由表5-1知

$$L_1(\xi)=\frac{1}{2}(1-\xi)$$
$$L_1(\eta)=\frac{1}{2}(1-\eta)$$
$$L_2(\xi)=\frac{1}{2}(1+\xi)$$
$$L_2(\eta)=\frac{1}{2}(1+\eta)$$

由此可得

$$N_1=\frac{1}{4}(1-\xi)(1-\eta),\quad N_2=\frac{1}{4}(1+\xi)(1-\eta)$$
$$N_3=\frac{1}{4}(1+\xi)(1+\eta),\quad N_4=\frac{1}{4}(1-\xi)(1+\eta)$$

可以把N_1,N_2,N_3,N_4写成一个统一表达式为

$$N_i=\frac{1}{4}(1+\xi\xi_i)(1+\eta\eta_i)\quad(i=1,2,3,4)\tag{5-30}$$

在确定了单元的形函数及坐标转换插值函数之后，就可以利用几何方程及有限单元法的基本公式导出单元刚度矩阵。以适当的拉格朗日插值函数作为单元的形函数，就可以避开像第4章中对三角形单元那样繁琐的推导。并且，拉格朗日插值也具有单元形函数所有的特性，即

(1) $L_i(\xi_j)$ 或 $L_i(\eta_j)=\begin{cases}0, & (i\neq j)\\1, & (i=j)\end{cases}$。

(2) $\sum L_i(\xi)$ 或 $\sum L_i(\eta)=1$。

因而，采用拉格朗日插值函数作为单元的形函数是适宜的、正确的。4节点四边形单元，形函数 N_i(式((5-30))在 ξ,η 方向均为线性的，故称为“双线性”的位移模式。同时，由于其包含 ξ 及 η 的一次项之外还有 $\xi\eta$ 项。这种单元的应变已不再是常量应变，同3节点三角形单元相比其单元的精度有所改善。这种单元在二维有限元分析中被广泛采用。

如众所知，提高有限单元法的求解精度，除了采用较密集的网格把单元划分得细小之外，另一个有效的途径就是采用更高精度的单元。对于任意四边形单元，可以通过增加在四边形各边上的节点来获得更高精度的单元。

2. 8节点四边形单元

在4节点四边形的各边中点各取一个节点，即构成了8节点的四边形单元。这时，由于每一边上有3个节点(见图5-8)，因而其边界的几何特征是二次曲线。当三点处在同一直线上时，边界则退化成直线。同时，由于在 ξ,η 方向上每一边均有3个节点(即 $m=3$) 故其形函数(拉格朗日插值函数) 应当是($n=m-1=2$) 二次的。

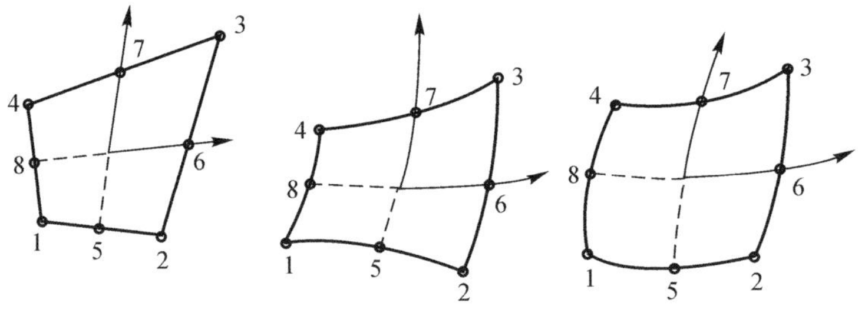

图5-8　8节点四边形等参数单元

二维问题8节点共有 $8\times2=16$ 个自由度，按照第4章中关于位移模式选择的原则之一，位移函数多项式中待定系数的数目应当同单元的自由度数目相一致，并参照代数多项式的帕斯卡三角形，则位移模式可以写为

$$\left.\begin{aligned}u&=\alpha_1+\alpha_2\xi+\alpha_3\eta+\alpha_4\xi^2+\alpha_5\xi\eta+\alpha_6\eta^2+\alpha_7\xi^2\eta+\alpha_8\xi\eta^2\\v&=\alpha_9+\alpha_{10}\xi+\alpha_{11}\eta+\alpha_{12}\xi^2+\alpha_{13}\xi\eta+\alpha_{14}\eta^2+\alpha_{15}\xi^2\eta+\alpha_{16}\xi\eta^2\end{aligned}\right\}\tag{5-31}$$

其位移插值函数(形函数) 及坐标变换插值函数仍可简写为

$$u=\sum_{i=1}^{8}N_iu_i,\quad v=\sum_{i=1}^{8}N_iv_i$$

$$x=\sum_{i=1}^{8}N_ix_i,\quad y=\sum_{i=1}^{8}N_iy_i$$

这时的位移模式及坐标变换公式均为具有 8 项的多项式。

从式(5-31) 可以看出，位移函数为“双二次型”(包括完整的二次多项式及两个不完全三次项)。可以采用二次(即三点) 的拉格朗日插值函数。二维情况下的三点拉格朗日插值($m=3$)，在沿 ξ 和 η 两个方向上共应有 3×3 个节点。然而，有限单元法中的单元通常不包含单元内的节点(见图 5-8)，故为 8 节点的单元，删除了中心点。在应用拉格朗日插值时，必还须做相应的修正，以保证各插值函数(形函数)N_i 在节点 i 处为 1，在其他节点处为零，在中心点处均不为零。

首先考察各边中点的节点。例如边 1—2 的中点节点 5，它在 ξ 方向上应为三点插值的第 2 节点(边 1—5—2)，在 η 方向则为两点插值(5—7) 的第一点。由二维插值公式(5-25) 及表 5-1 可知

$$N_5=L_2^2(\xi)L_1^1(\eta)=\frac{1}{2}(1-\xi^2)(1-\eta)$$

同理可得

$$N_6=L_2^1(\xi)L_2^2(\eta)=\frac{1}{2}(1-\eta^2)(1+\xi)$$

$$N_7=L_2^2(\xi)L_2^1(\eta)=\frac{1}{2}(1-\xi^2)(1+\eta)$$

$$N_8=L_1^1(\xi)L_2^2(\eta)=\frac{1}{2}(1-\eta^2)(1-\xi)$$

上面关于边中点的插值函数可以合并写成如下的统一式：

在 ξ 的边中点 5,7：
$$N_i=\frac{1}{2}(1-\xi^2)(1+\eta\eta_i) \tag{5-32}$$

在 η 的边中点 6,8：
$$N_i=\frac{1}{2}(1-\eta^2)(1+\xi\xi_i) \tag{5-33}$$

可见各边中点的节点无须进行修正，它同拉格朗日插值公式是一致的，相当于在式(5-25) 中 $m=3,p=2$ 或($m=2,p=3$) 的情况。在这两种情况下各个边中点的节点，其插值函数 N_i 在四边形中心点处也都不会等于零。边中点由式(5-32)、式(5-33) 表示的插值函数，在单元内的变化规律可由图 5-9 所示(以节点 5 及节点 8 为例，通过其母体单元表示)。

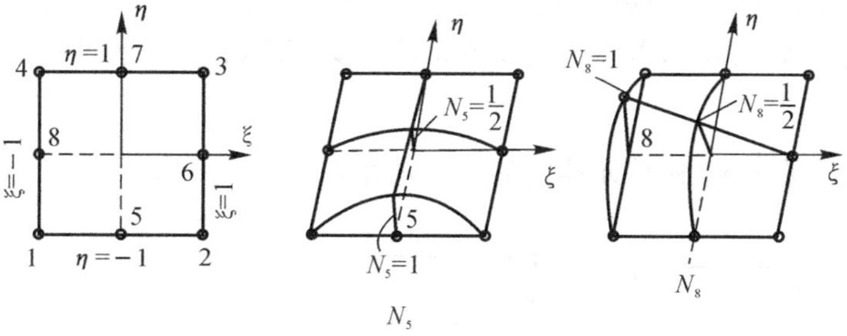

图 5-9　8 节点四边形单元形函数值(边中点节点上的形函数)

对于 4 个角节点，情况就特殊一些。例如以角节点 1 为例，从边界上看，它在 ξ 方向上为 3 节点中的第 1 点(1—5—2 边)，在 η 方向上它也是 3 节点中的第一点(1—8—4)，应用二维的 3 点拉格朗日插值是适宜的。然而按二维 3 点插值应当是 3×3 个节点，即应包含中心点，这时的各角点拉格朗日插值函数也应在中心点处为零。而有限单元法中的单元节点通常不包含单

元内的中心点，因此各插值函数在中心点处都不应为零。也就说，用二维的3点插值来构造各角点的形函数，还必须进行适当的修正，以满足形函数的特点——在中心点处 $N_i \neq 0$，具体方法如下面所述。在此，以角节点1为例，首先在 ξ 方向上取3点插值，在 η 方向上取2点插值，并记为 N_1^*，有

$$N_1^* = L_1^2(\xi)L_1^1(\eta) = \frac{1}{4}\xi(\xi-1)(1-\eta) \tag{5-34}$$

它在单元体内各点的变化规律可如图5-10(a)所示。可以看出，这里的 N_1^* 有两处不符合形函数的要求：① 在单元节点8处不等于零（等于0.5）；② 在中心点处为零（中心点非单元节点）。从这两处的问题得到启示，在上述式(5-34)的基础上，设法使 N_1 在节点8处为零，在中心点不为零就可以解决角节点的形函数，为此取

$$N_1 = N_1^* - \frac{1}{2}N_8$$

由式(5-33)知

$$N_8 = \frac{1}{2}(1-\xi)(1-\eta^2)$$

故有

$$N_1 = \frac{1}{4}\xi(\xi-1)(1-\eta) - \frac{1}{4}(1-\xi)(1-\eta^2) = \frac{1}{4}(1-\xi)(1-\eta)(-\xi-\eta-1) \tag{5-35}$$

由于 N_8 在节点8处等于1，减去 $\frac{1}{2}N_8$ 就保证了 N_1 在节点8处等于零。N_8 在中心点处为0.5（见图5-9），$\frac{1}{2}N_8$ 在中心点处为0.25（见图5-10(b)），修正了 N_1^* 在中心点处等于零的问题。故式(5-35)作为形函数 N_1 是正确的。同理，也可以用同样的方法建立 N_2，N_3，N_4。并且可以把它们写成如下的统一表达式：

$$N_i = \frac{1}{4}(1+\xi_i\xi)(1+\eta_i\eta)(\xi_i\xi+\eta_i\eta-1) \quad (i=1,2,3,4) \tag{5-36}$$

至此，我们完成了8节点四边形单元各节点形函数的建立。在确定了单元形函数之后，即可以利用第3,4章中导出的基本公式完成单元的应变矩阵（也称几何矩阵），总刚度矩阵，外力等效节点力的推导。

N_1，N_1^* 及修正量 $\frac{1}{2}N_8$ 在单元体内的变化规律如图5-10所示。

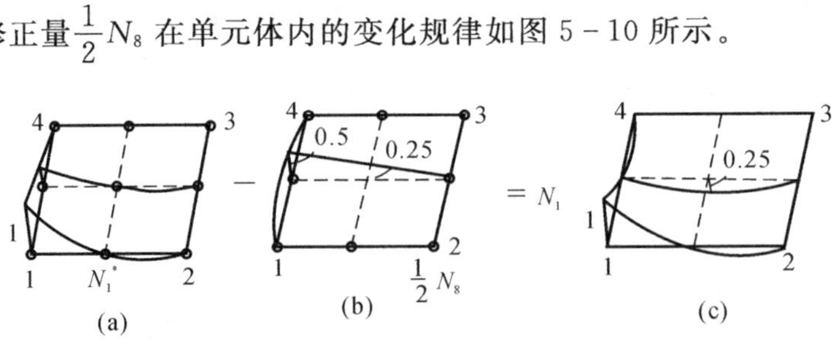

图5-10　8节点四边形单元角节点形函数

4节点及8节点四边形单元，是二维问题有限元分析中最为常用的两种单元。按照上述增加边上节点的方法还可以构成更高精度的单元，例如，12节点，16节点的单元……然而具有

更多节点的单元，尽管单元本身的精度得以提高，但是由于节点数目增多，单元刚度矩阵的阶数大大增加，因而单元刚度矩阵的形成、组集等等的计算量也显著增加，计算机运算时间增加，其总的计算效率也会降低。因此，更多节点的高精度单元，其实用价值并不大。

为了更进一步加深对这一类单元如何利用插值函数构造单元的形函数，下面再介绍一种12节点的四边形等参数单元。

3. 12节点四边形单元

12节点的单元(二维)共有24个自由度。在四边形的各边的长1/3及2/3处各增加一个节点即构成12节点的平面单元。每个边上共有4个节点因而它可以是三次的曲线。相应地在x和y(或ξ及η)方向上均为4点，故其位移函数应是双三次的代数多项式。参照第4章中已介绍的帕斯卡三角形的规律，可以写出这种单元的位移函数为

$$\left.\begin{aligned} u=&\alpha_1+\alpha_2\xi+\alpha_3\eta+\alpha_4\xi^2+\alpha_5\xi\eta+\alpha_6\eta^2+\\ &\alpha_7\xi^3+\alpha_8\xi^2\eta+\alpha_9\xi\eta^2+\alpha_{10}\eta^3+\alpha_{11}\xi^3\eta+\alpha_{12}\xi\eta^3\\ v=&\alpha_{13}+\alpha_{14}\xi+\alpha_{15}\eta+\alpha_{16}\xi^2+\alpha_{17}\xi\eta+\alpha_{18}\eta^2+\\ &\alpha_{19}\xi^3+\alpha_{20}\xi^2\eta+\alpha_{21}\xi\eta^2+\alpha_{22}\eta^3+\alpha_{23}\xi^3\eta+\alpha_{24}\xi\eta^3 \end{aligned}\right\} \tag{5-37}$$

相应地，也可用插值形式表示形函数，有

$$u=\sum_{i=1}^{12}N_iu_i,\quad v=\sum_{i=1}^{12}N_iv_i$$

坐标变换关系也可写成相同的形式，有

$$x=\sum_{i=1}^{12}N_ix_i,\quad y=\sum_{i=1}^{12}N_iy_i$$

注意到不能采用单元内部的点作为节点。可以参照关于8节点单元的讨论及有关处理方法来构建单元的形函数。对于各边上的节点，可以直接利用拉格朗日插值函数。例如，图5-11中的节点5($\xi=-\dfrac{1}{3}$，$\eta=-1$)，以及节点6，7，8，…，12。均可以看做是在一个坐标方向上是四点，在另一坐标方向是两点的二维拉格朗日插值。

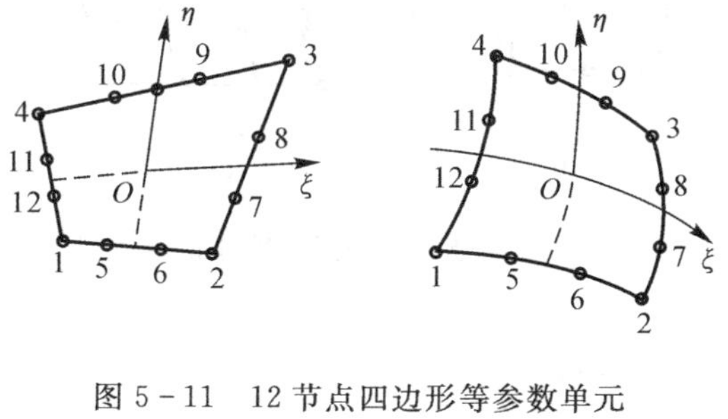

图5-11　12节点四边形等参数单元

以节点5为例，它在η方向为两点(5，10)，在ξ方向上为四点(1，5，6，2)。因此，拉格朗日插值函数N_5(参考表5-1)为

$$N_5=L_2^3(\xi)L_1^1(\eta)=\frac{9}{32}(1-\xi^2)(1-3\xi)(1-\eta)$$

对于节点6($\xi=\dfrac{1}{3}$，$\eta=-1$)，与节点5类似，它在ξ方向为第三点，故有

$$N_6 = L_3^3(\xi)L_1^1(\eta) = \frac{9}{32}(1-\xi^2)(1+3\xi)(1-\eta)$$

对于位置相似的9,10两点也可写出类似的表达式。一般来说对于 $\xi_i = \pm\frac{1}{3}$ 的节点，其统一表达式为

$$N_i = \frac{9}{32}(1-\xi^2)+(1+9\xi_i\xi)(1+\eta_i\eta) \tag{5-38}$$

该式适用于所有 $\xi = \pm\frac{1}{3}$ 的节点。在图 5-11 中，这些点是 5,6,9,10。同时，对于 $\eta = \pm\frac{1}{3}$ 的边节点(7,8,11,12)，有类似的表达式

$$N_i = \frac{9}{32}(1-\eta^2)(1+9\eta_i\eta)(1+\xi_i\xi) \tag{5-39}$$

对于4个角节点，也必须采取同前面讲到的8节点单元类似的方法进行修正。仍以角节点1为例。首先假定按在 ξ 方向上是4点插值，在 η 方向上为2点插值，则有

$$N_1^* = L_1^3(\xi)L_1^1(\eta) = \frac{1}{32}(3\xi+1)(3\xi-1)(1-\eta)$$

这时，N_1^* 同样有两条不符合形函数的要求，从 N_1^* 在单元体内的分布规律(见图 5-12(a))可以看出：① 它在节点 11,12 处不为零(分别等于 $\frac{2}{3}$，$\frac{1}{3}$)；② 在单元内的几个非节点处等于零(见图 5-12(a) 的几个内部点)。因此，采用类似8节点单元的修正方法，即在节点12处 N_1^* 等于 2/3，故在 N_1^* 基础上减去 $\frac{2}{3}N_{12}$，有

$$\frac{2}{3}N_{12} = \frac{2}{3}\times\frac{9}{32}(1-\eta^2)(1-3\eta)(1-\xi) = \frac{6}{32}(1-\eta^2)(1-3\eta)(1-\xi)$$

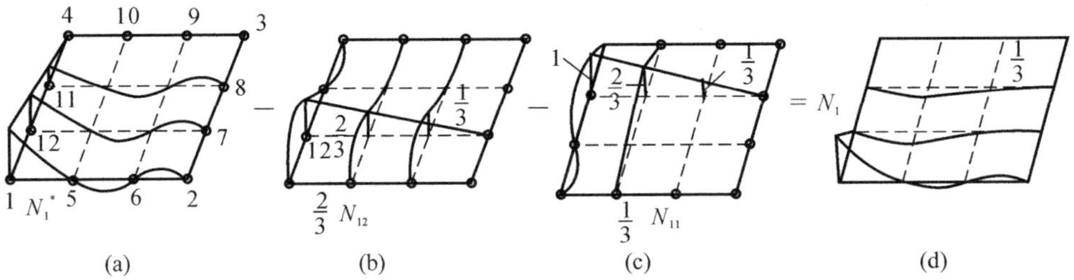

图 5-12　节点1的形函数修正示意图

在节点11处 N_1^* 等于 $\frac{1}{3}$，故可在 N_1^* 基础上减去 $\frac{1}{3}N_{11}$，有

$$\frac{1}{3}N_{11} = \frac{1}{3}\times\frac{9}{32}(1-\eta^2)(1-3\eta)(1-\xi) = \frac{3}{32}(1-\eta^2)(1+3\eta)(1-\xi)$$

节点1的插值函数(形函数)为

$$N_1 = N_1^* - \frac{2}{3}N_{12} - \frac{1}{3}N_{11} = \frac{1}{32}(3\xi+1)(3\xi-1)(1-\xi)(1-\eta) -$$

$$\frac{6}{32}(1-\eta^2)(1-3\eta)(1-\xi) - \frac{3}{32}(1-\eta^2)(1+3\eta)(1-\xi)$$

由此得

$$N_1=\frac{1}{32}(1-\xi)(1-\eta)[9(\xi^2+\eta^2)-10]$$

用同样的处理方法可以得到节点 2,3,4 的形函数。把它们写成统一表达式,则有

$$N_i=\frac{1}{32}(1+\xi\xi_i)(1+\eta_i\eta)[9(\xi^2+\eta^2)-10]\quad(i=1,2,3,4)\tag{5-40}$$

二、二维四边形单元刚度矩阵

在第 3 章中我们已经导出了单元刚度矩阵的一般化公式。在二维(平面问题) 的情况下,有

$$\boldsymbol{k}_e=t\iint_A\boldsymbol{B}^{\mathrm{T}}\boldsymbol{D}\boldsymbol{B}\,\mathrm{d}x\,\mathrm{d}y$$

对于前面已经给出的几种较高精度的四边形单元,上述的积分公式可以转换为对局部坐标系 $\xi-\eta$ 的积分。这样变换可以利用局部坐标 ξ,η 实现数值积分,生成单元刚度矩阵。

如图 5-7,8,11 所示 4,8,12 节点的四边形等参数单元,其插值函数都是以局部坐标 ξ,η 表示的。单元刚度矩阵的积分公式则是对直角坐标 x,y 的积分。因此,我们首先要给出以 ξ,η 表达的插值函数对 x,y 的求导关系。根据复合函数的求导规则,有

$$\frac{\partial N_i}{\partial\xi}=\frac{\partial N_i}{\partial x}\frac{\partial x}{\partial\xi}+\frac{\partial N_i}{\partial y}\frac{\partial y}{\partial\xi}$$

$$\frac{\partial N_i}{\partial\eta}=\frac{\partial N_i}{\partial x}\frac{\partial x}{\partial\eta}+\frac{\partial N_i}{\partial y}\frac{\partial y}{\partial\eta}$$

把两式写成矩阵形式

$$\begin{bmatrix}\dfrac{\partial N_i}{\partial\xi}\\[2ex]\dfrac{\partial N_i}{\partial\eta}\end{bmatrix}=\begin{bmatrix}\dfrac{\partial x}{\partial\xi}&\dfrac{\partial y}{\partial\xi}\\[2ex]\dfrac{\partial x}{\partial\eta}&\dfrac{\partial y}{\partial\eta}\end{bmatrix}\begin{bmatrix}\dfrac{\partial N_i}{\partial x}\\[2ex]\dfrac{\partial N_i}{\partial y}\end{bmatrix}=\boldsymbol{J}\begin{bmatrix}\dfrac{\partial N_i}{\partial x}\\[2ex]\dfrac{\partial N_i}{\partial y}\end{bmatrix}\tag{5-41}$$

由此可得

$$\begin{bmatrix}\dfrac{\partial N_i}{\partial x}\\[2ex]\dfrac{\partial N_i}{\partial y}\end{bmatrix}=\boldsymbol{J}^{-1}\begin{bmatrix}\dfrac{\partial N_i}{\partial\xi}\\[2ex]\dfrac{\partial N_i}{\partial\eta}\end{bmatrix}\tag{5-42}$$

式中,$\boldsymbol{J}$ 称为雅可比(Jacobian) 矩阵。式(5-41)、式(5-42) 表示了两种坐标系($O\xi\eta$ 及 Oxy) 之间的变换关系。$\boldsymbol{J}^{-1}$ 为雅可比矩阵的逆矩阵,由矩阵求逆的公式可得

$$\boldsymbol{J}^{-1}=\frac{1}{|\boldsymbol{J}|}\begin{bmatrix}\dfrac{\partial y}{\partial\eta}&\dfrac{\partial y}{\partial\xi}\\[2ex]-\dfrac{\partial x}{\partial\eta}&\dfrac{\partial x}{\partial\xi}\end{bmatrix}\tag{5-43}$$

把等参数单元坐标变换的关系式:$x=\sum_{i=1}^{m}N_ix_i$,$y=\sum_{i=1}^{m}N_iy_i$ 代入 $\boldsymbol{J}$ 中,则有

$$\boldsymbol{J}=\begin{bmatrix}\dfrac{\partial x}{\partial\xi}&\dfrac{\partial y}{\partial\xi}\\[2ex]\dfrac{\partial x}{\partial\eta}&\dfrac{\partial y}{\partial\eta}\end{bmatrix}=\begin{bmatrix}\sum\limits_{i=1}^{m}\dfrac{\partial N_i}{\partial\xi}x_i&\sum\limits_{i=1}^{m}\dfrac{\partial N_i}{\partial\xi}y_i\\[2ex]\sum\limits_{i=1}^{m}\dfrac{\partial N_i}{\partial\eta}x_i&\sum\limits_{i=1}^{m}\dfrac{\partial N_i}{\partial\eta}y_i\end{bmatrix}\tag{5-44}$$

式(5-41)～式(5-44)给出了两种坐标系 $O\xi\eta$，Oxy 之间求导的变换关系。利用这一关系可以很方便地建立单元的几何矩阵、刚度矩阵及外力的等效节点力。在这里以及以后的各公式表达中 m 为单元的节点数目。4 节点四边形单元，$m=4$；8 节点的单元 $m=8$，等等。

由几何方程：$\varepsilon_x=\dfrac{\partial u}{\partial x}$，$\varepsilon_y=\dfrac{\partial v}{\partial y}$，$\varepsilon_{xy}=\dfrac{\partial u}{\partial y}+\dfrac{\partial v}{\partial x}$，并注意到位移模式 $u=\sum\limits_{i=1}^{m}N_iu_i$，$v=\sum\limits_{i=1}^{m}N_iv_i$，则有

$$\varepsilon_x=\sum_{i=1}^{m}\frac{\partial N_i}{\partial x}u_i,\qquad \varepsilon_y=\sum_{i=1}^{m}\frac{\partial N_i}{\partial y}v_i,\qquad \varepsilon_{xy}=\sum_{i=1}^{m}\frac{\partial N_i}{\partial y}u_i+\sum_{i=1}^{m}\frac{\partial N_i}{\partial x}v_i$$

把该位移模式表示的几何方程写成矩阵形式，则有

$$\boldsymbol{\varepsilon}=\boldsymbol{B}\boldsymbol{u}_e=[B_1\quad B_2\quad\cdots\quad B_m]\boldsymbol{u}_e \tag{5-45}$$

其中

$$\boldsymbol{B}=\begin{bmatrix}\dfrac{\partial N_i}{\partial x} & 0\\ 0 & \dfrac{\partial N_i}{\partial y}\\ \dfrac{\partial N_i}{\partial y} & \dfrac{\partial N_i}{\partial x}\end{bmatrix}\quad(i=1,2,3,\cdots,m) \tag{5-46}$$

由前面的等参数单元的讲述，已知单元的形函数 N_i 均为 ξ，η 的函数。因此由上述对形函数的求导，利用式(5-41)及式(5-42)的坐标转换关系，即容易求得几何矩阵的子矩阵 $\boldsymbol{B}_i$。这时的 $\boldsymbol{B}_i$ 应是坐标 ξ，η 的函数。

单元刚度矩阵的生成须完成对单元体积的积分。在采用自然坐标的情况下，可以把在 x，y 坐标系下的积分，转换为在 ξ，η 坐标下的积分。为此利用式(5-41)和式(5-42)的坐标变换关系，可得

$$\mathrm{d}v=t\mathrm{d}x\mathrm{d}y=t\,|\,\boldsymbol{J}\,|\,\mathrm{d}\xi\mathrm{d}\eta \tag{5-47}$$

故有

$$\boldsymbol{Ke}=t\int_{-1}^{1}\int_{-1}^{1}\boldsymbol{B}^{\mathrm{T}}\boldsymbol{D}\boldsymbol{B}\,|\,\boldsymbol{J}\,|\,\mathrm{d}\xi\mathrm{d}\eta \tag{5-48}$$

或者写成分块形式

$$\boldsymbol{Ke}_{ij}=t\int_{-1}^{1}\int_{-1}^{1}\boldsymbol{B}_i^{\mathrm{T}}\boldsymbol{D}\boldsymbol{B}_j\,|\,\boldsymbol{J}\,|\,\mathrm{d}\xi\mathrm{d}\eta \tag{5-49}$$

式中，$|\,\boldsymbol{J}\,|$ 为雅可比矩阵的行列式值。式(5-48)或式(5-49)的单元刚度矩阵转变为对 ξ，η 的积分，积分限由 $-1\sim1$。这种形式的积分十分适合于应用数值积分。

三、外力的等效节点力

外力(体力及面力)的等效节点力一般化公式，也曾在第3章中导出(见第3章式(3-15)及式(3-16))，对于二维问题有

体力：
$$\boldsymbol{q}=t\iint_A\boldsymbol{N}^{\mathrm{T}}\boldsymbol{Q}_e\mathrm{d}x\mathrm{d}y$$

面力：
$$\boldsymbol{p}=\iint_A\boldsymbol{N}^{\mathrm{T}}\boldsymbol{p}_e\mathrm{d}s$$

对于前面已讨论的几种四边形等参数单元，单元的位移模式可一般地写成如下的矩阵形式：

$$\begin{bmatrix} u \\ v \end{bmatrix} = \begin{bmatrix} N_1 & 0 & N_2 & 0 & \cdots & N_m & 0 \\ 0 & N_1 & 0 & N_2 & \cdots & 0 & N_m \end{bmatrix} \begin{bmatrix} u_1 \\ v_1 \\ v_2 \\ \vdots \\ u_m \\ v_m \end{bmatrix} = \boldsymbol{N}\boldsymbol{u}_e$$

故有

$$\boldsymbol{N} = \begin{bmatrix} N_1 & 0 & N_2 & 0 & \cdots & N_m & 0 \\ 0 & N_1 & 0 & N_2 & \cdots & 0 & N_m \end{bmatrix} = [N_1\boldsymbol{I} \quad N_2\boldsymbol{I} \quad \cdots \quad N_m\boldsymbol{I}]$$

式中，I 为 2×2 阶的单位矩阵。

对于采用自然坐标的等参数单元，上述积分也应转换为对自然坐标的积分。由式(5-47)表示的微分体积的两种坐标表示形式，可得

体力等效节点力：
$$\boldsymbol{q} = t\int_{-1}^{1}\int_{-1}^{1}\boldsymbol{N}^{\mathrm{T}}\boldsymbol{Q}_e \mid \boldsymbol{J} \mid \mathrm{d}\xi\mathrm{d}\eta \tag{5-50}$$

面力等效节点力：
$$\boldsymbol{p} = t\int_{L}\boldsymbol{N}^{\mathrm{T}}\boldsymbol{p}_e\mathrm{d}s \tag{5-51}$$

对受力边界的积分有

$\xi=\pm 1$ 的边上：
$$\boldsymbol{p} = t\int_{-1}^{1}\boldsymbol{N}^{\mathrm{T}}\boldsymbol{P}_e\left[\left(\sum\frac{\partial N_i}{\partial\eta}x_i\right)^2+\left(\sum\frac{\partial N_i}{\partial\eta}y_i\right)^2\right]^{\frac{1}{2}}\mathrm{d}\eta \tag{5-52}$$

$\eta=\pm 1$ 的边上：
$$\boldsymbol{p} = t\int_{-1}^{1}\boldsymbol{N}^{\mathrm{T}}\boldsymbol{P}_e\left[\left(\sum\frac{\partial N_i}{\partial\xi}x_i\right)^2+\left(\sum\frac{\partial N_i}{\partial\xi}y_i\right)^2\right]^{\frac{1}{2}}\mathrm{d}\xi \tag{5-53}$$

5.4　数值积分的应用

在前面一节关于等参数单元的讲述中，我们已看到，对于较高精度的单元，其刚度矩阵，外力等效节点力的计算，由于采用了较高次的位移模式及形函数，很难再给出显式，必须完成相应的积分运算。在给定的区间对已知函数 $F(\xi)$ 的积分$\int_{-1}^{1}F(\xi)\mathrm{d}\xi$（或二维问题 $F(\xi,\eta)$）的积分$\int_{-1}^{1}\int_{-1}^{1}F(\xi,\eta)\mathrm{d}\xi\mathrm{d}\eta$），看起来是一个简单的定积分问题，然而当被积函数比较复杂时，很难完成其解析运算，必须采用近似的数值积分方法来求解。有关数值积分的概念在高等数学课程中已经有过接触，例如梯形法（牛顿法或牛顿-柯塔(Newton - Gates) 法）、抛物线法（辛普森(Simpon) 法）。而在计算数学（数值分析）的教材中更有对各种数值积分法的详细的论述。本节仅针对有限元分析中常用到的数值积分方法作一简要的介绍。

一、数值积分法的一般概念 —— 一维问题

在“插值函数”一节的讲述中，已经知道了对于函数 $F(x)$，总可以根据其在给定区间内若干个点处的已知值，构建一个($n=m-1$) 阶次的插值多项式来逼近。例如，拉格朗日插值，在采用自然坐标的情况下，以拉格朗日插值构建的近似函数，在一维情况下可表示为

$$f(\xi)=\sum_{i=1}^{m}L_i^n(\xi)F(\xi_i) \tag{5-54}$$

在数值积分中，以插值多项式构建的近似函数来取代原被积分函数是普遍采用的手段。因为，原被积函数可能是比较复杂的，而以代数多项式表述的插值函数相对要简化得多。以式(5-54)的插值多项式来取代原被积函数，也更便于实现数值积分。式(5-54)中 $F(\xi_i)$ 即为原函数在已知点(插值点)处的值，m 为已知点数目，$L_i^n(\xi)$ 即为 n 阶拉格朗日插值函数。

对于$\int_{-1}^{1}F(\xi)\mathrm{d}\xi$的积分，首先可将被积函数 $F(\xi)$ 表示为如式(5-54)所示的 n 次多项式。按照插值函数的定义可知，在所有插值点 $i=1,2,\cdots,m$ 处有 $F(\xi_i)=f(\xi_i)$，数值积分中这些插值点被看做是积分点。函数 $F(\xi)$ 在$(-1,1)$区间的积分，可以写为

$$\int_{-1}^{1}F(\xi)\mathrm{d}\xi=\int_{-1}^{1}f(\xi)\mathrm{d}\xi+\int_{-1}^{1}[F(\xi)-f(\xi)]\mathrm{d}\xi=$$

$$\sum_{i=1}^{m}\left[\int_{-1}^{1}L_i^n(\xi)\mathrm{d}\xi F(\xi_i)\right]+\int_{-1}^{1}[F(\xi)-f(\xi)]\mathrm{d}\xi \tag{5-55}$$

令

$$\int_{-1}^{1}L_i^n(\xi)\mathrm{d}\xi=w_i \tag{5-56}$$

$$\int_{-1}^{1}[F(\xi)-f(\xi)]\mathrm{d}\xi=R_m \tag{5-57}$$

式中，w_i 称为加权因子或权系数，R_m 称为积分余项。

回代入式(5-55)，则有

$$\int_{-1}^{1}F(\xi)\mathrm{d}\xi=\sum_{i=1}^{m}w_iF(\xi_i)+R_m \tag{5-58}$$

由此可得函数 $F(\xi)$ 在$(-1,1)$区间的近似积分公式为

$$\int_{-1}^{1}F(\xi)\mathrm{d}\xi\approx\sum_{i=1}^{m}w_iF(\xi_i) \tag{5-59}$$

可以看出，积分余项 R_m 即相当于近似积分的“误差”。公式(5-59)即是数值积分的基本公式，m 为积分点数目。按确定积分点(插值点)及权系数(w_i)的方法不同，即构成不同的数值积分方法。如牛顿-柯塔法、辛普森法、高斯积分法等。

1. 牛顿-柯塔法

在上述数值积分的基本公式中，若在积分区间$(-1,1)$内选择等距分布的积分点(又称等步点)及其相应的权系数，即为牛顿-柯塔积分法。若在积分区间取两个积分点($\xi_1=-1,\xi_2=1$)，则有拉格朗日插值函数为

$$L_1(\xi)=\frac{1}{2}(1-\xi),\quad L_2(\xi)=\frac{1}{2}(1+\xi)$$

被积函数 $F(\xi)$ 的近似函数 $f(\xi)$ 为线性的。即

$$f(\xi)=\frac{1}{2}(1-\xi)F(\xi_1)+\frac{1}{2}(1+\xi)F(\xi_2)$$

权系数

$$w_1=\int_{-1}^{1}L_1(\xi)\mathrm{d}\xi=\int_{-1}^{1}\frac{1}{2}(1-\xi)\mathrm{d}\xi=1$$

$$w_2=\int_{-1}^{1}L_2(\xi)\mathrm{d}\xi=\int_{-1}^{1}\frac{1}{2}(1+\xi)\mathrm{d}\xi=1$$

由式(5-59)可得近似积分公式

$$\int_{-1}^{1} F(\xi)\mathrm{d}\xi = \sum_{i=1}^{2} w_i F(\xi_i) = F(-1) + F(1) \tag{5-60}$$

由于两点积分时的近似函数 $f(\xi)$ 为线性多项式。它相当于在积分点 1—2 之间将被积函数以直线来逼近，故又称为梯形法。式(5－60) 即称为近似积分的梯形公式。如图 5－13(a) 所示。

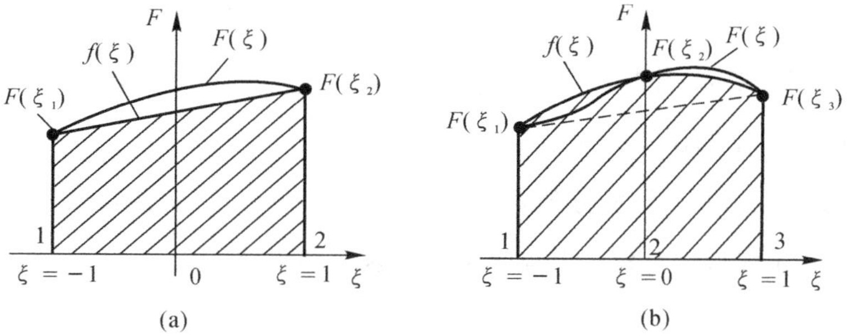

图 5－13　牛顿-柯塔积分法

(a) 两点积分；(b) 三点积分

若在积分区间(1－,1) 等间距取 3 个积分点(即把由 －1 ～＋1 的积分区间等分为二，取起始点、中点和终点($\xi=-1,\xi=0,\xi=\pm1$ 三点)，则由三点拉格朗日插值($m=3$) 可知，其插值函数为二次的($n=m-1=2$)，并有

$$L_1^2(\xi) = \frac{1}{2}\xi(\xi-1) = -\frac{1}{2}\xi(1-\xi)$$

$$L_2^2(\xi) = (1+\xi)(1-\xi)$$

$$L_3^2(\xi) = \frac{1}{2}\xi(1+\xi)$$

亦即被积函数 $F(\xi)$ 的近似函数 $f(\xi)$ 为二次多项式。由式(5－56) 可得三点积分的相应权系数为

$$w_1 = \int_{-1}^{1} -\frac{1}{2}\xi(1-\xi)\mathrm{d}\xi = \frac{1}{3}$$

$$w_2 = \int_{-1}^{1} (1+\xi)(1-\xi)\mathrm{d}\xi = \frac{4}{3}$$

$$w_3 = \int_{-1}^{1} \frac{1}{2}\xi(1+\xi)\mathrm{d}\xi = \frac{1}{3}$$

代入式(5－59)，则有

$$\int_{-1}^{1} F(\xi)\mathrm{d}\xi \approx w_1F(\xi_1) + w_2F(\xi_2) + w_3F(\xi_3) = \frac{1}{3}F(-1) + \frac{4}{3}F(0) + \frac{1}{3}F(1) \tag{5-61}$$

由于函数 $f(\xi)$ 为二次多项式，因此三点积分称为抛物线积分公式，又称辛普森积分公式。

按照上述方法，不难导出积分点 $m=4,5,6,\cdots$ 的牛顿-柯塔积分公式。然而，由于舍入误差的累计及收敛性问题，使得上述的牛顿-柯塔积分公式，不能用于 m 很大的情况。

理论上讲，牛顿 — 柯塔积分公式中 m 个积分点是以等间距分布的。它对于任意的 $n=m-1$ 次的或低于 $m-1$ 次的多项式 $F(\xi)$ 的积分都是精确的。因此，我们称此求积公式的代数精

确度为 n。例如上述的二点积分。对于一次(线性)的函数 $F(\xi)$ 是精确的。三点积分,对于任意二次的 $F(\xi)$ 的积分是精确的。然而公式(5-59)还存在以下的问题:

1) 舍入误差的影响大。所谓舍入误差是指在计算(或观侧)每一个函数 $F(\xi_i)$ 的值时,由于计算产生的舍入误差为 ε_i。则由式(5-59)计算时产生的舍入误差为

$$\varepsilon = w_1\varepsilon_1 + w_2\varepsilon_2 + \cdots + w_m\varepsilon_m = \sum_{i=1}^{m} w_i\varepsilon_i$$

随着 m 的增大误差也增大,并且可以证明当 m 变大时,$\sum\limits_{i=1}^{m} |w_i|$ 无界。即牛顿-柯塔积分公式,当 m 很大时,其产生的误差会变很非常大。

2) 公式的收敛性问题。即积分公式(5-59),当 $m\to\infty$ 时,能否收敛于 $\int_{-1}^{1} F(\xi)\mathrm{d}\xi$。可以证明,牛顿-柯塔法不能保证对每一个连续求积的函数都收敛。

2. 高斯求积公式

由上述可知,从提高数值积分的代数精确度及改进其收敛性入手,可以进一步改进牛顿-柯塔积分法。如果把等间距积分点改变为可任选择的积分点(不受等间距之限),这就又增加 m 个自由度(m 个可选的参数),这时 m 个积分点求积的代数精确度就可以提高到 $2m-1$。具有这种性质的积分方法是由高斯完成的,故称之为高斯积分法。这种可选择的积分点称为高斯积分点。

设被积函数 $F(\xi)$ 是一个不高于 $(2m-1)$ 次的多项式。现令函数 $P(\xi)$

$$P(\xi) = (\xi-\xi_1)(\xi-\xi_2)\cdots(\xi-\xi_m) \tag{5-62}$$

它是一个 m 次多项式。今 $P(\xi)$ 去除 $F(\xi)$,可得到商 $Q(\xi)$ 和余式 $R(\xi)$。则有

$$F(\xi) = P(\xi)Q(\xi) + R(\xi) \tag{5-63}$$

将上式积分,则有

$$\int_{-1}^{1} F(\xi)\mathrm{d}\xi = \int_{-1}^{1} P(\xi)Q(\xi)\mathrm{d}\xi + \int_{-1}^{1} R(\xi)\mathrm{d}\xi \tag{5-64}$$

显然式(5-64)中的余式 $R(\xi)$ 是一个低于 n(不高于 $n-1$)次的多项式。由于基本的牛顿-柯塔公式的代数精确度为不低于 $n=(m-1)$ 次,故对 $R(\xi)$ 应是完全精确的,亦即

$$\int_{-1}^{1} R(\xi)\mathrm{d}\xi = \sum_{i=1}^{m} w_i R(\xi_i)$$

这里权系数 w_i 仍由式(5-56)给出,由于函数 $P(\xi)$ 在所有积分点处有 $P(\xi_i)=0$,由式(5-63)得 $F(\xi_i)=R(\xi_i)$,故又有

$$\int_{-1}^{1} R(\xi)\mathrm{d}\xi = \sum_{i=1}^{m} w_i F(\xi_i)$$

由此可知,要使积分达到对任意不高于 $(2m-1)$ 次的多项式 $F(\xi)$ 精确成立,其充分和必要的条件为

$$\int_{-1}^{1} P(\xi)Q(\xi)\mathrm{d}\xi = 0 \tag{5-65}$$

若此条件成立,我们即说多项式 $P(\xi)$ 和 $Q(\xi)$ 在积分区间 $(-1,1)$ 上正交。在满足以上正交条件的情况下,高斯积分公式仍可写为

$$\int_{-1}^{1} F(\xi)\mathrm{d}\xi = \sum_{i=1}^{m} w_i F(\xi_i) \tag{5-66}$$

它对于任意不高于 $2m-1$ 次的多项式 $F(\xi)$ 的积分都是准确成立的。同牛顿-柯塔积分不同之处在于,这里的积分点不再是等间距,而是可选择的。式(5-66)得以成立并满足对任意 $2m-1$ 次的 $F(\xi)$ 的积分都是准确成立是有条件的,即必须是 $P(\xi)$ 与 $Q(\xi)$ 满足正交条件(5-65)。因此,高斯积分点 $\xi_i(i=1,2,\cdots,m)$ 的位置应当使式(5-65)成立。换句话说,高斯积分点是由满足式(5-65)的正交条件来确定的。在确定了高斯积分点之后,即可由式(5-56)确定相应的权系数。

式(5-66)即为高斯积分的公式,同数值积分的一般公式(5-59)形式上并无区别。特别之处就在于积分点位置(或说 $F(\xi_i)$)的选择不同。有关高斯积分点的具体确定方法可参考有关的数学参考书,不在此更多的讨论。通常情况下,可直接利用高斯给出的积分表,从表中选择相应的积分坐标值以及其对应权系数。表 5-2 即为高斯积分表。

表 5-2　高斯积分点位置 ξ_i 和加权因子 ω_i

积分点位置 $\pm\xi_i$	积分点数	加权因子 w_i
0.577 350 269 189 626	2	1.000 000 000 000 000
0.000 000 000 000 000 0.774 596 669 241 483	3	0.888 888 888 888 889 0.555 555 555 555 556
0.339 981 043 584 856 0.861 136 311 594 053	4	0.652 145 154 862 546 0.347 854 845 137 454
0.000 000 000 000 000 0.538 469 310 105 683 0.906 179 845 938 664	5	0.568 888 888 888 889 0.478 628 670 499 366 0.236 926 885 056 189
0.238 619 186 083 197 0.661 209 386 466 265 0.932 469 514 203 152	6	0.467 913 934 572 691 0.360 761 573 048 139 0.171 324 492 379 170
0.000 000 000 000 000 0.405 845 151 377 397 0.741 531 185 599 394 0.949 107 912 342 759	7	0.417 959 183 673 469 0.381 830 050 505 119 0.279 705 391 489 277 0.129 484 966 168 870
0.183 434 642 495 650 0.525 532 409 916 329 0.796 666 477 413 627 0.960 289 856 497 536	8	0.362 683 783 378 362 0.313 706 645 877 887 0.222 381 034 453 374 0.101 228 536 290 376

二、二维和三维问题的数值积分

上述一维的数值积分法,可以很方便地推广到二维和三维问题的数值积分。对于二维问

题，高斯积分公式可写为

$$\int_{-1}^{1}\int_{-1}^{1}F(\xi,\eta)\mathrm{d}\xi\mathrm{d}\eta=\sum_{i=1}^{m}\sum_{j=1}^{L}w_i w_j F(\xi_i,\eta_j) \tag{5-67}$$

式中，m，L 分别为在 ξ 方向上和 η 方向上的积分点数目，通常取在 ξ 及 η 方向上有相同的积分点数目（取 $L=m$），ξ_i，η_j 为积分点在自然坐标系中的坐标值，w_i，w_j 分别为对应于 ξ_i，η_j 的权系数。积分点坐标值及权系数均可由高斯积分表 5-2 查得。当对 ξ 积分时，由表 5-2 得到的是 $\pm\xi_i$ 及 w_i，对 η 积分时，表中相应的坐标值即为 $\pm\eta_j$ 及权系数 w_j。

例如二点积分，在 ξ 方向上有 $\pm\xi_i$ 的坐标值及其加权因子，同样的坐标值对 η 坐标即为 $\pm\eta_j$ 及 w_j（见表 5-2 第一行数据）。二维积分时的积分点应为 2×2 个，如图 5-14(a)。这时，对于任一不超过($2m-1$，$m=2$) 次的多项式 $F(\xi,\eta)$ 的积分都是准确的。

对于三点积分，由表 5-2 中与积分点数为 3 相对应行可得到三个积分点坐标：

$\xi_1=-0.774\ 596\ 669\ 241\ 483$，　$\xi_2=0.000\ 000\ 000\ 000\ 000$

$\xi_3=+0.774\ 596\ 669\ 241\ 483$

$w_1=0.555\ 555\ 555\ 555\ 556$，　$w_2=0.888\ 888\ 888\ 888\ 888$

$w_3=0.555\ 555\ 555\ 555\ 555$

对于 η 坐标只须把上述 ξ_1，ξ_2，ξ_3 换为 η_1，η_2，η_3，其权系数不变，积分点总数则为 3×3，如图 5-14(b) 所示。

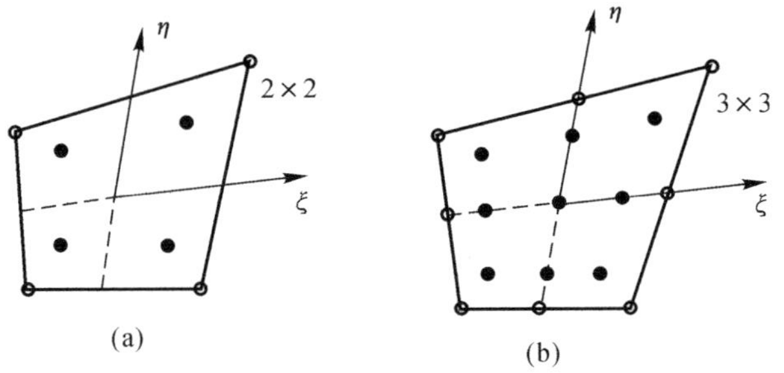

图 5-14　高斯积分的积分点数目及坐标

以此类推，对于三维的高斯积分公式可写为

$$\int_{-1}^{1}\int_{-1}^{1}\int_{-1}^{1}F(\xi,\eta,\zeta)\mathrm{d}\xi\mathrm{d}\eta\mathrm{d}\zeta=\sum_{i=1}^{m_1}\sum_{j=1}^{m_2}\sum_{k=1}^{m_3}w_i w_j w_k F(\xi_i,\eta_j,\zeta_k) \tag{5-68}$$

式中，ξ，η，ζ 为三维问题的自然坐标，m_1，m_2，m_3 为在三个坐标轴方向上的积分点数目，相应的，ξ_i，η_j，ζ_k 为积分点在自然坐标系中的坐标值，w_i，w_j，w_k 为对应于积分点坐标的权系数。积分点坐标及相应权系数可仿照上述二维问题的方法，从高斯积分表中选取。

一般来说，在等参数单元的刚度矩阵及等效节点力的积分中，对于二维问题的 4 节点等参数单元，取积分点数目 $m=2$，8 节点等参数单元取积分点数目 $m=2\sim3$ 即可以保证其计算精度，取过多的积分点没有必要且浪费了计算时间。对于三维问题，8 节点六面单元可取 $m=2\sim3$，20 节点的六面体单元取 $m=3$ 即可。

前面已导出了四边形等参数单元的有关公式，如单元刚度矩阵公式(5-48)

$$\boldsymbol{Ke}=t\int_{-1}^{1}\int_{-1}^{1}\boldsymbol{B}^{\mathrm{T}}\boldsymbol{D}\boldsymbol{B}\ |\ \boldsymbol{J}\ |\ \mathrm{d}\xi\mathrm{d}\eta$$

对于某种具体的单元(例 4 节点四边形单元或 8 节点四边形单元) 其中的 $\boldsymbol{B}$, $|\boldsymbol{J}|$ 均为 ξ,η 的已知函数,这时,函数 $F(\xi,\eta)$ 即为

$$F(\xi,\eta)=\boldsymbol{B}^{\mathrm{T}}\boldsymbol{D}\boldsymbol{B}\,|\boldsymbol{J}|$$

其中,$\boldsymbol{B}$ 及 $|\boldsymbol{J}|$ 均已在第4节中给出,且均为 ξ,η 的函数。进行数值积分时,把相应的积分点坐标 ξ_i,η_i 代入,即得到 $F(\xi_i,\eta_i)$,由此再利用式(5-67) 即可完成单元刚度矩阵的计算,外力等效节点力计算公式(5-50) 及式(5-51) 也是以同样处理方法完成积分运算的。

思考及练习题

1. 什么是三角形面积坐标系？三角形面积坐标系有哪些性质？

2. 四边形自然坐标系是如何建立的,它有什么显著优点？任意四边形单元与母体单元有何联系？

3. 在有限单元法中,应用等参数单元时：

(1) 如何建立位移的插值函数？

(2) 如何建立局部坐标系与整体坐标系之间的关系？

(3) 为什么要采用高斯积分公式？

(4) 高斯积分点的数目如何确定？

4. 对习题图 5-1 所示的问题,用四边形等参数单元进行有限单元法分析。

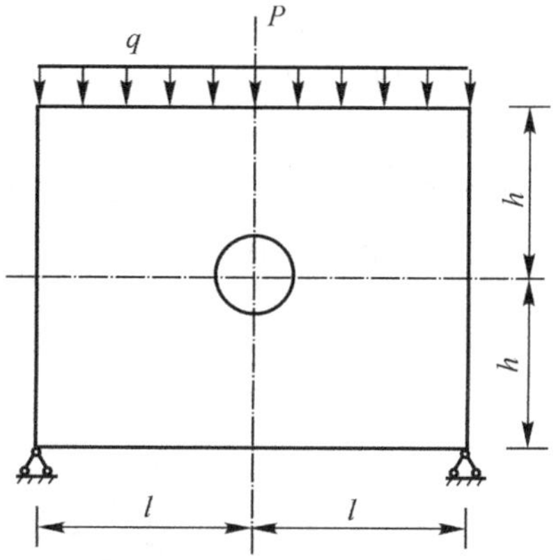

习题图 5-1

第 6 章　三维问题有限元分析

严格地讲，工程中的大多数问题都是三维的(空间的)，只有在极少数较简单、理想的情况下，才可以简化为二维(平面)问题来分析。特别是在数值分析及高速电子计算机发展之前，按空间问题求解工程中遇到的物理问题，用手工计算几乎是不可能的，只有极少数简单的典型问题才有解析解，因而，许多工程计算问题不得不十分牵强地、人为地简化为平面问题求解，而这些简化在许多情况下是并非合理的。应用有限单元法分析复杂的三维问题却是十分方便有效的。

在前面几章我们已经较系统地讲述了二维问题有限元法的原理、概念、求解方法和步骤。这一切可以很方便地推广到三维连续体的求解。

6.1　最简单的三维单元——四面体单元

在三维空间中，最少由 4 个点即可以构成一个空间体。因此，由 4 节点构成的四面体单元是三维问题的最简单的单元。通常采用右手法则来定义三维(空间)的直角坐标系。在这一坐标系中的四面体单元如图 6-1 所示。三维问题中任一点的位移，可分解为沿三个坐标轴的位移分量，即沿 x 轴的分量 u、沿 y 轴的分量 v 以及沿 z 轴的分量 w。同理，单元的每一个节点位移也应有三个分量 u_i, v_i, w_i。四面体单元共有 4 个节点，共计 12 个位移分量。故单元体的位移列阵可写为

$$\boldsymbol{u}_e = [u_1 \quad v_1 \quad w_1 \quad u_2 \quad v_2 \quad w_2 \quad u_3 \quad v_3 \quad w_3 \quad u_4 \quad v_4 \quad w_4]^{\mathrm{T}}$$

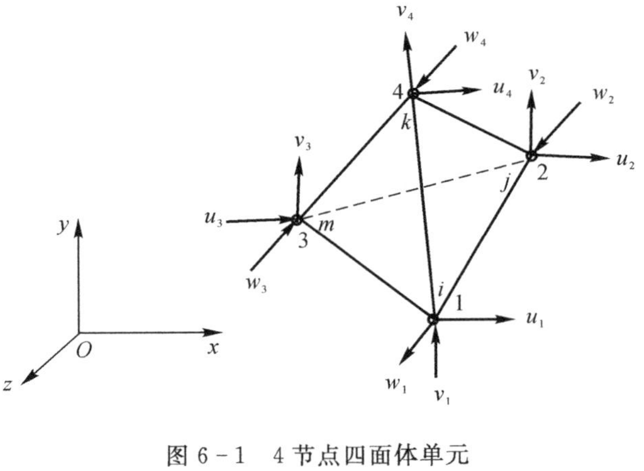

图 6-1　4 节点四面体单元

位移函数可取为如下的三维线性多项式：

$$\left.\begin{aligned} u &= \alpha_1 + \alpha_2 x + \alpha_3 y + \alpha_4 z \\ v &= \alpha_5 + \alpha_6 x + \alpha_7 y + \alpha_8 z \\ w &= \alpha_9 + \alpha_{10} x + \alpha_{11} y + \alpha_{12} z \end{aligned}\right\} \tag{6-1}$$

由式(6-1)可以看出，三维的四面体单元其位移函数也是线性的。同平面问题的 3 节点三角形单元具有相似的特点。由于应变是位移的一阶偏导数，由几何方程可知

$$\left.\begin{aligned} &\varepsilon_x = \frac{\partial u}{\partial x} = \alpha_2, \quad \varepsilon_y = \frac{\partial v}{\partial y} = \alpha_7, \quad \varepsilon_z = \frac{\partial w}{\partial z} = \alpha_{12} \\ &\varepsilon_{xy} = \frac{\partial u}{\partial y} + \frac{\partial v}{\partial x} = \alpha_3 + \alpha_6 \\ &\varepsilon_{yz} = \frac{\partial v}{\partial z} + \frac{\partial w}{\partial y} = \alpha_8 + \alpha_{11} \\ &\varepsilon_{zx} = \frac{\partial u}{\partial z} + \frac{\partial w}{\partial x} = \alpha_4 + \alpha_{10} \end{aligned}\right\} \tag{6-2}$$

由此可见，各应变分量这时均为常量。即三维的四面体单元也为常应变单元。仿照平面问题三角形单元的推导过程，也可很方便地得到三维四面体单元的形函数，及单元的刚度矩阵等基本公式。

首先，以各节点的坐标值及 x 方向的位移分量 $u_i(i=1,2,3,4)$ 代入式(6-1)中的第一式，可得

$$\begin{cases} u_1 = \alpha_1 + \alpha_2 x_1 + \alpha_3 y_1 + \alpha_4 z_1 \\ u_2 = \alpha_1 + \alpha_2 x_2 + \alpha_3 y_2 + \alpha_4 z_2 \\ u_3 = \alpha_1 + \alpha_2 x_3 + \alpha_3 y_3 + \alpha_4 z_3 \\ u_4 = \alpha_1 + \alpha_2 x_4 + \alpha_3 y_4 + \alpha_4 z_4 \end{cases}$$

将 4 式联立求解即可得到待定系数 $\alpha_1, \alpha_2, \alpha_3, \alpha_4$(式中 $u_i, x_i, y_i, z_i, i=1,2,3,4$ 均为单元节点的已知量)。当然求解这样的 4 元联立方程，推导起来也是比较麻烦的。

用同样的方法，以各节点的 y 方向位移分量 $v_i(i=1,2,3,4)$ 代入式(6-1)中的第二式，可解得待定系数 $\alpha_5, \alpha_6, \alpha_7, \alpha_8$。以 z 方向的位移 $w_i(i=1,2,3,4)$ 代入式(6-1)中的第三式，可解得 $\alpha_9, \alpha_{10}, \alpha_{11}, \alpha_{12}$。这样位移函数式(6-1)中的 12 个待定系数即可确定。把确定的待定系数回代入式(6-1)，并经过整理(这里略去其具体过程)便可得到以形函数表示的位移模式为

$$\left.\begin{aligned} u &= N_1 u_1 + N_2 u_2 + N_3 u_3 + N_4 u_4 = \sum_{i=1}^{4} N_i u_i \\ v &= N_1 v_1 + N_2 v_2 + N_3 v_3 + N_4 v_4 = \sum_{i=1}^{4} N_i v_i \\ w &= N_1 w_1 + N_2 w_2 + N_3 w_3 + N_4 w_4 = \sum_{i=1}^{4} N_i w_i \end{aligned}\right\} \tag{6-3}$$

其中，N_i 为形函数，并有

$$N_i = \frac{1}{6V}(a_i + b_i x + c_i y + d_i z) \quad (i=1,2,3,4) \tag{6-4}$$

四面体单元的体积：

$$V=\frac{1}{6}\begin{vmatrix}1 & x_1 & y_1 & z_1\\1 & x_2 & y_2 & z_2\\1 & x_3 & y_3 & z_3\\1 & x_4 & y_4 & z_4\end{vmatrix} \tag{6-5}$$

为了以下公式书写简便我们以编号 i,j,m,k 代替原节点号 1,2,3,4(其对应关系见图 6-1)。这时式(6-4) 中相应的系数 a_i,b_i,c_i,d_i 可写为

$$a_i=\begin{vmatrix}x_j & y_j & z_j\\x_m & y_m & z_m\\x_k & y_k & z_k\end{vmatrix}\quad (i,j,m,k) \tag{6-6a}$$

$$b_i=-\begin{vmatrix}1 & y_j & z_j\\1 & y_m & z_m\\1 & y_k & z_k\end{vmatrix}\quad (i,j,m,k) \tag{6-6b}$$

$$c_i=-\begin{vmatrix}x_j & 1 & z_j\\x_m & 1 & z_m\\x_k & 1 & z_k\end{vmatrix}\quad (i,j,m,k) \tag{6-6c}$$

$$d_i=-\begin{vmatrix}x_j & y_j & 1\\x_m & y_m & 1\\x_k & y_k & 1\end{vmatrix}\quad (i,j,m,k) \tag{6-6d}$$

由式(6-3) 的位移模式并利用几何方程就可以导出应变矩阵又称几何矩阵。得到以节点位移表示的单元体内的应变为

$$\boldsymbol{\varepsilon}=\boldsymbol{B}\boldsymbol{u}_e=[B_1 \quad -B_2 \quad B_3 \quad -B_4]\boldsymbol{u}_e \tag{6-7}$$

其中应变列阵是由三维问题 6 个应变分量构成，即

$$\boldsymbol{\varepsilon}=[\varepsilon_x \quad \varepsilon_y \quad \varepsilon_z \quad \varepsilon_{xy} \quad \varepsilon_{yz} \quad \varepsilon_{zx}]^{\mathrm{T}}$$

几何矩阵 $\boldsymbol{B}$ 的每一分块 $\boldsymbol{B}_i$ 为一个如下的 6×3 阶的矩阵：

$$\boldsymbol{B}_i=\frac{1}{6V}\begin{bmatrix}b_i & 0 & 0\\0 & c_i & 0\\0 & 0 & d_i\\c_i & b_i & 0\\0 & d_i & c_i\\d_i & 0 & b_i\end{bmatrix}\quad (i=1,2,3,4) \tag{6-8}$$

由此利用一般化公式即可导出单元刚度矩阵，对于三维问题有

$$\boldsymbol{K}=\iiint_V \boldsymbol{B}^{\mathrm{T}}\boldsymbol{D}\boldsymbol{B}\,\mathrm{d}x\,\mathrm{d}y\,\mathrm{d}z$$

写成分块形式

$$\boldsymbol{K}_{ij}=\iiint_V \boldsymbol{B}_i^{\mathrm{T}}\boldsymbol{D}\boldsymbol{B}_j\,\mathrm{d}x\,\mathrm{d}y\,\mathrm{d}z$$

由于几何矩阵 $\boldsymbol{B}_i$ 中的各元素均为常量，由上式不难导出显式的单元刚度矩阵。在此，不再做重复的工作，留给初学者自己去完成。

应当再次强调指出，4 节点的四面体单元，也为常应变单元，是三维单元中精度最低的单元。此外，对于一个任意的三维物体，用四面体单元进行剖分是十分繁琐和困难的。在计算和最终的成果整理上也甚麻烦，不利于实现自动化的前后处理。因此，几乎是没有人采用这种单元来进行工程问题的有限元分析。上述的介绍，只是再一次重述了单元特性的推导方法与过程。同时，通过实例证实不论是二维问题还是三维问题，有限单元法的基本方法及步骤是完全相同的、统一的。这也是有限单元法的重要特点之一。

6.2　三维等参数单元

如前所述，最简单的三维四面体单元在实际的有限元分析中几乎没有人采用。三维问题有限元分析中广泛采用任意六面体的等参数单元。8 节点及 20 节点的三维六面体单元是最为常用的两种单元。

一、8 节点六面体单元

如二维等参数单元一样，三维等参六面体单元有关公式的建立也是采用了局部自然坐标（曲面坐标）。可参照的母体单元则为一正六面体，图 6-2 表示了任意六面体单元与母体单元、局部的三维自然坐标与整体的直角坐标系的几何关系。

与二维问题类似，这里的三维自然坐标是以六面体的各相对面的中心点连接，构成一个以 ξ,η,ζ 为坐标轴的坐标系，如图 6-2 所示。

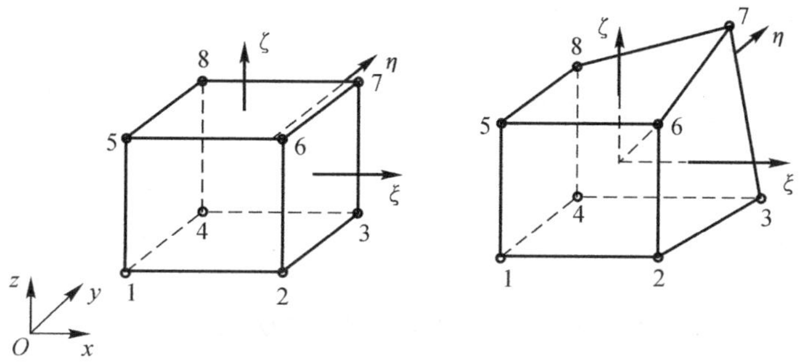

图 6-2　三维 8 节点六面体单元

以形函数表示的插值形式的位移模式，可以直接利用拉格朗日插值公式。位移函数写为

$$u=\sum_{i=1}^{8}N_iu_i,\qquad v=\sum_{i=1}^{8}N_iv_i,\qquad w=\sum_{i=1}^{8}N_iw_i \tag{6-9}$$

根据等参数单元的定义，自然坐标与整体直角坐标之间的关系可写为

$$x=\sum_{i=1}^{8}N_ix_i,\qquad y=\sum_{i=1}^{8}N_iy_i,\qquad z=\sum_{i=1}^{8}N_iz_i \tag{6-10}$$

三维 8 节点等参数单元，在三个坐标轴方向 ξ,η,ζ 上均为两点插值，由三维的拉格朗日插值公式，及表 5-1 中的二点插值可以写出，此时的插值函数（形函数）为

$$N_1=\frac{1}{2}(1-\xi)\,\frac{1}{2}(1-\eta)\,\frac{1}{2}(1-\zeta)=\frac{1}{8}(1-\xi)(1-\eta)(1-\zeta)$$

$$N_2=\frac{1}{2}(1+\xi)\ \frac{1}{2}(1-\eta)\ \frac{1}{2}(1-\zeta)=\frac{1}{8}(1+\xi)(1-\eta)(1-\zeta)$$

$$N_3=\frac{1}{2}(1+\xi)\ \frac{1}{2}(1+\eta)\ \frac{1}{2}(1-\zeta)=\frac{1}{8}(1+\xi)(1+\eta)(1-\zeta)$$

……

$$N_8=\frac{1}{2}(1-\xi)\ \frac{1}{2}(1+\eta)\ \frac{1}{2}(1+\zeta)=\frac{1}{8}(1-\xi)(1+\eta)(1+\zeta)$$

写成统一表达式为

$$N_i=\frac{1}{8}(1+\xi_i\xi)(1+\eta_i\eta)(1+\zeta_i\zeta)\quad (i=1,2,3,\cdots,8) \tag{6-11}$$

二、20 节点六面体单元

8 节点单元是线性单元，其位移模式是三维线性的。在 8 节点六面体基础上，每一个棱边上增加一边中点作为节点就构成了 20 节点的六面体单元，如图 6-3 所示。这时，六面体的任一条棱边上都有 3 个节点，因此它们既可以是直边的，也可以是二次曲边的。任意一个单元边界面，即可以是平面的，也可以是二次曲面的，如图 6-3(b) 所示。

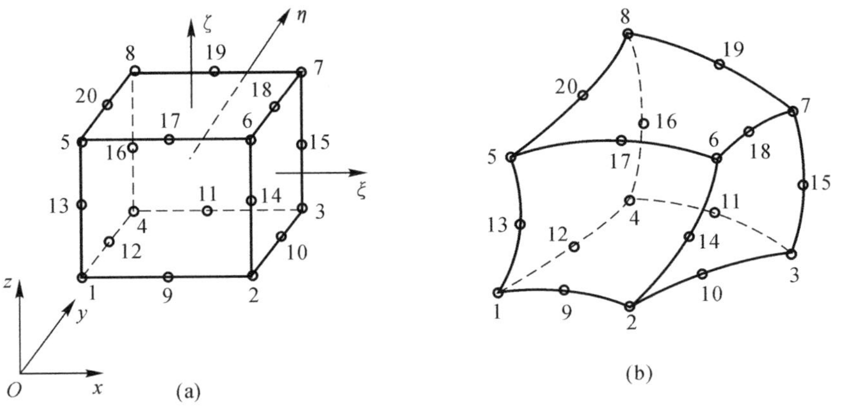

图 6-3　20 节点三维等参数单元

(a) 母体单元；(b) 实际单元

由于三维单元的每一个节点都有 3 个自由度(三个位移分量)，20 节点的六面体单元共有 20×3 个自由度。因此，其多项式位移函数应是每一个位移分量包含 20 项的多项式。采取直接选定形函数的方法来构建位移模式，则有

$$u=\sum_{i=1}^{20}N_iu_i,\qquad v=\sum_{i=1}^{20}N_iv_i,\qquad w=\sum_{i=1}^{20}N_iw_i \tag{6-12}$$

坐标变换关系为

$$x=\sum_{i=1}^{20}N_ix_i,\qquad y=\sum_{i=1}^{20}N_iy_i,\qquad z=\sum_{i=1}^{20}N_iz_i \tag{6-13}$$

这种 20 节点的三维单元，同第 5 章讨论的 8 节点二维单元有类似之处，即由于单元不包含每一面上的中心点及体积中心的点。在构成形函数时，也会遇到同样的问题，需要对每个角节点的形函数构成采取适当的修正。

首先考察各棱边中心的节点，这些点都是在一个坐标轴方向上是三点，在另外两个方向上

是二点。利用表 5－1 给出的二点及三点的拉格朗日插值公式，对于三维问题有

$$\left.\begin{aligned}&\xi=0\ \text{各节点：}\quad N_i=\frac{1}{4}(1-\xi^2)(1+\eta_i\eta)(1+\zeta_i\zeta)\\&\eta=0\ \text{各节点：}\quad N_i=\frac{1}{4}(1-\eta^2)(1+\xi_i\xi)(1+\zeta_i\zeta)\\&\zeta=0\ \text{各节点：}\quad N_i=\frac{1}{4}(1-\zeta^2)(1+\xi_i\xi)(1+\eta_i\eta)\end{aligned}\right\}\tag{6-13}$$

以图 6－3 为例，$\xi=0$ 的各节点 $i=9,11,17,19$；$\eta=0$ 的各节点 $i=10,12,18,20$；$\xi=0$ 的各节点 $i=13,14,15,16$。

对于各角节点（1，2，3，…，8），可参照二维 8 节点等参数单元的修正方法来构造相应的形函数，略去具体的推演过程可以写出各角节点形函数的统一公式为

$$N_i=\frac{1}{8}(1+\xi_i\xi)(1+\eta_i\eta)(1+\zeta_i\zeta)(\xi_i\xi+\eta_i\eta+\zeta_i\zeta-2)\tag{6-14}$$

按照增加边上节点的方法可以构成更高精度的单元，例如，在每一棱边长度的 1/3 及 2/3 处各增加一节点即构成 32 节点的三维单元。此时，每一棱边上为 4 节点，位移函数及形函数为三次函数。然而，随着单元节点数目的增加，单元刚度矩阵阶数显著增加。在形成单元刚度矩阵及组集总体刚度矩阵、方程求解等方面所占用的机时则会大大增加。由于提高精度带来的好处甚至还不能补偿由于上述计算量增加引起的损失。因此，更高精度的单元并没有多大的实际应用价值。8 节点，20 节点的单元已足以保证在合理的计算机机时消耗的前提下，有限单元法求解达到很好的计算精度。因而是三维有限元分析中应用最广泛的两种单元。

三、三维等参数单元刚度矩阵

由第 3 章中关于有限单元法的基本公式的推导，已知在三维情况下有

$$\boldsymbol{K}_e=\iiint_V \boldsymbol{B}^{\mathrm{T}}\boldsymbol{D}\boldsymbol{B}\,\mathrm{d}x\,\mathrm{d}y\,\mathrm{d}z$$

以局部坐标 ξ,η,ζ 表示的形函数 N_i 对整体坐标 x,y,z 的求导，可由复合函数的求导规则导出，有

$$\begin{aligned}\frac{\partial N_i}{\partial\xi}&=\frac{\partial N_i}{\partial x}\frac{\partial x}{\partial\xi}+\frac{\partial N_i}{\partial y}\frac{\partial y}{\partial\xi}+\frac{\partial N_i}{\partial z}\frac{\partial z}{\partial\xi}\\\frac{\partial N_i}{\partial\eta}&=\frac{\partial N_i}{\partial x}\frac{\partial x}{\partial\eta}+\frac{\partial N_i}{\partial y}\frac{\partial y}{\partial\eta}+\frac{\partial N_i}{\partial z}\frac{\partial z}{\partial\eta}\\\frac{\partial N_i}{\partial\zeta}&=\frac{\partial N_i}{\partial x}\frac{\partial x}{\partial\zeta}+\frac{\partial N_i}{\partial y}\frac{\partial y}{\partial\zeta}+\frac{\partial N_i}{\partial z}\frac{\partial z}{\partial\zeta}\end{aligned}$$

把以上的求导公式写成矩阵形式，则有

$$\begin{bmatrix}\dfrac{\partial N_i}{\partial\xi}\\\dfrac{\partial N_i}{\partial\eta}\\\dfrac{\partial N_i}{\partial\zeta}\end{bmatrix}=\begin{bmatrix}\dfrac{\partial x}{\partial\xi}&\dfrac{\partial y}{\partial\xi}&\dfrac{\partial z}{\partial\xi}\\\dfrac{\partial x}{\partial\eta}&\dfrac{\partial y}{\partial\eta}&\dfrac{\partial z}{\partial\eta}\\\dfrac{\partial x}{\partial\zeta}&\dfrac{\partial y}{\partial\zeta}&\dfrac{\partial z}{\partial\zeta}\end{bmatrix}\begin{bmatrix}\dfrac{\partial N_i}{\partial x}\\\dfrac{\partial N_i}{\partial y}\\\dfrac{\partial N_i}{\partial z}\end{bmatrix}=\boldsymbol{J}\begin{bmatrix}\dfrac{\partial N_i}{\partial x}\\\dfrac{\partial N_i}{\partial y}\\\dfrac{\partial N_i}{\partial z}\end{bmatrix}\tag{6-15}$$

其中，$\boldsymbol{J}$ 称为雅可比矩阵，并考虑到把坐标转换关系式（6－10）、式（6－13）等代入，则有

$$\boldsymbol{J}=\begin{bmatrix}\frac{\partial x}{\partial\xi} & \frac{\partial y}{\partial\xi} & \frac{\partial z}{\partial\xi}\\ \frac{\partial x}{\partial\eta} & \frac{\partial y}{\partial\eta} & \frac{\partial z}{\partial\eta}\\ \frac{\partial x}{\partial\zeta} & \frac{\partial y}{\partial\zeta} & \frac{\partial z}{\partial\zeta}\end{bmatrix}=\begin{bmatrix}\sum_{i=1}^{m}\frac{\partial N_i}{\partial\xi}x_i & \sum_{i=1}^{m}\frac{\partial N_i}{\partial\xi}y_i & \sum_{i=1}^{m}\frac{\partial N_i}{\partial\xi}z_i\\ \sum_{i=1}^{m}\frac{\partial N_i}{\partial\eta}x_i & \sum_{i=1}^{m}\frac{\partial N_i}{\partial\eta}y_i & \sum_{i=1}^{m}\frac{\partial N_i}{\partial\eta}z_i\\ \sum_{i=1}^{m}\frac{\partial N_i}{\partial\zeta}x_i & \sum_{i=1}^{m}\frac{\partial N_i}{\partial\zeta}y_i & \sum_{i=1}^{m}\frac{\partial N_i}{\partial\zeta}z_i\end{bmatrix} \tag{6-16}$$

式中，m 为单元的节点数目，对 8 节点单元 $m=8$，20 节点单元 $m=20$。

由式(6－15) 可得

$$\begin{bmatrix}\frac{\partial N_i}{\partial x}\\ \frac{\partial N_i}{\partial y}\\ \frac{\partial N_i}{\partial z}\end{bmatrix}=\boldsymbol{J}^{-1}\begin{bmatrix}\frac{\partial N_i}{\partial\xi}\\ \frac{\partial N_i}{\partial\eta}\\ \frac{\partial N_i}{\partial\zeta}\end{bmatrix} \tag{6-17}$$

式(6-15)～式(6-17) 给出了两种坐标系求导的相互转变关系。把上述的求导关系代入三维几何方程即可导出几何矩阵，建立起应变与节点位移的关系。

几何方程

$$\varepsilon_x=\frac{\partial u}{\partial x},\qquad \varepsilon_y=\frac{\partial v}{\partial y},\qquad \varepsilon_z=\frac{\partial w}{\partial z}$$

$$\varepsilon_{xy}=\frac{\partial u}{\partial y}+\frac{\partial v}{\partial x},\qquad \varepsilon_{yz}=\frac{\partial v}{\partial z}+\frac{\partial w}{\partial y},\qquad \varepsilon_{zx}=\frac{\partial w}{\partial x}+\frac{\partial u}{\partial z}$$

注意到以形函数(插值函数) 表示的位移模式为

$$u=\sum_{i=1}^{m}N_iu_i,\qquad v=\sum_{i=1}^{m}N_iv_i,\qquad w=\sum_{i=1}^{m}N_iw_i$$

代入到几何方程中，则可得

$$\boldsymbol{\varepsilon}=\boldsymbol{B}\boldsymbol{u}_e=[B_1\quad B_2\quad\cdots\quad B_m]\boldsymbol{u}_e$$

式中，应变矢量 $\boldsymbol{\varepsilon}=[\varepsilon_x\quad \varepsilon_y\quad \varepsilon_z\quad \varepsilon_{xy}\quad \varepsilon_{yz}\quad \varepsilon_{zx}]^{\mathrm{T}}$

位移矢量 $\boldsymbol{u}_e=[u_1\quad v_1\quad w_1\quad u_2\quad v_2\quad\cdots\quad w_m]^{\mathrm{T}}$

几何矩阵的子矩阵为

$$\boldsymbol{B}_i=\begin{bmatrix}\frac{\partial N_i}{\partial x} & 0 & 0\\ 0 & \frac{\partial N_i}{\partial y} & 0\\ 0 & 0 & \frac{\partial N_i}{\partial z}\\ \frac{\partial N_i}{\partial y} & \frac{\partial N_i}{\partial x} & 0\\ 0 & \frac{\partial N_i}{\partial z} & \frac{\partial N_i}{\partial y}\\ \frac{\partial N_i}{\partial z} & 0 & \frac{\partial N_i}{\partial x}\end{bmatrix}\quad(i=1,2,3,\cdots,m) \tag{6-18}$$

同二维问题的处理方法相同，把矩阵 $\boldsymbol{B}$ 及弹性矩阵 $\boldsymbol{D}$ 代入刚度矩阵的一般公式，并利用式(6－17)的求导关系，把式(6－18)对 x,y,z 求导转换为对 ξ,η,ζ 的求导。把单元刚度矩阵对直角坐标 x,y,z 的积分转化为对局部坐标 ξ,η,ζ 的积分。在三维情况下，有

$$\mathrm{d}v=\mathrm{d}x\mathrm{d}y\mathrm{d}z=|\boldsymbol{J}|\,\mathrm{d}\xi\mathrm{d}\eta\mathrm{d}\zeta$$

单元刚度矩阵的积分公式可转化为

$$\boldsymbol{K}_e=\iiint_V \boldsymbol{B}^{\mathrm{T}}\boldsymbol{DB}\,\mathrm{d}x\mathrm{d}y\mathrm{d}z=\int_{-1}^{1}\int_{-1}^{1}\int_{-1}^{1}\boldsymbol{B}^{\mathrm{T}}\boldsymbol{DB}\,|\boldsymbol{J}|\,\mathrm{d}\xi\mathrm{d}\eta\mathrm{d}\zeta \tag{6-19}$$

利用三维高斯积分即可完成单元刚度矩阵的生成，高斯积分公式已在前一章给出，即

$$\int_{-1}^{1}\int_{-1}^{1}\int_{-1}^{1}F(\xi,\eta,\zeta)\mathrm{d}\xi\mathrm{d}\eta\mathrm{d}\zeta=\sum_{i=1}^{m}\sum_{j=1}^{m}\sum_{k=1}^{m}F(\xi_i,\eta_j,\zeta_k)w_iw_jw_k$$

在有限元单元法中单元刚度矩阵的积分通常采取在各坐标方向上取相同的积分点数目(即 $m_1=m_2=m_3=m$)。因此，三维问题的积分总的积分点应当是($m\times m\times m$)个。对于单元刚度矩阵的积分，上式中的被积函数 $F(\xi_i,\eta_i,\zeta_i)$ 应为

$$F(\xi,\eta,\zeta)=F(\boldsymbol{B}^{\mathrm{T}}\boldsymbol{DB}\,|J|)$$

式中，弹性矩阵 $\boldsymbol{D}$ 为已知的材料参数矩阵，$\boldsymbol{B}$ 和 $|\boldsymbol{J}|$ 均为自然坐标 ξ,η,ζ 的已知函数，完成上述矩阵相乘的运算，利用高斯积分表得到积分点坐标及对应的权系数即可完成单元刚度矩阵的积分。

对于 8 节点三维单元，高斯积分点可取为 $m=2$(实为 $2\times2\times2$ 点)。由表 5－2 中查到积分点数为 2 的对应部分，可知两点积分的相应积分点及权系数为

$$\xi_1=-0.577\ 350\ 269\ 189\ 622,\quad w_1=1.000\ 00$$
$$\xi_2=+0.577\ 350\ 269\ 189\ 622,\quad w_2=1.000\ 00$$
$$\eta_1=-0.577\ 350\ 269\ 189\ 622,\quad w_1=1.000\ 00$$
$$\eta_2=+0.577\ 350\ 269\ 189\ 622,\quad w_2=1.000\ 00$$
$$\zeta_1=-0.577\ 350\ 269\ 189\ 622,\quad w_1=1.000\ 00$$
$$\zeta_2=+0.577\ 350\ 269\ 189\ 622,\quad w_2=1.000\ 00$$

对于 20 节点的三维单元，通常可取积分点数目 $m=3$(即 $3\times3\times3$)。由表 5－2 中对应于积分点数为 3 的对应部分，则有

$$\xi_1=-0.774\ 596\ 669\ 241\ 483,\quad w_1=0.555\ 555\ 555\ 555\ 556$$
$$\xi_2=0.000\ 000\ 000\ 000\ 000,\quad w_2=0.888\ 888\ 888\ 888\ 889$$
$$\xi_3=+0.774\ 596\ 669\ 241\ 483,\quad w_3=0.555\ 555\ 555\ 555\ 556$$

参照上面 2 点积分的规律，不难写出在 η 方向，在 ζ 方向的积分点坐标值及权系数。可以看出，ξ,η,ζ 方向上积分点的坐标取值是相同的，对应的权系数也是相同的，只是分别表示在不同的坐标方向上的取值。

四、分布荷载的等效节点力

分布荷载包括体力和面力，在第 3 章中已导出其一般化公式，在利用自然坐标建立的等参数单元的情况，相应等效节点力的公式也可转化为对自然坐标的积分，并利用高斯积分法来完成其计算。

1. 分布体力

由式(3-13)给出的分布体力的等效节点力，转化为对自然坐标的积分，则有

$$\boldsymbol{q}=\int_{-1}^{1}\int_{-1}^{1}\int_{-1}^{1}\boldsymbol{N}^{\mathrm{T}}\boldsymbol{Q}_e\mid\boldsymbol{J}\mid \mathrm{d}\xi\mathrm{d}\eta\mathrm{d}\zeta \tag{6-20}$$

这时利用高斯积分来完成，则有

$$F(\xi,\eta,\zeta)=F(\boldsymbol{N}^{\mathrm{T}}\boldsymbol{Q}_e\mid\boldsymbol{J}\mid)$$

对 $\mathrm{d}\xi\mathrm{d}\eta\mathrm{d}\zeta$ 的积分同前面关于单元刚度矩阵的处理方法相同。由表5-2查找到相应的积分点及其权系数。

2. 分布面力

由式(3-16)给出的分布面力的等效节点力

$$\boldsymbol{p}=\iint_S\boldsymbol{N}^{\mathrm{T}}\boldsymbol{P}_e\mathrm{d}S$$

式中，分布面力 $\boldsymbol{p}_e$ 为一列阵，包含沿 x,y,z 轴的三个分量，积分是在分布力的作用面上对分布力的面积进行积分。因此面力等效节点力的计算与面力的作用面有关。在采用自然坐标的情况下，上式中的积分也应转换为对自然坐标下相应的面力作用面的积分，并有如下形式。

当荷载(分布面力)作用在：

$\xi=\pm1$ 的面上：
$$\boldsymbol{p}=\int_A\boldsymbol{N}^{\mathrm{T}}\boldsymbol{P}_e\mathrm{d}A_{\eta\zeta} \tag{6-21a}$$

$\eta=\pm1$ 的面上：
$$\boldsymbol{p}=\int_A\boldsymbol{N}^{\mathrm{T}}\boldsymbol{P}_e\mathrm{d}A_{\xi\zeta} \tag{6-21b}$$

$\zeta=\pm1$ 的面上：
$$\boldsymbol{p}=\int_A\boldsymbol{N}^{\mathrm{T}}\boldsymbol{P}_e\mathrm{d}A_{\xi\eta} \tag{6-21c}$$

式中，$\mathrm{d}A_{\eta\zeta},\mathrm{d}A_{\xi\zeta},\mathrm{d}A_{\xi\eta}$ 表示分布面力作用面的微面积。

由微分几何知识，略去推导过程，微分面积 $A_{\xi\eta}$ 可写成如下形式：

$$\mathrm{d}A_{\xi\eta}=(E_\xi E_\eta-E_{\xi\eta}^2)^{\frac{1}{2}}\mathrm{d}\xi\mathrm{d}\eta\quad(\xi,\eta,\zeta) \tag{6-22}$$

后面的(ξ,η,ζ)表示循环地更换相应的下标及微分 $\mathrm{d}\xi,\mathrm{d}\eta$，可写出其他两个 $\mathrm{d}A_{\eta\zeta},\mathrm{d}A_{\xi\zeta}$ 的公式，亦即式(6-22)为 $\mathrm{d}A_{\xi\eta},\mathrm{d}A_{\eta\zeta},\mathrm{d}A_{\xi\zeta}$ 三个微分面积的统一表达式。其中

$$E_\xi=\left(\frac{\partial x}{\partial\xi}\right)^2+\left(\frac{\partial y}{\partial\xi}\right)^2+\left(\frac{\partial z}{\partial\xi}\right)^2\quad(\xi,\eta,\zeta) \tag{6-23}$$

$$E_{\xi\eta}=\frac{\partial x}{\partial\xi}\frac{\partial x}{\partial\eta}+\frac{\partial y}{\partial\xi}\frac{\partial y}{\partial\eta}+\frac{\partial z}{\partial\xi}\frac{\partial z}{\partial\eta}\quad(\xi,\eta,\zeta) \tag{6-24}$$

式(6-23)及式(6-24)均为统一表达式，相应地更换 ξ,η,ζ 即可得到其他的 $E_\eta,E_\zeta,E_{\eta\zeta}$，及 $E_{\xi\zeta}$，代入式(6-22)。把式(6-22)代入分布面力的积分公式(6-21)即可得到对局部坐标系积分公式，把 $\xi=\pm1,\eta=\pm1,\zeta=\pm1$ 的面上的公式写成如下的统一表达式：

$$\boldsymbol{p}=\int_{-1}^{1}\int_{-1}^{1}\boldsymbol{N}^{\mathrm{T}}\boldsymbol{P}_e(E_\xi E_\xi-E_{\xi\eta}^2)^{\frac{1}{2}}\mathrm{d}\xi\mathrm{d}\eta\quad(\xi,\eta,\zeta) \tag{6-25}$$

采用高斯积分即可完成上述积分，得到等效节点力列阵 $\boldsymbol{p}$。

在工程中常常会遇到沿单元边界面的外法线方向作用的分布面力(例如，静水压力)，按照高斯积分法要求，需要在高斯积分点处的分布面力的值(即 $p(\xi_i,\eta_i,\zeta_i)$)。在面力的分布规律为已知时，积分点处的值可以直接把坐标代入即可算出，通常也采用插值方法求得，即作用面内任一点(及积分点)处的值。可写成如下形式：

$$p_a = \sum_{i=1}^{m} N_i(\xi_a, \eta_a, \zeta_a) p_i \tag{6-26}$$

式中，p_i 为单元的节点 i 处的面力值(外法线方向)；ξ_a, η_a, ζ_a 为高斯积分点的局部坐标(自然坐标)值。

为完成数值积分，对积分点处的法向分布面力，还必须求得其在 x, y, z 方向上的分量，今以面力作用在 $\zeta = \pm 1$ 的面上为例给出有关公式。该面外法线的方向余弦记为：$l_\zeta, m_\zeta, n_\zeta$，则分布面力在高斯积分点处的三个分量可写成如下的列阵：

$$\boldsymbol{p}_a = \pm [p_a l_\zeta \quad p_a m_\zeta \quad p_a n_\zeta]^{\mathrm{T}} = \pm p_a [l_\zeta \quad m_\zeta \quad n_\zeta]^{\mathrm{T}} \quad (\xi, \eta, \zeta) \tag{6-27}$$

方向余弦可由如下公式给出：

$$\left.\begin{aligned} l_\zeta &= \left(\frac{\partial y}{\partial \xi}\frac{\partial z}{\partial \eta} - \frac{\partial z}{\partial \xi}\frac{\partial y}{\partial \eta}\right) / (E_\xi E_\eta - E_{\xi\eta}^2)^{\frac{1}{2}} \\ m_\zeta &= \left(\frac{\partial z}{\partial \xi}\frac{\partial x}{\partial \eta} - \frac{\partial x}{\partial \xi}\frac{\partial z}{\partial \eta}\right) / (E_\xi E_\eta - E_{\xi\eta}^2)^{\frac{1}{2}} \\ n_\zeta &= \left(\frac{\partial x}{\partial \xi}\frac{\partial y}{\partial \eta} - \frac{\partial y}{\partial \xi}\frac{\partial x}{\partial \eta}\right) / (E_\xi E_\eta - E_{\xi\eta}^2)^{\frac{1}{2}} \end{aligned}\right\} \quad (\xi, \eta, \zeta) \tag{6-28}$$

在式(6-27)及式(6-28)中，相应地更换下标及对局部坐标的偏导，就可以方便地写出当分布面力作用在 $\eta = \pm 1$ 的面上以及作用在 $\xi = \pm 1$ 的面上的情况。亦就是说，式(6-27)及式(6-28)代表了三组公式。如以 η, ζ 更换式中的 ξ, η 即得到的分布面力作用在 $\xi = \pm 1$ 的面上的公式。以 ξ, ζ 更换式中的 ξ, η 则得到分布面力作用在 $\eta = \pm 1$ 面上的公式。

五、单元应力

单元内任意一点的应力在三维问题中共有六个分量，相应地有六个应变分量，即 $\boldsymbol{\sigma} = [\sigma_x \quad \sigma_y \quad \sigma_z \quad \sigma_{xy} \quad \sigma_{yz} \quad \sigma_{zx}]^{\mathrm{T}}$，$\boldsymbol{\varepsilon} = [\varepsilon_x \quad \varepsilon_y \quad \varepsilon_z \quad \varepsilon_{xy} \quad \varepsilon_{yz} \quad \varepsilon_{zx}]^{\mathrm{T}}$。由物理方程可得

$$\boldsymbol{\sigma} = \boldsymbol{D\varepsilon} = \boldsymbol{DBu}_e$$

其中，矩阵 $\boldsymbol{B}$ 已由式(6-18)给出。计算任一点的应力只须把该点的局部坐标(ξ, η, ζ)值代入式(6-18)即可得到具体的 $\boldsymbol{B}$，由上式即求得任一点的应力。采用高斯积分计算的高阶单元，其单元内的应力值的计算在高斯点处的应力有最好的精度，故通常都是采用高斯点处的应力。此外，以拉格朗日插值建立的单元，只考虑了单元的位移在相邻单元的边界上是连续的，并未考虑其导数的连续条件。因而其应力也可能是不连续的。因而，不同单元得到同一节点处的应力并不相等，在节点处的应力计算精度也最差。因而，通常不直接计算单元节点处的应力。节点处的应力可以由其周围各单元应力求平均值，或通过插值求得。

6.3　回转轴对称问题

一、基本概念

在三维空间问题中，若弹性体的几何形状、荷载条件、边界条件都对称于某一坐标轴(如 z 轴)，则该连续体在荷载作用下的位移、应力、应变也必对称于该轴线，此类问题称为轴对称问题，如图 6-4 所示。空间轴对称体，可由通过 z 轴的平面或一条与 z 轴在同一平面内的曲线绕 z 轴回转形成，故又称为回转轴对称体。

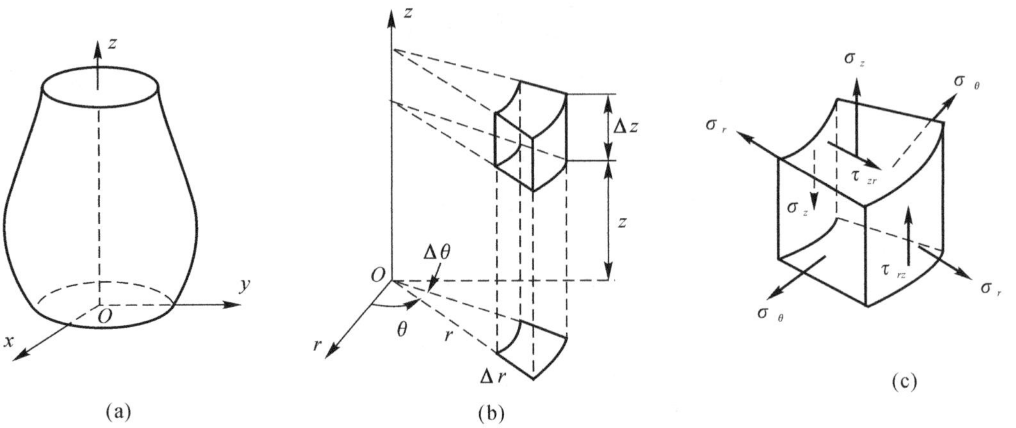

图 6-4　回转轴对称体及柱坐标系 $Or\theta z$

对于轴对称问题可采用“轴对称单元”，即具有三角形截面或任意四边形截面的对称于 z 轴的环形单元进行离散化。在描述轴对称问题时，用柱坐标要比用直角坐标方便得多。因为若取 z 轴作为对称轴，则轴对称体所有的应力、位移分量都只是 r 和 z 的函数，而不随 θ 变化。

用两个相距 Δr 的圆轴面和两个相距 Δz 的水平面，两个互成 $\Delta\theta$ 角的铅垂面从轴对称体中切割出一个单元体，如图 6-4(b) 所示。该微元体的应力状态如图 6-4(c) 所示。由于轴对称条件，故剪应力分量 $\tau_{r\theta}=\tau_{\theta r}=0$，$\tau_{z\theta}=\tau_{\theta z}=0$。尚有四个应力分量为 $\sigma_r,\sigma_\theta,\sigma_z,\sigma_{zr}$，故应力列阵可记为

$$\boldsymbol{\sigma}=[\sigma_r \quad \sigma_\theta \quad \sigma_z \quad \sigma_{zr}]^{\mathrm{T}}$$

相应的应变分量为

$$\boldsymbol{\varepsilon}=[\varepsilon_r \quad \varepsilon_\theta \quad \varepsilon_z \quad \varepsilon_{rz}]^{\mathrm{T}}$$

由于对称性，不会有 θ 方向的位移。任一点位移可分解为沿 r 方向的位移分量 u 和沿 z 轴方向的位移分量 w。几何方程为

$$\boldsymbol{\varepsilon}=\begin{bmatrix}\dfrac{\partial u}{\partial r}\\[2mm] \dfrac{u}{r}\\[2mm] \dfrac{\partial w}{\partial z}\\[2mm] \dfrac{\partial w}{\partial r}+\dfrac{\partial u}{\partial z}\end{bmatrix}=\begin{bmatrix}\dfrac{\partial}{\partial r} & 0\\[2mm] \dfrac{1}{r} & 0\\[2mm] 0 & \dfrac{\partial}{\partial z}\\[2mm] \dfrac{\partial}{\partial z} & \dfrac{\partial}{\partial r}\end{bmatrix}\begin{bmatrix}u\\ w\end{bmatrix} \tag{6-29}$$

（环向应变 $\varepsilon_\theta=\dfrac{2\pi(r+u)-2\pi}{2\pi r}=\dfrac{u}{r}$，它是由径向位移引起的）物理方程仍由广义胡克定律给出，即

$$\left.\begin{aligned}\varepsilon_r&=\frac{1}{E}[\sigma_r-\mu(\sigma_\theta+\sigma_z)]\\ \varepsilon_\theta&=\frac{1}{E}[\sigma_\theta-\mu(\sigma_r+\sigma_z)]\\ \varepsilon_z&=\frac{1}{E}[\sigma_z-\mu(\sigma_r+\sigma_\theta)]\\ \varepsilon_{rz}&=\frac{2(1+\mu)}{E}\sigma_{rz}\end{aligned}\right\}$$

同样由上式可以解出 $\boldsymbol{\sigma}$，得到以应力分量表示的物理方程，写成矩阵形式，有

$$\begin{bmatrix}\sigma_r\\ \sigma_\theta\\ \sigma_z\\ \sigma_{rz}\end{bmatrix}=\frac{E(1-\mu)}{(1+\mu)(1-2\mu)}\begin{bmatrix}1 & & & \\ \dfrac{\mu}{1-\mu} & 1 & & (\text{对称})\\ \dfrac{\mu}{1-\mu} & \dfrac{\mu}{1-\mu} & 1 & \\ 0 & 0 & 0 & \dfrac{1-2\mu}{2(1-\mu)}\end{bmatrix}\begin{bmatrix}\varepsilon_r\\ \varepsilon_\theta\\ \varepsilon_z\\ \varepsilon_{rz}\end{bmatrix}$$

简写为

$$\boldsymbol{\sigma}=\boldsymbol{D\varepsilon} \tag{6-30}$$

二、轴对称问题的离散化

对于轴对称体，利用其轴对称的特性，在进行网格剖分时可以只取其任一通过 z 轴的截面进行，类似平面问题的网格形式，如图 6－5 所示。环形的单元也可以从其截面上来考察。

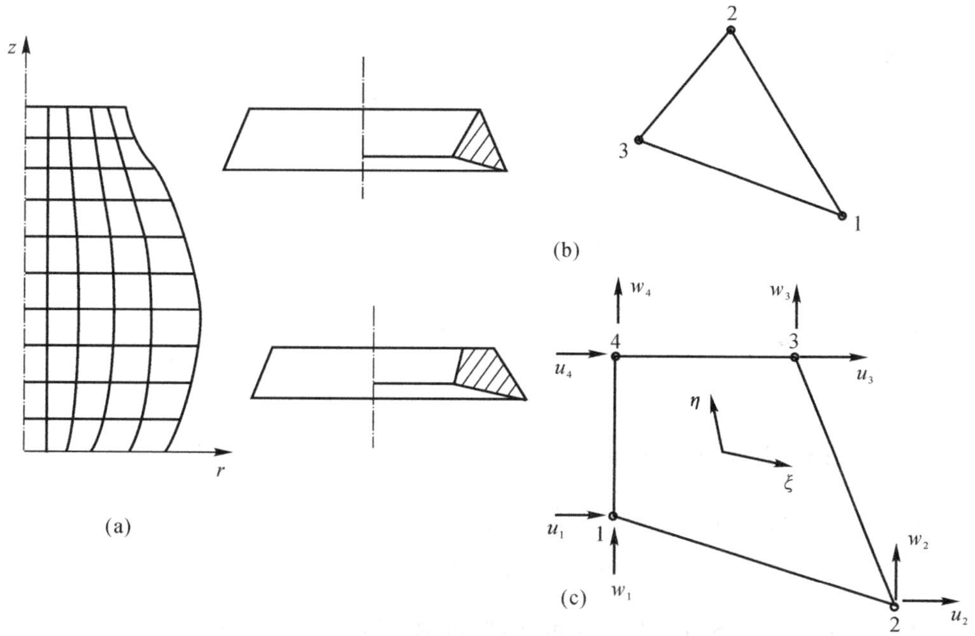

图 6－5　轴对称单元

(a) 离散化网格；(b) 三角形截面环形单元；(c) 四边形截面环形单元

环形单元的截面可以是三角形，也可以是任意四边形的。对于 3 节点三角形单元，可以仿照第 3 章中平面问题三角形单元的推导过程推导出相应的几何矩阵、单元刚度矩阵等公式。如众所知，由于 3 节点三角形单元存在精度较差等缺点，如今已甚少被采用。本节主要讨论任意四边形的等参数单元。如图 6－5(c) 所示，截面呈任意四边形的轴对称单元，其节点位移只有 u,w 两个分量，这一点与平面问题相似，有关推导可以完全参照平面问题。与柱坐标 r,z 相对应的自然坐标为 ξ,η。由于无 θ 方向位移，且结构、荷载、边界条件、以及应力、应变均不随 θ 变化。故在此暂不考虑在 θ 方向上的影响。

按复合求导规则，在柱坐标与自然坐标之间的转换为

$$\begin{bmatrix}\dfrac{\partial N_i}{\partial \xi}\\ \dfrac{\partial N_i}{\partial \eta}\end{bmatrix}=\boldsymbol{J}\begin{bmatrix}\dfrac{\partial N_i}{\partial r}\\ \dfrac{\partial N_i}{\partial z}\end{bmatrix}$$

其中，雅可比矩阵

$$\boldsymbol{J}=\begin{bmatrix}\dfrac{\partial r}{\partial \xi} & \dfrac{\partial z}{\partial \xi}\\ \dfrac{\partial r}{\partial \eta} & \dfrac{\partial z}{\partial \eta}\end{bmatrix}=\begin{bmatrix}\sum\limits_{i=1}^{m}\dfrac{\partial N_i}{\partial \xi}r_i & \sum\limits_{i=1}^{m}\dfrac{\partial N_i}{\partial \xi}z_i\\ \sum\limits_{i=1}^{m}\dfrac{\partial N_i}{\partial \eta}r_i & \sum\limits_{i=1}^{m}\dfrac{\partial N_i}{\partial \eta}z_i\end{bmatrix} \tag{6-31}$$

由此可得

$$\begin{bmatrix}\dfrac{\partial N_i}{\partial r}\\ \dfrac{\partial N_i}{\partial z}\end{bmatrix}=\boldsymbol{J}^{-1}\begin{bmatrix}\dfrac{\partial N_i}{\partial \xi}\\ \dfrac{\partial N_i}{\partial \eta}\end{bmatrix}$$

利用上述坐标转换关系，可导出几何矩阵 $\boldsymbol{B}$ 为

$$\boldsymbol{B}=[\boldsymbol{B}_1\quad \boldsymbol{B}_2\quad \boldsymbol{B}_3\quad \boldsymbol{B}_4]$$

并有

$$\boldsymbol{B}_i=\begin{bmatrix}\dfrac{\partial N_i}{\partial r} & 0\\ \dfrac{N_i}{r} & 0\\ 0 & \dfrac{\partial N_i}{\partial z}\\ \dfrac{\partial N_i}{\partial z} & \dfrac{\partial N_i}{\partial r}\end{bmatrix}\quad (i=1,2,3,4) \tag{6-32}$$

三、单元刚度矩阵及等效节点力

轴对称单元的刚度矩阵仍由一般化公式给出，为

$$\boldsymbol{k}_e=\iiint \boldsymbol{B}^{\mathrm{T}}\boldsymbol{D}\boldsymbol{B}\,\mathrm{d}x\mathrm{d}y\mathrm{d}z$$

在采用柱坐标的情况下，由图 6-4 可知，轴对称的微元体积应为

$$r\mathrm{d}r\mathrm{d}\theta\mathrm{d}z$$

故一般化公式中的微元体积 $\mathrm{d}x\mathrm{d}y\mathrm{d}z$ 在此可以由 $r\mathrm{d}\theta\mathrm{d}r\mathrm{d}z$ 取代。又因为轴对称体单元为一绕 z 轴的环形单元，其位移、应力及应变均不随 θ 变化，即矩阵 $\boldsymbol{B}$ 中不含变量 θ，且

$$\int_0^{2\pi}\mathrm{d}\theta=2\pi$$

故有

$$\boldsymbol{k}_e=2\pi\int_{-1}^{1}\int_{-1}^{1}\boldsymbol{B}^{\mathrm{T}}\boldsymbol{D}\boldsymbol{B}r\,\mathrm{d}\theta\mathrm{d}r\mathrm{d}z=2\pi\iint \boldsymbol{B}^{\mathrm{T}}\boldsymbol{D}\boldsymbol{B}r\,\mathrm{d}r\mathrm{d}z$$

转换为对 ξ,η 自然坐标的积分，则有

$$\boldsymbol{k}_e=2\pi r\int_{-1}^{1}\int_{-1}^{1}\boldsymbol{B}^{\mathrm{T}}\boldsymbol{D}\boldsymbol{B}\mid \boldsymbol{J}\mid \mathrm{d}\xi\mathrm{d}\eta \tag{6-33}$$

坐标 r,z 可由相应转换关系变为 ξ,η：

$$r=\sum N_i r_i, \qquad z=\sum N_i z_i$$

位移函数
$$u=\sum N_i u_i, \qquad w=\sum N_i w_i$$

对于简单的截面为 4 节点任意四边形的环形单元仍有

$$N_i=\frac{1}{4}(1+\xi_i\xi)(1+\eta_i\eta) \quad (i=1,2,3,4)$$

式(6-33)的积分仍利用高斯积分来完成。

单元等效节点力仍用第 3 章导出的一般化公式计算。

1. 体力

由式(3-15)计算单元体力，设单元体力为 $\boldsymbol{Q}_e=[Q_r \quad Q_z]^{\mathrm{T}}$，则有

$$\boldsymbol{q}=\iiint_V \boldsymbol{N}^{\mathrm{T}}\boldsymbol{Q}_e\mathrm{d}x\mathrm{d}y\mathrm{d}z=\iiint_V \boldsymbol{N}^{\mathrm{T}}\begin{bmatrix}Q_r\\ Q_z\end{bmatrix}r\mathrm{d}r\mathrm{d}\theta$$

把上述公式转化为对 ξ,η 坐标的积分，有

$$\boldsymbol{q}=2\pi\int_{-1}^{1}\int_{-1}^{1}r\boldsymbol{N}^{\mathrm{T}}\boldsymbol{Q}_e\mid\boldsymbol{J}\mid\mathrm{d}\xi\mathrm{d}\eta \tag{6-34}$$

写成分块形式为

$$\boldsymbol{q}_i=2\pi\int_{-1}^{1}\int_{-1}^{1}r\boldsymbol{N}_i^{\mathrm{T}}\begin{bmatrix}Q_r\\ Q_z\end{bmatrix}\mid\boldsymbol{J}\mid\mathrm{d}\xi\mathrm{d}\eta \quad (i=1,2,\cdots,m) \tag{6-35}$$

对于 4 节点四边形截面的轴对称单元，$m=4$。

2. 面力

分布面力由式(3-16)给出其等效节点力计算公式，有

$$\boldsymbol{p}=\iint_S \boldsymbol{N}^{\mathrm{T}}\boldsymbol{P}_e\mathrm{d}S$$

按表面力的作用面不同可分别写出相应的计算公式，有

$$\left.\begin{aligned}
&\text{面力作用在 } \xi=\pm1 \text{ 面上时，}\\
&\boldsymbol{p}=2\pi\int_{-1}^{1}\int_{-1}^{1}\boldsymbol{N}^{\mathrm{T}}\boldsymbol{P}_e r\left[\left(\sum\frac{\partial N_i}{\partial\eta}r_i\right)^2+\left(\sum\frac{\partial N_i}{\partial\eta}z_i\right)^2\right]^{\frac{1}{2}}\mathrm{d}\eta\\
&\text{面力作用在 } \eta=\pm1 \text{ 面上时，}\\
&\boldsymbol{p}=2\pi\int_{-1}^{1}\int_{-1}^{1}\boldsymbol{N}^{\mathrm{T}}\boldsymbol{P}_e r\left[\left(\sum\frac{\partial N_i}{\partial\xi}r_i\right)^2+\left(\sum\frac{\partial N_i}{\partial\xi}z_i\right)^2\right]^{\frac{1}{2}}\mathrm{d}\xi
\end{aligned}\right\} \tag{6-36}$$

四、计算示例

例题 6-1　一个厚壁的球形壳体，受均匀分布内压力，采用三角形单元进行剖分，部分计算结果如图 6-6、图 6-7 所示。图 6-6 所示为离散化网格及应力计算结果：(a) 三角形单元网格的形心值；(b) 三角形单元的节点平均值；(c) 由周围三角形单元求平均值得出的四边形形心处的应力值。在截面 A—A 上应力变化规律以及上述三种方式得出的结果的比较示于图 6-6(d) 中，图中可以看出，三角形单元计算结果是在精确值的上下跳动。而(b)，(c) 两种情况的结果精确度都较满意。若直接采用本章的四边形单元，其计算精度会更好。

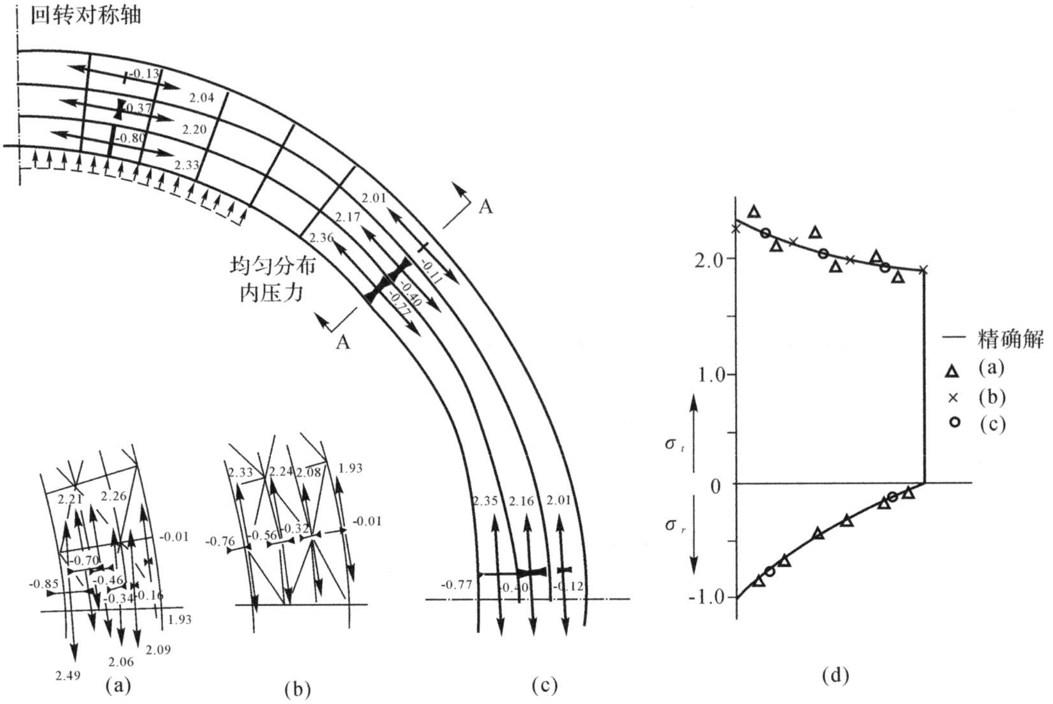

图 6-6　受内压力的球形壳体应力分析

(a) 三角形单元网格的形心值；(b) 三角形单元的节点平均值；

(c) 由周围三角形单元求平均值得出的四边形形心处的应力值；(d) 截面 $A—A$ 的应力

图 6-7 为该球形厚壳体有限元计算所得到的壳体内、外表面的位移值与精确解的比较。

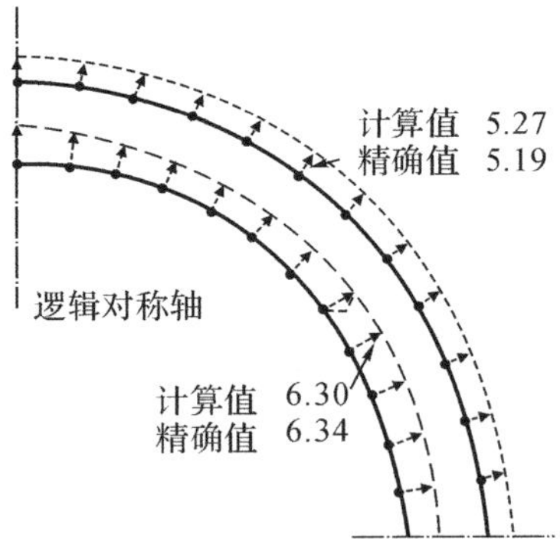

图 6-7　荷载作用下球形壳体内、外表面的位移

思考及练习题

1. 空间问题有限单元法分析最常用 8 节点或 20 节点的等参数单元，它们各自有什么优缺点？

2. 若材料为各向同性的空间轴对称问题，试写出应力与应变的关系式。

3. 空间轴对称问题中节点基本位移未知量有哪些？当采用三角形截面的环形单元时，其分析过程与平面问题的分析有何类似之处，又有何不同？

4. 3 节点三角形截面环形单元是否为常应变单元？为什么？

5. 已知实体短梁长 $L=150$ mm、高 $H=50$ mm、宽 $B=50$ mm、弹性模量 $E=2.0\times 105$ kN/cm^2、泊松比 $\mu=0.29$，梁一端固定，另一端承受剪力 $F=1.36$ kN，试按三维问题进行该梁的有限元分析。

第 7 章　大型线性方程组的求解

在前面几章系统地讲述了有限单元法的原理和基础知识。由此可以认识到，有限单元法在工程上应用的主要优势是它能够尽可能逼近真实地去解答十分复杂的工程实际问题，提供系统完整的分析结果及必须的数据信息。当然，这样的成就有赖于高速数字计算机技术发展以及诸多前人在有限单元法及其工程应用方面进行的研究、实践和取得的大量研究成果。

有限单元法作为求解偏微分方程的一种高效的数值解法，通过对连续体离散化和单元特性的建立，把复杂的工程物理问题简化为一组线性代数方程来求解。原则上讲，求解一组线性代数方程组在数学上不会遇到什么困难，然而有限单元法最终要求解是由数百个乃至数千个方程（未知数）组成的“大型线性代数方程组”。求解这样的大型方程组只有利用高速数字计算机来完成，并且所需的计算机时间以及占用计算机的内存量都是相当可观的。例如，求解一个由 2 000 个节点组成的平面问题，共有 2 000×2 个方程，仅其系数矩阵（即总刚度矩阵 $\boldsymbol{K}$）即为 2 000×2 000 阶的方阵，400 万个元素（按一般实型数占用 4 字节考虑）共须要大约 16 MB。这个数字够大了，而这样规模的算例也是较常规的中型算题。更大规模的算题，三维问题的分析，要占用的内存空间以及计算机时间则要庞大得多。因此寻求更为有效地处理大型方程组求解方法以及提高解题速度和减少占用机器内存量的方法和技巧，显得十分必要。

由于许多研究者的努力，如今已发展了一些处理大型方程组的方法，本章将简要介绍这些方法，以及与大型方程组解法有关的步骤和措施。

在有限单元法发展的早期，由于方法本身尚处于发展阶段，没有可供应用的有限单元分析的软件（程序）。从事有限单元法应用的研究人员，不得不投入较大的精力自己编写计算机程序。初学者也往往因为得不到可用的软件而使学习受阻。因而，有限单元法的程序实施曾经成为广泛关注的问题。许多研究者和学习者往往要把大量的精力和时间花费在这些原本该由程序员完成的工作上，从而大大地影响了有限单元法的研究、应用和学习的进展。如今由于诸多专业工作者的努力，已有了一批功能强大、内容齐全、发展成熟的商品化软件。如人们熟知的 SAP，Adina，Ansys 以及 MSCMarc 等等。这些商品软件可以满足广泛的工程领域对有限元分析的需求。特别是功能强大、高效的前后处理软件包，使有限单元分析中最为繁杂的数据准备及计算成果的整理彻底摆脱了手工作业，实现了自动化和可视化。也正是这些成熟的功能强大的软件，更进一步促进了有限单元法的工程应用。如今，对于一般希望了解有限单元法，掌握这一工具以应用于解答工程实际的人们来说，在学习有限单元法的进程中，无须再在有限元的程序编制方面浪费精力，而主要应学会已有的某种商品软件的应用技术，掌握有限单元法的基础知识。

尽管如此，对于有意从事有限单元法及其应用研究的人员、高级的工程应用人员、研究生等，对于有限单元法的程序实施及关键（或核心）问题的处理方法和技术能有进一步了解和掌握也还是十分必要的。

7.1　大型线性方程组的基本解法

有限单元法求解线性问题，最终归结为求解一组具有 n 个线性代数方程的大型方程组，通常这个方程组的阶数是很大的(数百数千乃至数万)。求解这样大型方程组关键的问题是：方程组能否更快地求解以及解答的精确度能否满足工程要求。这两个问题决定着有限单元法应用的成败。在考虑采用什么样的求解方法时，主要是依上述两个问题为依据。

求解大型方程组的方法通常分为两类：直接解法和迭代法。直接解法通过有限次的运算(消元，回代等)之后即可得到代数方程组的真解(假定没有计算过程中的舍入误差)；而迭代法从理论上讲要求无限次的迭代运算才能收敛于真解。迭代法实际是上一种“逐次逼近法”，它通过一个假定的(假想的)初值，然后进行逐次地迭代修正，逐步逼近真解。由于要进行多次的反复迭代运算(十多次乃至数十次)才可能达到满足工程要求的精确度，因此该类方法往往要花费很长的计算机时间。迭代法一个主要优点是它是通一次又一次的迭代修正逼近精确解，每一次都是从头重新计算，只要有足够迭代次数总可以达到工程要求的精度。由于数字计算机进行科学计算时受计算位(或字长)的限制，必然存在舍入误差。在整个计算过程中由于舍入误差的累计以及直接解法不存在像迭代求解那样进行修正逼近的机会，舍入误差的累积可能会影响直接解法的精确度，特别是随着解题规模的增大，舍入误差的累积，可能严重影响直接解的结果。为了减小舍入误差的影响，在现有的有限元分析软件中，大多采用双精度的实型数来改善计算精度、减小舍入误差。

要特别指出，在有限单元法的工程应用中，常会遇到大量的非线性问题。非线性问题有限单元分析是以线性解为基础的，通过相应地迭代修正而逐步逼近非线性解。在这种情况下，如果方程组的求解采用迭代法，则方程求解、非线性修正要进行双重的迭代运算，这将使问题的求解变得十分复杂，且运算缓慢并可能无法收敛。因此，有限元分析中广泛采用直接解法求解总体刚度方程组，用迭代法处理非线性问题。

一、高斯消元法

高斯消元法是最基本的直接解法，也是线性代数方程组求解的最常用的方法，求解大型线性方程组的许多改进的方法也都是以高斯消元法为基础的。高斯消元法的基本求解思路如下。若要求解一个 n 阶的线性代数方程组：

$$\boldsymbol{KU}=\boldsymbol{R}$$

其展开形式为

$$\left.\begin{array}{l}K_{11}U_1+K_{12}U_2+\cdots+K_{1n}U_n=R_1\\K_{21}U_1+K_{22}U_2+\cdots+K_{2n}U_n=R_1\\\cdots\cdots\\K_{n1}U_1+K_{n2}U_2+\cdots+K_{nn}U_n=R_n\end{array}\right\}\tag{7-1}$$

首先，由第一个方程中以 K_{11} 除方程的各项并得出 U_1，把 U_1 代入第二个方程至第 n 个方程中以消去这些方程中的未知量 U_1，这被称为“消元”。然后，再由第二个方程以 K_{22} 除各项并得出 U_2 代入到第 $3\sim n$ 个方程，以消去 U_2。依次进行下去直到最后一个方程。由此即把方程(7－1)转化成了如下的三角形式：

$$\left.\begin{aligned}K_{11}^{n-1}U_1+K_{12}^{n-1}U_2+\cdots+K_{1n}^{n-1}U_n&=R_1^{n-1}\\+K_{22}^{n-1}U_2+\cdots+K_{2n}^{n-1}U_n&=R_2^{n-1}\\\cdots\cdots&\\+K_{nn}^{n-1}U_n&=R_n^{n-1}\end{aligned}\right\}\tag{7-2}$$

由式(7-1)转化到式(7-2)共经过了$n-1$次消元。上标$n-1$表示消元次数。如果把式(7-2)再写成矩阵形式,则系数矩阵$\boldsymbol{K}$成为一个上三角矩阵:

$$\begin{bmatrix}K_{11}^{n-1} & K_{12}^{n-1} & \cdots & K_{1n}^{n-1}\\ & K_{22}^{n-1} & \cdots & K_{2n}^{n-1}\\ & & & \vdots\\ & & K_{n-1,n-1}^{n-1} & K_{n-1,n}^{n-1}\\ 0 & & & K_n^{n-1}\end{bmatrix}\begin{bmatrix}U_1\\U_2\\\vdots\\U_{n-1}\\U_n\end{bmatrix}=\begin{bmatrix}R_1^{n-1}\\R_2^{n-1}\\\vdots\\R_{n-1}^{n-1}\\R_n^{n-1}\end{bmatrix}$$

因此,高斯消元过程又被称为三角化过程。从式(7-2)可以看出,此时方程组中的最后一个方程仅含未知量U_n,由此可解出U_n,把它代入第$n-1$个方程中又可解出U_{n-1},再把U_n,U_{n-1}回代入第$n-2$个方程中可解出U_{n-2},依次回代至第一个方程,即可解出全部未知量$U_1\sim U_n$。这一过程被称为回代求解过程,而前面的三角化过程则为前进消元过程。

由上述过程可以看出,三角化(即消元过程)是高斯消元法中至关重要的一步,一旦完成消元,回代求解就变得非常简便了。考察上述的消元过程及每一次消元后的结果,则可以得到消元过程的变化规律,并得出如下的计算公式。即经过了m次消元后,可得到方程中各系数K_{ij},及R_i的表达式。

$$K_{ij}^m=\begin{cases}K_{ij}^{m-1} & \text{当 } i\leqslant m \text{ 时}\\0 & \text{当 } i>m \text{ 及 } j\leqslant m \text{ 时}\\K_{ij}^{m-1}-\dfrac{K_{im}^{m-1}}{K_{mm}^{m-1}}K_{mj}^{m-1} & \text{当 } i>m \text{ 及 } j>m \text{ 时}\end{cases}\tag{7-3}$$

$$R_i^m=\begin{cases}R_i^{m-1} & \text{当 } i\leqslant m \text{ 时}\\R_i^{m-1}-\dfrac{K_{im}^{m-1}}{K_{mm}^{m-1}}R_m^{m-1} & \text{当 } i>m \text{ 时}\end{cases}\tag{7-4}$$

回代求解过程的一般化公式也可写为

$$\begin{aligned}&U_n=R_n^{n-1}/K_{nn}^{n-1}\\&U_i=(R_i^{n-1}-\sum_{j=i+1}^{n-1}K_{ij}^{n-1}U_j)/K_{ii}^{n-1}\quad(i=n-1,n-2,\cdots,2,1)\end{aligned}\tag{7-5}$$

在以上各式中上标$m-1$,$n-1$表示消元次数。

由上述高斯消元法过程,可以归结为两个基本步骤:① 前进消元过程。即由第一个方程至$n-1$个方程逐次消元,最终得到如式(7-2)所示的结果。亦即变方程的系数矩阵为一个上三角矩阵,故也常把这一步称为"三角化"。② 回代求解过程。即从最后一个方程开始求解出U_n,依次回代求得U_{n-1},U_{n-2},$\cdots$,U_2,U_1。由此可见,三角化是高斯求解的关键,一旦完成了这一过程,回代求解即可顺利完成。基于这一特点,一些为提高计算效率的改进方法,也都是从三角化过程开始。

二、三角形分解法

如上所述,高斯消元法关键步骤是三角化的消元过程。基于这一特征,一些研究者提出了多种改进的解法，我们把这些改进的方法通称为三角形分解法。这些改进的方法，目标就是提高计算效率、减缩计算量以及计算时间。在求解大型线性方程组时，这些改进方法的优点是很明显的。

三角形分解也常被称为因式分解法，假定方程组系数矩阵 $\boldsymbol{K}$ 为对称，这在有限元法中是最普遍的情况。因式分解是把 $\boldsymbol{K}$ 矩阵分解为如下形式：

$$\boldsymbol{K}=\boldsymbol{L}\boldsymbol{D}_0\boldsymbol{L}^{\mathrm{T}} \tag{7-6}$$

其中，$\boldsymbol{L}$ 是一个下三角矩阵，$\boldsymbol{D}_0$ 是一个对角矩阵。这种分解形式又被称为三重因子分解法。分解 $\boldsymbol{K}$ 之后，总体刚度方程组即变成：

$$\boldsymbol{L}\boldsymbol{D}_0\boldsymbol{L}^{\mathrm{T}}\boldsymbol{U}=\boldsymbol{R}$$

令

$$\boldsymbol{L}\boldsymbol{D}_0=\boldsymbol{L}_1 \tag{7-7}$$

$$\boldsymbol{L}^{\mathrm{T}}\boldsymbol{U}=\boldsymbol{g} \tag{7-8}$$

则有

$$\boldsymbol{L}_1\boldsymbol{g}=\boldsymbol{R} \tag{7-9}$$

显然，方程(7－9)同原来的总体刚度方程 $\boldsymbol{K}\boldsymbol{U}=\boldsymbol{R}$ 是等价的，但经此变换式，方程组的求解归结为如下步骤：

1）首先把 $\boldsymbol{K}$ 分解为式(7－6)的形式；

2）由式(7－7)的矩阵相乘得 $\boldsymbol{L}_1$；

3）由式(7－9)求得 $\boldsymbol{g}$；

4）由式(7－8)求得 $\boldsymbol{U}$。

这样分解的好处是可以充分利用系数矩阵 $\boldsymbol{K}$ 的对称性及高度稀疏性，节省计算时间。现在的问题是如何求得因式分解中的下三角矩阵 $\boldsymbol{L}$ 及对角矩阵 $\boldsymbol{D}_0$。有三种最常见的方法，分别构成三种不同的解方程方法。

1．平方根法(乔列斯基法)

取对角矩阵 $\boldsymbol{D}_0$ 的元素 $D_{ii}=1$，即 $\boldsymbol{D}_0$ 这时为单位矩阵。则上面的式(7－6)这时变为

$$\boldsymbol{L}\boldsymbol{L}^{\mathrm{T}}\boldsymbol{U}=\boldsymbol{R}$$

按此公式，下三角形矩阵任一行的元素为

$$\left.\begin{aligned} L_{ii}&=\left(K_{ii}-\sum_{m=1}^{i-1}L_{im}^2\right)^{1/2}\\ L_{ij}&=\frac{\left(K_{ij}-\sum_{m=1}^{i-1}L_{im}L_{jm}\right)}{L_{jj}}\end{aligned}\right\}\quad\begin{aligned}&(i=2,3,4,\cdots,n)\\&(j=1,2,3,\cdots,i-1)\\&(j\leqslant i)\end{aligned} \tag{7-10}$$

求解过程可按以下公式进行：

$$\left.\begin{aligned} g_i&=\frac{\left(R_i-\sum_{m=1}^{i-1}L_{im}g_m\right)}{L_{ii}}\\ U_n&=\frac{g_n}{L_{nm}}\\ U_i&=\frac{\left(g_i-\sum_{j=i+1}^{n}L_{ji}U_i\right)}{L_{ii}}\end{aligned}\right\}\quad(i=m-1,n-2,\cdots,1) \tag{7-11}$$

由式(7－7)可以看出，在三角化分解求下三角矩阵的主元素 $\boldsymbol{L}_{ii}$ 时，要计算公式右端项的平方

根，故此法称为平方根法，它是由乔列斯基(Cholesky)所给出所以又称乔列斯基法。在数字计算机的运算中，求平方根的运算远比简单的加减乘除要慢得多，运算速度较慢是这一方法的缺点。下面的两种改进方法即是从消除求平方根入手。

2. 三重因子分解法(一)

令下三角矩阵 $\boldsymbol{L}$ 的主对角元素 $L_{ii}=1$，则有

$$D_{11}=K_{11}, \qquad D_{ii}=K_{ii}-\sum_{m=1}^{i-1}L_{im}L_{jm}$$

$$(i=2,3,4,\cdots,n,j=2,3,\cdots,i-1)$$

$$L_{ij}=\frac{1}{D_{jj}}(K_{ij}-\sum_{m=1}^{j-1}L_{im}D_{mm}L_{jm}) \quad (j\leqslant i) \tag{7-12}$$

方程的求解可按以下公式进行：

$$\left.\begin{aligned}
&g_i=\frac{1}{L_{ii}}(R_i-\sum_{m=1}^{i-1}L_{im}g_m) \quad (i=2,3,4,\cdots,n)\\
&U_n=\frac{(\frac{g_n}{D_{nn}})}{L_{nn}}\\
&U_i=\frac{1}{L_{ii}}(\frac{g_i}{D_{ii}}-\sum_{j=i+1}^{n}L_{ji}U_j) \quad (i=n-1,n-2,\cdots,1)
\end{aligned}\right\} \tag{7-13}$$

3. 三重因子分解法(二)

令矩阵 $\boldsymbol{D}_0$ 的元素 $D_{ii}=\frac{1}{L_{ii}}$。这时对角矩阵 $\boldsymbol{D}_0$ 已不是一个独立的矩阵，从而减少了 D_{ii} 的运算。三角分解的下三角矩阵 $\boldsymbol{L}$ 的各元素可由下式给出：

$$L_{ij}=K_{ij}-\sum_{m=1}^{j-1}\frac{L_{im}L_{jm}}{L_{mm}} \tag{7-14}$$

前进消元及回代求解的公式为

$$\left.\begin{aligned}
&g_i=R_i-\sum_{m=1}^{i-1}\frac{L_{im}g_m}{L_{mm}} \quad (i=1,2,\cdots,n)\\
&U_i=\frac{(g_i-\sum_{m=i+1}^{n}L_{mi}U_m)}{L_{mm}} \quad (i=n,n-1,n-2,\cdots,1)
\end{aligned}\right\} \tag{7-15}$$

有限单元法的总体刚度矩阵为大型的对称和高度稀疏矩阵。上述三种三角分解法，以最后一种的计算时间最为节省，因而也是应用最广泛的。

7.2 总刚度矩阵变带宽存储及方程求解方法

前已指出，有限单元法的总体刚度矩阵具有对称、稀疏和带状分布的特点。其稀疏性和带状分布是由有限单元的网格特性决定的。因此其带宽及非零元素的分布取决于有限单元网格的节点编号顺序以及定义单元的单元节点号。一般来说，有限单元法总刚度矩阵的各行带宽是不同的。采用变带宽存储可以更有效地排除各行带宽以外的零元素，从而可以进一步节省内存。

一、总刚度矩阵的带宽

1. 最大半带宽

首先考察一个单元的刚度矩阵在总刚度矩阵中分布的带宽。若单元的节点自由度为 l，该单元各节点的最大节点号和最小节点号（指在网格中的总体编号）之差值为 s，则该单元的刚度矩阵在总刚度矩阵中的最大半带宽（包括主对角线元素）为

$$IB = l(s+1) \tag{7-16}$$

对于平面（二维）问题 $l=2$，对于三维问题 $l=3$。对所有单元可按上式求出其最大半带宽，取其中最大者，即为总刚矩阵的最大半带宽。半带宽存储即按总刚度矩阵的最大半带宽存储其下半带（或上半带）以内的所有元素。如图 7-1(a) 所示。

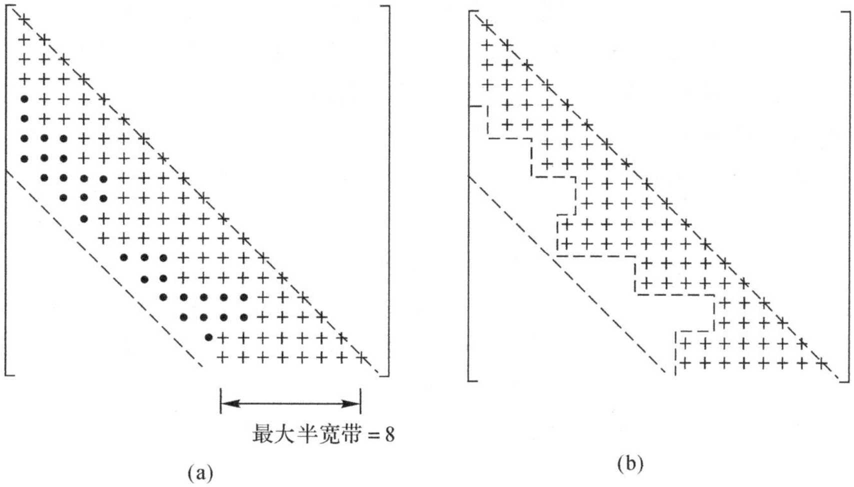

图 7-1　总刚度矩阵的存储方式比较

(a) 半带宽存储；(b) 变带宽存储

2. 各行(列)的最大半带宽

按各行的带宽用变带宽的方式存储，需要计算出每一行的带宽。总刚度矩阵中与任一节点 i 对应的行，其带宽决定于所有围绕节点 i 的单元的节点编号。有限单元网格划定之后，各单元的节点号已被定义。对应于节点 i 的行，其最大半带宽可由下式给出：

$$IB = l(m+1) \tag{7-17}$$

其中，l 取值同前（节点自由度数目），m 为围绕节点 i 的各单元节点编号的差值，可由两种情况：当总刚度矩阵按上半宽存储时，$m=$ 各单元中的最大节点编号 $-\,i$；当总刚度矩阵按下半带存储时，$m=i-$ 各单元中的最小节点编号。

由此，我们在进行总刚度矩阵组集之前，就可以预先算出各行的半带宽。这就为变带宽存储提供了可能性（必要条件）。现在的问题是，各行的带宽，在经过三角形分解之后是否会有变化。

现在来考察在经过三角形分解之后，总刚度矩阵各行带宽的情况。在前面讨论求解大型线性方程组的三角分解法时，介绍了三种方法，从三种方法的三角分解 L_{ij} 公式中可以看出，三

角分解的矩阵 $\boldsymbol{L}$ 的任一元素 L_{ij} 只与 K_{ij} 和 $\boldsymbol{L}$ 矩阵的 i,j 两行($j<i$)在 m 列上的元素 L_{im},L_{jm} 及主对角元素 L_{mm} 有关。若有 $K_{ij}=0$,且 $\boldsymbol{K}$ 矩阵第 j 行第 i 列以前的各元素 K_{jm}($m=1,2,\cdots,i-1$)也为零。则 $L_{i1}\sim L_{ij}$ 也必为零。亦就是说,尽管在进行三角分解时,带宽内的各元素都会改变,但各行带宽以外的零元素仍保持为零,各行的带宽不会改变。这就为采用变带宽存储提供了保证(充分条件)。

二、总刚度矩阵变带宽一维存储

总刚度矩阵按变带宽存储,较之半带宽存储更能进一步节省大量内存。从图 7-1 的比较中就可以看出其存储量的差异。当解题规模较大时,这种差异带来的占用存储量的差别是十分可观的。按变带宽存储,并考虑到总刚度矩阵的对称性,可有两种方式,即存储上半带部分或存储下半带部分。当采用一维存储时(即用一个一维数组存储 $\boldsymbol{K}$ 矩阵的各行带宽以内的元素),对应两种方式为:下三角部分按行存储和上三角部分按列存储,两种方式实际上是完全等价的。

总刚度矩阵变带宽一维存储是普遍采用的方法,因为只有这样才能实现变带宽存储。现在以存储下三角部分(按行存储)为例来说明一维存储的特点和具体实施办法。如上所述,必须在存储之前首先计算出总体刚度矩阵各行的半带宽 IB(式 7-16),并用一个一维数组记存。例如用一维数组 $\boldsymbol{LA}$,则有

$$\boldsymbol{LA}(n)=[IB_1 \quad IB_2 \quad IB_3 \quad \cdots \quad IB_n]^{\mathrm{T}}$$

下标 1,2,3,…,n 表示从第 1 行至第 n 行,IB_i 表示第 i 行的半带宽。

总刚度矩阵下三角部分按行一维存储,是从第 1 行至第 n 行(最后一行),把各行带宽以内的元素顺序编号依次存入一个一维数组 $\boldsymbol{KB}$ 中。编号如图 7-2 所示。在此例中变带宽存储的元素总数为 75 个。在一维数组 $\boldsymbol{KB}$ 中的存储为

$$\boldsymbol{KB}=[KB_1 \quad KB_2 \quad KB_3 \quad \cdots KB_{75}]$$

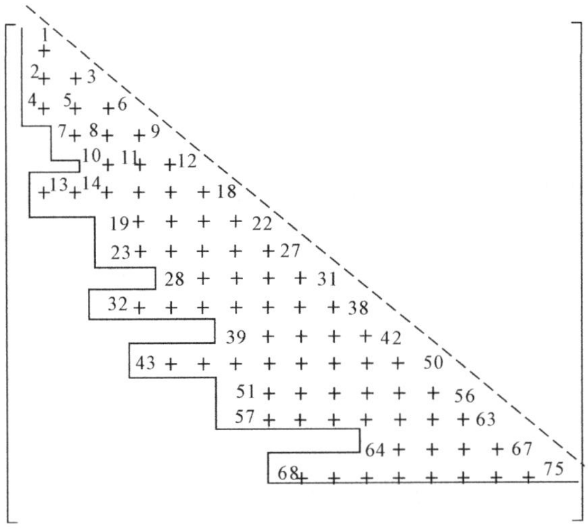

图 7-2 总体刚度矩阵按行一维存储

总体刚度矩阵的变带宽一维存储,同原来的二维形式的矩阵 $\boldsymbol{K}(n\times n)$ 之间存在着唯一的

对应关系。为了在进行方程求解时能够很方便地找出任一元素 K_{ij} 在一维组数中的位置，需要引入一个寻址数组。显然，这个寻址数组可以根据总体刚度矩阵各行的带宽来确定。仍用一维数组 **LA**(n) 来记忆地址(在前面我们曾用 **LA** 来记录各行的半带宽)，现在通过如下的简单运算，可用寻址数组记录各行的主对角元素(即主元)在 **KB** 中的序号。即

令

$$\boldsymbol{LA}(1)=1$$

则有

$$LA_i=LA_{i-1}+IB_i \quad (i=2,3,4,\cdots,n) \tag{7-18}$$

经此运算后，现在一维数组 **LA** 内存储的是如图 7-2 所示的各行主元的序号，总体刚度矩阵这时为 16×16 阶，故一维寻址数组 **LA** 的长度(即元素的个数)为 16，并有

$$\boldsymbol{LA}=[1\quad 3\quad 6\quad 9\quad 12\quad 18\quad 22\quad 27\quad 31\quad \cdots\quad 67\quad 75]$$

有了寻址数组 **LA**，就可以很方便地从一维存储的 **KB** 中找到总刚度矩阵中第 i 行、第 j 列的元素 K_{ij}。二者的对应关系可以用下面的公式确定：

$$K_{ij}=\begin{cases}\boldsymbol{KB}(LA_i-i+j) & (LA_i-i+j\geqslant LA_{i-1})\\ 0 & (LA_i-i+j<LA_{i-1})\end{cases} \tag{7-19}$$

有了这一关系式，当组集总体刚度矩阵时，就可以按此式计算后，直接把单元的 k_{ij} 送入 **KB** 中的相应位置进行叠加。当求解方程时，又可以按要求的 K_{ij} 经上式计算得到其在 **KB** 中的位置，十分方便、准确、有效。

尽管变带宽一维存储增加了一个寻址数组，但所占用存是很小的(只有 n 个整数)。而数百乃至数千阶的总体方程组，由变带宽存储所节省的内存则比 **LA** 占用的内存大得多(大数十、数百乃至数千倍)。同时，也省却了大量而毫无意义的零元素参与运算，因而在时间消耗方面也有显著的成效。

三、一维存储时的方程求解

总体刚度矩阵的一维存储，因对提高计算效率及改善(减小)舍入误差都有明显的效果而被广泛采用。前面讲到的大型线性方程组的求解方法都仍然适用。只是由于 **K** 的存储方式的改变，相应的计算公式必须作相应的修正。对 7.1 节中介绍的三重因子分解法(二)的式(7-14)及式(7-15)，在变带宽存储的情况下，可修改为

三角形分解

$$L_{ij}=K_{ij}-\sum_{m=MI}^{j-1}\frac{L_{im}L_{jm}}{L_{mm}} \tag{7-20a}$$

前进消元

$$g_i=R_i-\sum_{m=I}^{j-1}\frac{L_{im}g_m}{L_{mm}} \tag{7-20b}$$

回代求解

$$U_i=\frac{\left(g_i-\sum\limits_{m=i+1}^{j-1}L_{mi}U_m\right)}{L_{ii}} \tag{7-20c}$$

式中，$MI=\max(I,J)$，I 为第 i 行的第一个非零元素的列号，J 为第 j 行的第一个非零元素的列号，$K=\min(n,i+IB_i-1)$。在具体的程序施实中，一维存储的总刚度矩阵以及三角分解后的 **L** 矩阵是占用同一数组，总体位移列阵和荷载列阵也可占用同一数组，这样就可以少占用内存。

7.3　大型稀疏矩阵带宽优化方法

有限元分析中，总刚度矩阵的带宽直接影响到其占用内存的多少及方程求解的计算机时间。无论是人工剖分或是自动生成网格，初始形成的网格其节点编号顺序都不尽合理。带宽优化处理即是合理地调整网格的节点编序，以达到使总刚度矩阵的带宽尽可能地小的目的。为进一步说明节点编号对带宽的影响及优化的基本思路，首先通过实例来说明，并引入相关的概念。

一、节点编号对带宽的影响

图 7－3 给出了同一简单结构不同节点编序对总刚度矩阵带宽的影响。为了使问题简化，现假定问题是一维的，即每个节点只有一个自由度，对应于总刚度矩阵中的一行，非零元素以图中的黑点表示(对于节点自由度 >1 的情况可以把每一点视为 $l\times l$ 的子块)。

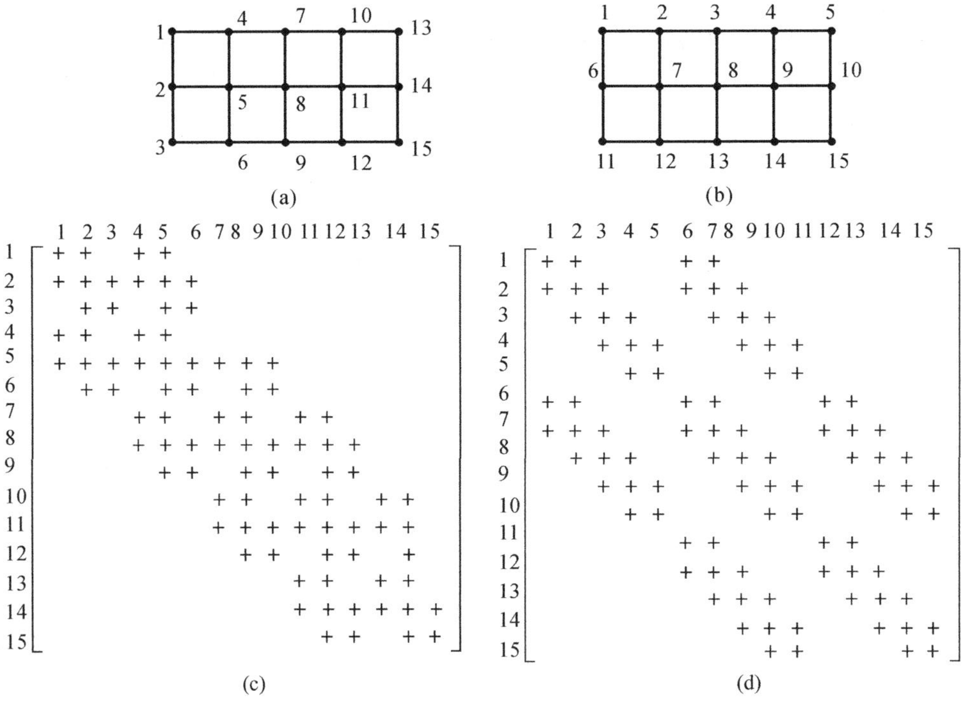

图 7－3　网格节点编号与总刚度矩阵带宽

(a)，(c) 编号方案一；(b)，(d) 编号方案二

在相同的结构网格、同样数目的节点的情况下，图 7－3(a) 的节点编序方式，其在总刚度矩阵中非零元素的分布见图 7－3(c)，最大半带宽 $IB_{\max}=5$；图 7－3(b) 的节点编序方式，其总刚度矩阵中非零元素的分布见图 7－3(d)，其最大半带宽为 $IB_{\max}=7$。对于这样一个节点数目较少，十分简单的例子，节点编号都相对比较规律的情况下，二者的最大半带宽相差 40%。显然，对于更大型的算题、结构对象较复杂的情况，节点编序对总刚度矩阵带宽的影响更显著，占用内存量有可能相差数倍。因此，寻求适合的计算方法，优化有限元网格的节点编号顺序，以

使其总刚度矩阵占用的内存量尽可能的小(极小),是一个十分有意义的课题。

通常,工程中提出的有限元分析任务,其分析对象往往比较复杂,解题规规也较大。无论是人工划分网格或者是计算机自动生成,都不可能做到合理的节点编序,必须通过调整节点编号顺序使总刚度矩阵 $\boldsymbol{K}$ 的带宽达到极小。通过相应的优化算法使带宽极小的调整过程,通常称为带宽极小化或网格节点编序的优化。本节将简要介绍这种优化的方法及算法。为了便于讲述,下面首先引入几个新的术语和概念(有关图论的若干概念)。

二、图、顶点和邻接矩阵

一个由 m 个点和 n 条边构成的图形我们称它为 $m\times n$ 图,记为 $\mathrm{G}=\mathrm{G}(V.E)$,其中 V 表示构成图形的节点(又称顶点),E 表示边(也称弧线)。并有

顶点　　$V=\{v_1,v_2,\cdots,v_m\}$

弧(边)　　$E=\{\tilde{e}_1,\tilde{e}_2,\cdots,\tilde{e}_n\}$

每一条弧(边)由一对顶点连成,记为 $\tilde{e}_j=(v_i,v_k)$,表示弧 $\tilde{e}_j$ 与顶点 v_i 与 v_k 相连接,则称顶点 v_i 与 v_k 是邻接的。若 $\tilde{e}_j=(v_i,v_k)$ 是有序的对,即规定 $\tilde{e}_j$ 只能由 v_i 指向 v_k,则称图 G 为有向图,否则 G 被称为无向图。在有向图中 (v_i,v_k) 和 (v_k,v_i) 是不同的,而在无向图中二者是相同的,它们表示的是同一的弧(边),顶点为 v_i 及 v_k,如图 7-4 所示。

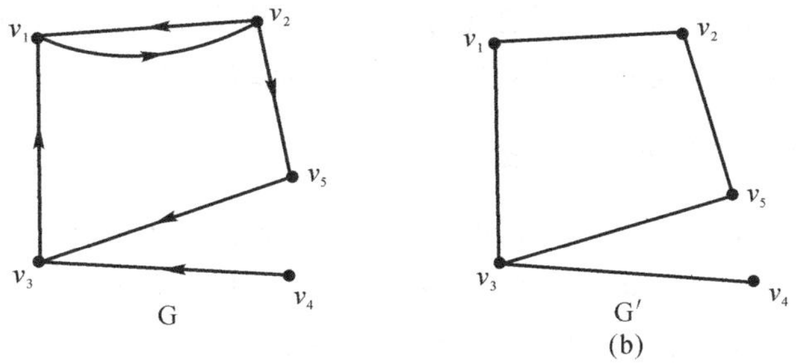

图 7-4　有向图及无向图

(a) 有向图;(b) 无向图

任一个图 G,其任一顶点与其相邻顶点的关系可以用一个 $m\times m$ 阶的矩阵来定义(表达),我们称它为"邻接矩阵",并记为 $\boldsymbol{C}$。$\boldsymbol{C}$ 中任一元素有

$$C_{ij}=\begin{cases}1 & (\text{若}(v_i,v_j)\text{ 是 G 的一条弧})\\0 & (\text{若}(v_i,v_j)\text{ 不是 G 的弧})\end{cases}$$

对于图 7-4 的有向图其邻接矩阵记为 $\boldsymbol{C}$,无向图的邻接矩阵记为 $\boldsymbol{C}'$ 它们可分别写出如下:

$$\boldsymbol{C}=\begin{bmatrix}0&1&0&0&0\\1&0&0&0&1\\1&0&0&0&0\\0&0&1&0&0\\0&0&1&0&0\end{bmatrix}\qquad \boldsymbol{C}'=\begin{bmatrix}1&1&1&0&0\\1&1&0&0&1\\1&0&1&1&1\\0&0&1&1&0\\0&1&1&0&1\end{bmatrix}$$

有向图 G 的邻接矩阵 $\boldsymbol{C}$ 和无向图的邻接矩阵 $\boldsymbol{C}'$ 分别表示如上两式。显然,"邻接矩阵"反映了各顶点之间的邻接关系,它和图 G 是一一对应的。同时,我们还可以看到,无向图和有向图是不同的,即使相同的图和同样数目的顶点,二者的差别也是很明显的。无向图的邻接矩阵

具有对称性，各顶点本身即(v_i,v_i)也可以看做是长度为零的弧(边)，则得到各主对角元素为1的邻接矩阵。显然，对无向图必有$C_{ij}=C_{ji}$。

若有v_1,v_2是图G＝G(V,E)的顶点，图G的l条不同弧(边)的有序集合$\{(v_1,v_i),(v_i,v_j),(v_j,v_k),(v_k,v_m),\cdots,(v_p,v_2)\}$，称为$v_1$与$v_2$之间长为$l$的一条途径。连接$v_1,v_2$之间的路径长度称为$v_1,v_2$之间的距离。若图G中的任何两个相邻顶点间均存在一条路径，则称图G为一连通图。

对于一个已确定的有限元网格，总体方程的系数矩阵(即总体刚度矩阵)具有稀疏性的特性。该稀疏矩阵也是直接由网格的各节点的邻接关系所决定的，这同上述的“邻接矩阵”具有相同的含义。考虑最简单的情况——即假定有限元分析的网格为单自由度的，每一个节点只有一个自由度，则有限元网格可视为一个连通的无向图。有限元法的总体刚度矩阵是一个$n\times n$阶的稀疏矩阵，其非零元素的分布特征取决于各节点的相互邻接关系。这一点则与上述图论中的“邻接矩阵”有相同的概念。把上述结果应用于处理有限单元法的总刚度矩阵的优化问题，我们把邻接矩阵的定义，作如下修改：

$$C_{ij}=\begin{cases}1 & (\text{若节点 } i \text{ 和 } j \text{ 为相邻的两点})\\ 0 & (\text{若节点 } i \text{ 和 } j \text{ 为不相邻的两点})\end{cases}$$

由此可得到一个与总刚度矩阵中的非零元素一一对应的邻接矩阵$\boldsymbol{C}$。总刚度矩阵带宽极小化问题也由此可转化为图G＝G$(\boldsymbol{K})$的最佳编序问题。对于多自由度的有限元节点，例如自由度为l，则可把总体刚度矩阵写成分块形式(K_{ij}是$l\times l$阶的子块)，则同样具有上述特点。

三、带宽极小化的CM和RCM算法

卡雪尔(Cuthill)和麦基(Mckee)提出一种应用上述图论的概念，通过重新标记图的顶点的方法以减缩矩阵的带宽。这种方法是带宽极小化方法中较著名且被广泛应用于大型结构分析软件中的方法之一。通常简称CM法，以后经改进形成RCM法。

应用图论的概念，我可以从有限单元法的物理网格，直接得到其对应的标记图G。如下面的图7-5所示。

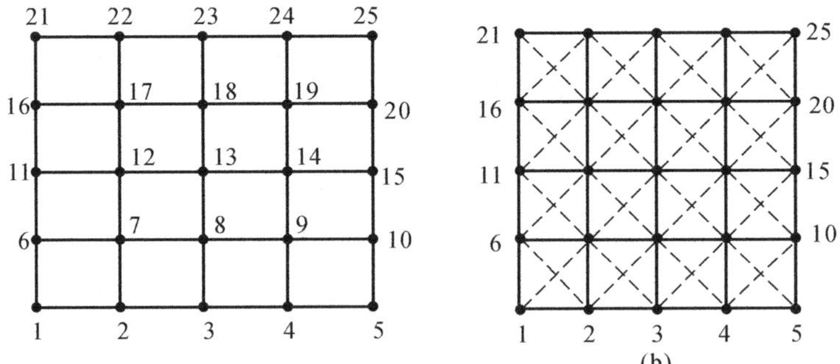

图7-5 有限元网格及其对应的标记图G

(a)有限元网格；(b)有限元网格对应的标记图

图7-5(a)为一有限元网格，若按节点自由度l作为总体刚度矩阵的分块形式(K_{ij}为一$l\times l$阶的子块)。则其非零元素的分布是同标记图G的邻接矩阵一一对应的。通过不断地重新标

记图G的顶点(亦即有限元网格的节点编序)使邻接矩阵的带宽达到极小。这就是CM算法的实质。

1. *图的层次结构*

CM算法的一个重要概念就是所谓“图的层次结构”。图G的全部顶点的集合V可分割为$\boldsymbol{L}_1,\boldsymbol{L}_2,\cdots,\boldsymbol{L}_k$个子集合。子集$\boldsymbol{L}_i$称为分层。若某顶点$\boldsymbol{L}_i$邻接于分层$v$上的某个点,则称该顶点$v$相邻于分层$\boldsymbol{L}_i$。全体分层$\boldsymbol{L}_1,\boldsymbol{L}_2,\cdots,\boldsymbol{L}_k$可用符号$\boldsymbol{L}$(G)表示。若$\boldsymbol{L}$(G)能满足如下的条件,则称$\boldsymbol{L}$(G)为图G的层次结构:

1) 相邻于分层$\boldsymbol{L}_1$的所有顶点均在$\boldsymbol{L}_1$或$\boldsymbol{L}_2$内(第一层);

2) 相邻于分层$\boldsymbol{L}_k$的所有顶点均在$\boldsymbol{L}_k$或$\boldsymbol{L}_{k-1}$内(最后一层);

3) 对于$1<i<k$的情况,相邻分层L_i的所有顶点均在L_{i-1},L_i或L_{i+1}内。

对于顶点集V中的任一个顶点$v\in V$,都可以定义一个特殊的(相应的)层次结构$\boldsymbol{L}_v$(G),并称它为根在v点的层次结构,v点即为该层次结构的根。其分层是按如下方式确定的:

1) 第一层$\boldsymbol{L}_1$即为根,$\boldsymbol{L}_1=v$。

2) 对$i>1$时,相邻于分层$\boldsymbol{L}_{i-1}$而未被分配的所有节点构成分层$\boldsymbol{L}_i$。

3)$i=2,3,\cdots,k$逐层按2)的原则进行分层至所有节点被分配完。

任一分层i的元素(即节点)个数称为第i层的宽度,记为$W_i(\boldsymbol{L})$。各层中的最大宽度$W=\max\{w_i\}$称为该层次结构的宽度。层次结构的总层数k称为层次结构的深度。

以图7-5为例,我们取其任一节点为根,例如,节点3为根。则其相应的层次结构为

第一层$\boldsymbol{L}_1=3$即层次结构的根为节点3

第二层$\boldsymbol{L}_2$:{2,7,8,9,4}

第三层$\boldsymbol{L}_3$:{1,6,11,12,13,14,15,10,5}

第四层$\boldsymbol{L}_4$:{16,17,18,19,20}

第五层$\boldsymbol{L}_5$:{21,22,23,24,25}

即,图7-5以节点3为根的层次结构的深度为5,宽度$w=9$。

2. *CM 和 RCM 算法*

如上所述有限元网格对应的标记图G是一个连通的无向图。其邻接矩阵同样具有稀疏性和对称性的特点。带宽极小化的CM法可归纳为如下步骤:

(1) 计算图G各顶点的度,顶点i的度记为d_i,它等于邻接矩阵$\boldsymbol{C}$中第i行中除主对角元素以外的各非零元素的数目。它实际是与顶点i相邻接的节点个数。对于一个具有n个顶点的图,我们用一个$1\times n$的数组$\boldsymbol{d}_0$来记存各行的(各顶点的)度。然后选取图G中的较低度的顶点v作为根,形成以v为根的层次结构$\boldsymbol{L}_v$(G)。从标记图G中选择低度顶点v,最简便的是直观的方法。可以采取两种方式来确定v。其一是取$d_{\min}\leqslant d_v\leqslant(d_{\min}+\frac{1}{2}d_{\max})$,另一种方式是取$d_{\min}\leqslant d_v\leqslant\max(d_m,d_{\min})$,其中,$d_m=\min(\frac{d_{\max}+d_{\min}}{2},d_{med})$,$d_{\max}$,$d_{\min}$,$d_{med}$分别是最大度、最小度、平均度。

(2) 用连续正整数对L_v(G)重新标记,具体操作如下:

1) 取根v为第一层,编号定为1。

2) 对第二层的各点,按其度数的大小,由小到大依次编号为$2,3,4,\cdots,n_2$。

3）对第 3 层，首先把邻接于顶点 2 的各点依其度的大小依次编号为 n_{2+1}，n_{2+2}，…，再把邻接顶点 3 的各点依度的大小顺序编号，直到第三层内邻接于顶点 n_2 的各点编号完。

4）以后逐层按上述方式进行重新标记直到所有各层、各顶点都重新标记完成。

(3) 对新的标记图 G′ 的邻接矩阵 $\boldsymbol{C}'$ 计算带宽 B。

(4) 重新选择图 G′ 的另一个低度点 v' 作根，重复进行(1) ～ (3) 步。取带宽达到最小的那个编序作为最终的节点编序。

由上述(1) ～ (4) 步构成的算法即为 CM 算法。一般来说，初始编序的邻接矩阵 $\boldsymbol{C}$ 经过 CM 算法对节点重新标记后，其带宽都将会得到明显地缩减。

(5) 将上述 CM 算法确定的最终节点编序进行反编号，把首尾编号颠倒，令最后的编号 $n=1$，$n-1=2$，…，$2=n-1$，这样倒过来编号，在计算时即以 i 取代 $n-i+1$。这样由(1) ～ (5) 步即为 RCM 法。

反编号技巧并不影响邻接矩阵的带宽，但是改善了外形，其存储量有明显减少。因此 RCM 算法被广泛采用。

思考及练习题

1. 有限单元法求解大型线性方程组中的三角形迭代法的主要步骤是什么？
2. 什么叫带宽？一维变带宽如何存储？
3. 如何优化大型稀疏矩阵的带宽？

第 8 章　薄板弯曲问题有限元分析

8.1　薄板弯曲问题基本方程

一、基本概念

设有如图 8-1 所示的平板，厚度为 t，上、下两个相平行的平面称为板面。平分板厚度的中间平面称为中面。今取中面为 xOy 平面，垂直于中面方向为 z 轴，若板的厚度 t 同板在 xOy 平面中的尺寸相比充分小，即 $t \ll b$（b 为 xOy 平面中板的最小尺寸）则称此板为薄板，否则即为厚板。当薄板受有横向荷载（即垂直于板面的荷载），薄板将发生弯曲及扭曲，由此引起的应力、位移和形变可以按板弯曲来计算。此类问题即称为薄板弯曲问题。

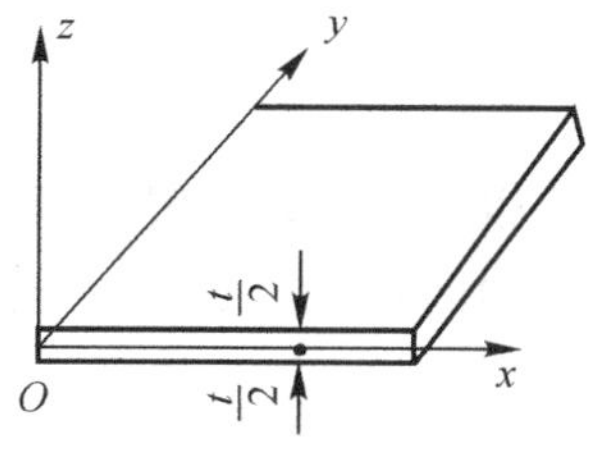

图 8-1

当薄板弯曲时，板的中面即形成一个弹性曲面。由此产生的中面各点在垂直于中面方向的位移，称为挠度。本章的讨论仍然是在小变形的前提下，即只限于薄板的小挠度弯曲理论。亦就是说，板虽很薄但具有较大的弯曲刚度，其挠度远小于板的厚度。如果板的弯曲刚度不够大，以至于在荷载作用下，其挠度与其厚度达到同阶大小，则属于大挠度弯曲（大变形）问题，必须另行按大挠度弯曲理论进行分析。

二、基本假定

薄板弯曲问题的小挠度理论，是以下述的三个基本假定为基础的。这些假定已为大量的实验所证实，它们可分别陈述如下：

（1）薄板沿中面法线方向上没有伸缩，应变分量 ε_z 可以不计，取 $\varepsilon_z = 0$，由几何方程知 $\frac{\partial w}{\partial z} = 0$，故有

$$w = w(x, y) \tag{8-1}$$

即薄板全厚度内沿 z 轴方向上的位移是相等的，亦即板的挠度不随 z 变化而变化。

（2）应力分量 σ_z 及 σ_{zx}，σ_{zy} 同其他三个应力分量相比十分小，此应力及由此引起的应变可忽略不计，即

$$\varepsilon_z = 0, \qquad \varepsilon_{zx} = 0, \qquad \varepsilon_{zy} = 0$$

由三维问题几何方程得知

$$\left.\begin{aligned}\varepsilon_{zx}=0,\quad &有\frac{\partial u}{\partial z}+\frac{\partial w}{\partial x}=0,\quad \frac{\partial u}{\partial z}=-\frac{\partial w}{\partial x}\\ \varepsilon_{zy}=0,\quad &有\frac{\partial v}{\partial z}+\frac{\partial w}{\partial y}=0,\quad \frac{\partial v}{\partial z}=-\frac{\partial w}{\partial y}\end{aligned}\right\}\tag{8-2}$$

由于 $\varepsilon_z=0,\varepsilon_{zx}=0,\varepsilon_{zy}=0$，因此中面的法线在薄板弯曲时保持不变形，并仍为弹性曲面的法线。

注意到由假定(1) 得出薄板的挠度不随 z 变化 $w=f(x,y)$，由式(8-2) 对 z 积分得

$$u=-z\frac{\partial w}{\partial x}+f_1(x,y),\qquad v=-z\frac{\partial w}{\partial y}+f_2(x,y)\tag{8-3}$$

这里的 $f_1(x,y),f_2(x,y)$ 为 x,y 的任意函数。

(3) 薄板的中面内各点都没有平行于中面的位移，即在中面 $z=0$ 面上有

$$u_{z=0}=0,\qquad v_{z=0}=0$$

要满足在中面上($z=0$)$u=0$ 及 $v=0$ 这一假定。由式(8-3) 可知，必有 $f_1(x,y)=0$，$f_2(x,y)=0$，由此可得

$$u=-z\frac{\partial w}{\partial x},\qquad v=-z\frac{\partial w}{\partial y}\tag{8-4}$$

以上三条基本假定，通常称为“薄板弯曲问题的克希霍夫假定”。在材料力学中关于直梁的弯曲问题，也曾采用了类似的假定。

三、基本方程

1. 应力、应变与挠度的关系

由上述基本假定可知，薄板的应力分量为 $\sigma_x,\sigma_y,\sigma_{xy}$，其他应力分量为零，对应的应变分量为 $\varepsilon_x,\varepsilon_y,\varepsilon_{xy}$。应力和应变之间仍遵守广义胡克定律，即

$$\varepsilon_x=\frac{1}{E}(\sigma_x-\mu\sigma_y),\qquad \varepsilon_y=\frac{1}{E}(\sigma_y-\mu\sigma_x)$$

$$\varepsilon_{xy}=\frac{2(1+\mu)}{E}\sigma_{xy}$$

解出应力，则有

$$\sigma_x=\frac{E}{1-\mu^2}(\varepsilon_x+\mu\varepsilon_y),\qquad \sigma_y=\frac{E}{1-\mu^2}(\varepsilon_y+\mu\varepsilon_x)$$

$$\sigma_{xy}=\frac{E}{2(1+\mu)}\varepsilon_{xy}$$

写成矩阵形式，则有

$$\boldsymbol{\sigma}=\boldsymbol{D}\boldsymbol{\varepsilon}$$

其中，$\boldsymbol{D}$ 为弹性矩阵

$$\boldsymbol{D}=\frac{E}{1-\mu^2}\begin{bmatrix}1&\mu&0\\ \mu&1&0\\ 0&0&\dfrac{1-\mu}{2}\end{bmatrix}$$

这与二维的平面应力问题的弹性矩阵相同。对于薄板弯曲问题，尚须建立应力、应变与薄板挠度的关系。由几何方程及式(8-4) 可得

$$\boldsymbol{\varepsilon}=\begin{bmatrix}\dfrac{\partial u}{\partial x}\\ \dfrac{\partial v}{\partial y}\\ \dfrac{\partial u}{\partial y}+\dfrac{\partial v}{\partial x}\end{bmatrix}=\begin{bmatrix}-z\dfrac{\partial^2 w}{\partial x^2}\\ -z\dfrac{\partial^2 w}{\partial y^2}\\ -2z\dfrac{\partial^2 w}{\partial x\partial y}\end{bmatrix}=z\begin{bmatrix}-\dfrac{\partial^2 w}{\partial x^2}\\ -\dfrac{\partial^2 w}{\partial y^2}\\ -2\dfrac{\partial^2 w}{\partial x\partial y}\end{bmatrix}\tag{8-5}$$

令

$$\chi_x=-\frac{\partial^2 w}{\partial x^2},\qquad \chi_y=-\frac{\partial^2 w}{\partial y^2},\qquad \chi_{xy}=-\frac{\partial^2 w}{\partial x\partial y}\tag{8-6a}$$

则有

$$\boldsymbol{\chi}=[\chi_x\quad \chi_y\quad 2\chi_{xy}]^{\mathrm{T}}\tag{8-6b}$$

$$\boldsymbol{\varepsilon}=z\boldsymbol{\chi}$$

物理方程可写为

$$\boldsymbol{\sigma}=z\boldsymbol{D\chi}\tag{8-7}$$

式(8-5)～式(8-7)表达了应变、应力与挠度的关系。在小挠度(小变形)情况下，χ_x，χ_y 表示薄板弯曲在 x 方向及 y 方向的曲率，χ_{xy} 则为板弯曲时的扭率，它们完全确定了板内任一点的形变分量。式(8-6)表示了薄板形变(应变)与薄板位移(挠度)之间的关系，因而也就是“薄板弯曲问题的几何方程”。

2. 内力与应力、内力与挠度的关系

为考察薄板弯曲时内力与挠度、内力与应力间的关系，现从薄板中取出一个尺寸为 $t\mathrm{d}x\mathrm{d}y$ 的微小单元体，如图 8-2 所示。

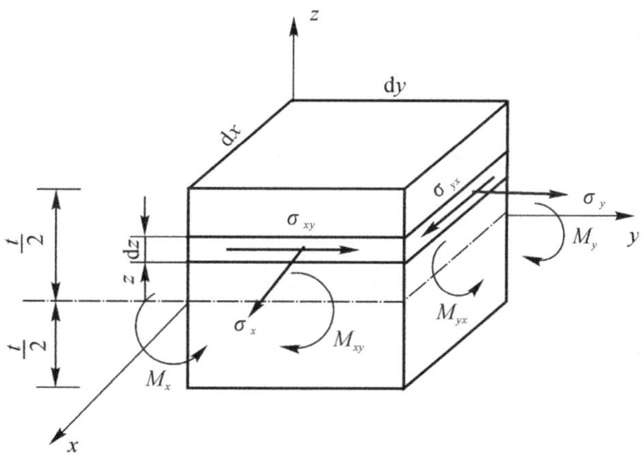

图 8-2　薄板单元体内力与应力关系图

根据上述的薄板弯曲的应力特征知：在垂直于 x 轴的截面上有正应力 σ_x 和剪应力 σ_{xy}。由式(8-7)可知，各应力分量沿 z 轴呈线性变化，在中面处($z=0$)应力为零。因此，正应力 σ_x 构成在该截面上的弯矩 M_x，剪应力 σ_{xy} 则构成在该截面上的扭矩 M_{xy}。通过对应力分量 σ_x 与 σ_{xy} 对 z 轴的积分，则可得到在该截面上的内力为

$$M_x=\int_{-\frac{t}{2}}^{\frac{t}{2}} z\sigma_x\mathrm{d}z=-\frac{Et^3}{12(1-\mu^2)}\left(\frac{\partial^2 w}{\partial x^2}+\mu\frac{\partial^2 w}{\partial y^2}\right)$$

$$M_{xy}=\int_{-\frac{t}{2}}^{\frac{t}{2}} z\sigma_{xy}\mathrm{d}z=-\frac{Et^3}{12(1+\mu^2)}\left(\frac{\partial^2 w}{\partial x\partial y}\right)$$

同理，在垂直于 y 轴的截面上，有正应力 σ_y 及剪应力 σ_{yx}，它们也构成了在该截面上的弯矩 M_x 及扭矩 M_{yx}，并有

$$M_y=\int_{-\frac{t}{2}}^{\frac{t}{2}} z\sigma_y\mathrm{d}z=-\frac{Et^3}{12(1-\mu^2)}\left(\mu\frac{\partial^2 w}{\partial x^2}+\mu\frac{\partial^2 w}{\partial y^2}\right)$$

由剪力互等定律可知 $\sigma_{xy}=\sigma_{yx}$，因此，有 $M_{xy}=M_{yx}$。把上述三个独立的内力，写成矩阵形式，有

$$\begin{bmatrix} M_x \\ M_y \\ M_{xy} \end{bmatrix}=\frac{Et^3}{12(1-\mu^2)}\begin{bmatrix} 1 & \mu & 0 \\ \mu & 1 & 0 \\ 0 & 0 & \frac{1-\mu}{2} \end{bmatrix}\begin{bmatrix} -\frac{\partial^2 w}{\partial x^2} \\ -\frac{\partial^2 w}{\partial y^2} \\ -2\frac{\partial^2 w}{\partial x\partial y} \end{bmatrix}$$

简写为

$$\boldsymbol{M}=\boldsymbol{D}_{pb}\boldsymbol{\chi}=\frac{t^3}{12}\boldsymbol{D}\boldsymbol{\chi} \tag{8-8}$$

式中，$\boldsymbol{D}_{pb}$ 为薄板弯曲问题的弹性矩阵，加注一个下标 pb 用来区别于平面应力问题的弹性矩阵 $\boldsymbol{D}$。二者相差是 $\frac{t^3}{12}$ 倍。式(8-8)即为“薄板弯曲问题物理方程”。它建立了薄板内力和薄板的挠度之间的物理关系。

由式(8-8)可得

$$\boldsymbol{\chi}=\boldsymbol{D}_{pb}^{-1}\boldsymbol{M}=\frac{12}{t^3}\boldsymbol{D}^{-1}\boldsymbol{M}$$

将它代入式(8-7)中则有

$$\boldsymbol{\sigma}=z\boldsymbol{D}\boldsymbol{\chi}=\frac{12}{t^3}z\boldsymbol{D}\boldsymbol{D}^{-1}\boldsymbol{M}$$

故有

$$\boldsymbol{\sigma}=\frac{12}{t^3}z\boldsymbol{M} \tag{8-9}$$

把上式写成展开的形式，为

$$\begin{bmatrix} \sigma_x \\ \sigma_y \\ \sigma_{xy} \end{bmatrix}=\frac{12}{t^3}z\begin{bmatrix} M_x \\ M_y \\ M_{xy} \end{bmatrix}$$

它表示出薄板弯曲问题的应力和内力之间的关系。由上述可知，板弯曲问题基本未知量为挠度 w，一旦 w 为已知，板的内力、应力皆可求得。

8.2 薄板弯曲问题离散化及矩形单元

薄板弯曲问题有限元分析时，是以三角形或四边形的薄板单元进行离散化。由前面的讨论可知，在横向荷载作用下，薄板主要是承受弯矩及扭矩。板内任一点的变形(位移)，主要由

弯曲引起挠度以及相对于 x，y 轴的转角位移。因此，薄板弯曲单元的节点位移为一个线位移(挠度 w) 和两个角位移(绕 x 轴的转角 θ_x 及绕 y 轴的转角 θ_y)。线位移规定为沿 z 轴正方向为正，转角位移则以右手螺旋法则规定其正负。

如图 8－3 所示为薄板离散化网格及单元节点位移(正向)。对任一节点 i 的位移，可记为：w_i，θ_{xi}，θ_{yi}，注意到转角与挠度之间存在有如下关系：

$$\theta_x = \frac{\partial w}{\partial y}, \qquad \theta_y = \frac{\partial w}{\partial x} \tag{8-10}$$

在建立单元位移函数时，这一关系是十分重要的。

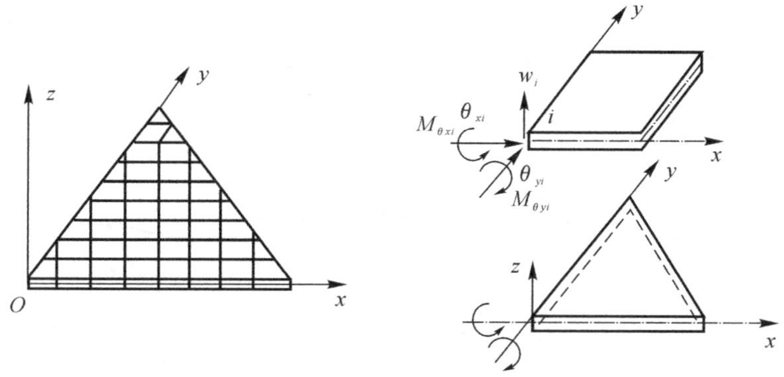

图 8－3　薄板离散化及板单元

一、矩形单元的位移函数

由前面的讨论可知，薄板弯曲问题的基本未知量为沿 z 轴方向的位移，即挠度 w 以及其在 x 及 y 方向的一阶偏导数。故任一节点的位移可记为

$$\boldsymbol{u}_i = \begin{bmatrix} w_i \\ \theta_{xi} \\ \theta_{yi} \end{bmatrix} = \begin{bmatrix} w_i \\ \left(\dfrac{\partial w_i}{\partial y}\right) \\ -\left(\dfrac{\partial w_i}{\partial x}\right) \end{bmatrix} \quad (i=1,2,3,4) \tag{8-11}$$

如前所述，竖向位移 w 仅为 x，y 的函数，不沿 z 轴方向变化，故可以把挠度 w 假定为 x，y 的代数多项式形式。板单元为 4 节点，每一个节点有三个位移分量，共 12 个位移分量，故可以把位移函数假定为有 12 个待定系数的代数多项式，即

$$\begin{aligned} w = {} & \alpha_1 + \alpha_2 x + \alpha_3 y + \alpha_4 x^2 + \alpha_5 xy + \alpha_6 y^2 + \alpha_7 x^3 + \\ & \alpha_8 x^2 y + \alpha_9 xy^2 + \alpha_{10} y^3 + \alpha_{11} x^3 y + \alpha_{12} xy^3 \end{aligned}$$

而 θ_x，θ_y，由关系式(8－10) 可知，直接由上述多项式求导得到。我们也可以令 $\xi = \dfrac{x}{a}$，$\eta = \dfrac{y}{b}$，而引入自然坐标系，则有

$$\begin{aligned} w = {} & \alpha_1 + \alpha_2 \xi + \alpha_3 \eta + \alpha_4 \xi^2 + \alpha_5 \xi\eta + \alpha_6 \eta^2 + \alpha_7 \xi^3 + \\ & \alpha_8 \xi^2 \eta + \alpha_9 \xi\eta^2 + \alpha_{10} \eta^3 + \alpha_{11} \xi^3 \eta + \alpha_{12} \xi\eta^3 \end{aligned} \tag{8-12a}$$

$$\theta_x=\frac{\partial w}{\partial y}=\frac{\partial w}{b\partial\eta}=$$

$$\frac{1}{b}(\alpha_3+\alpha_5\xi+2\alpha_6\eta+\alpha_8\xi^2+2\alpha_9\xi\eta+3\alpha_{10}\eta^2+\alpha_{11}\eta^3+3\alpha_{12}\xi\eta^2) \quad (8-12\mathrm{b})$$

$$\theta_y=-\frac{\partial w}{\partial x}=\frac{\partial w}{a\partial\xi}=$$

$$\frac{1}{a}(\alpha_2+2\alpha_4\xi+\alpha_5\eta+3\alpha_7\xi^2+2\alpha_8\xi\eta+\alpha_9\eta^2+3\alpha_{11}\xi^2\eta+\alpha_{12}\eta^2) \quad (8-12\mathrm{c})$$

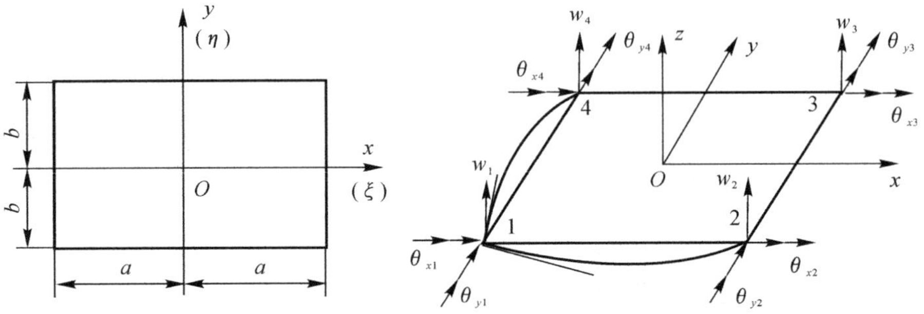

图 8-4　薄板弯曲的矩单元

将矩形单元四个节点的坐标值及节点位移分量代入式(8-12a、b、c)，可得到12个方程，联立求解即可得到12个待定系数$\alpha_1\sim\alpha_{12}$。再把$\alpha_1\sim\alpha_{12}$回代入(8-12a、b、c)经整理后即可得到以形函数及单元节点位移分量表示的位移函数，即

$$w=\sum_{i=1}^{4}(N_i w_i+N_{xi}\theta_{xi}+N_{yi}\theta_{yi})=\sum_{i=1}^{4}\boldsymbol{N}_i\boldsymbol{u}_{ei} \quad (8-12\mathrm{d})$$

其中，$\boldsymbol{N}_i=[N_i \quad N_{xi} \quad N_{yi}]$

$$\left.\begin{aligned}N_i&=\frac{1}{8}(1+\xi_0)(1+\eta_0)(2+\xi_0+\eta_0-\xi^2-\eta^2)\\N_{xi}&=-\frac{b}{8}\eta_i(1+\xi_0)(1+\eta_0)(1-\eta^2)\\N_{yi}&=\frac{a}{8}\xi_i(1+\xi_0)(1+\eta_0)(1-\xi^2)\\&(i=1,2,3,4)\end{aligned}\right\} \quad (8-13)$$

式中，$\xi_0=\xi_i\xi$，$\eta_0=\eta\eta_i$。

事实上，上述插值函数(形函数)也可以通过一阶赫米特插值得到。这里不再作进一步的阐述。

由式(8-1)～式(8-3)及式(8-10)可以看出，整个薄板弯曲问题的位移完全由薄板中面的挠度w所决定，中面各点无x，y方向的位移(基本假定(3))。因此薄板可能产生的位移就只有沿z方向的线位移和绕x，y轴方向的转动位移。所选取的位移模式(见式(8-12d))的中间三项即反映了这三种刚体位移。再由式(8-5)可以看出，板内各点的应变完全由挠度w的三个二阶导数所决定。若这三个二阶导数不随坐标而变化则显示了板单元的常应变状态。位移模式中的第四、五、六项则反映了常应变状态。因此，由式(8-12d)作为位移函数，包含了单元体的刚体位移及常应变状态。该矩形单元能满足在单元之间连续性和完备性(收敛性)的要求。

对于板弯曲问题不仅要求位移 w 及转角 θ_x，θ_y 在单元间的连续性，还要求其在单元边界上法向导数$\left(\frac{\partial w}{\partial n}\right)$是连续的。由于在单元边界上的法向导数是 x（或 y）的三次多项式，因而，上述位移模式不能满足在单元边界法线方向的偏导数（挠度的斜率）是连续的。因此，这种单元实为一种不完全协调（连续）单元。

二、矩形单元的刚度矩阵

板弯曲问题单元刚度矩阵仍可由能量原理（或虚功原理）导出的基本公式给出。由第 3 章的讨论已知，应变能 U 可表示为应力在相应的应变上的做功。在离散的情况下，一个单元体的应变能可表示为

$$U_e=\iiint \boldsymbol{\varepsilon}_e^{\mathrm{T}}\boldsymbol{\sigma}_e\mathrm{d}x\mathrm{d}y\mathrm{d}z=\iiint \boldsymbol{\varepsilon}_e^{\mathrm{T}}\boldsymbol{D}\boldsymbol{\varepsilon}_e\mathrm{d}x\mathrm{d}y\mathrm{d}z$$

对于薄板弯曲问题，单元体的应变能也可表示为单元内力在相应的变位（位移）上的做功，利用应变与挠度之间的关系 $\boldsymbol{\varepsilon}=z\boldsymbol{\chi}$ 及内力与挠度的关系 $\boldsymbol{\sigma}=z\boldsymbol{D\chi}$，则可导出薄板弯曲问题的应变能公式为

$$U_e=\iint \boldsymbol{\chi}^{\mathrm{T}}\boldsymbol{D}_{pb}\boldsymbol{\chi}\,\mathrm{d}x\mathrm{d}y \tag{8-14}$$

把式（8－12d）表示的位移函数（$w=\boldsymbol{N}_i\boldsymbol{u}_e$）代入式（8－5）中，则有

$$\boldsymbol{\chi}=\left[-\frac{\partial^2\boldsymbol{N}_i}{\partial x^2}\quad-\frac{\partial^2\boldsymbol{N}_i}{\partial y^2}\quad-2\frac{\partial^2\boldsymbol{N}_i}{\partial x\partial y}\right]^{\mathrm{T}}\boldsymbol{u}_e$$

令

$$\boldsymbol{B}=\left[-\frac{\partial^2\boldsymbol{N}_i}{\partial x^2}\quad-\frac{\partial^2\boldsymbol{N}_i}{\partial y^2}\quad-2\frac{\partial^2\boldsymbol{N}_i}{\partial x\partial y}\right]^{\mathrm{T}}=[B_1\quad B_2\quad B_3\quad B_4] \tag{8-15}$$

则有

$$\boldsymbol{\chi}=\boldsymbol{B}\boldsymbol{u}_e$$

变形能为

$$U_e=\iint \boldsymbol{u}_e^{\mathrm{T}}\boldsymbol{B}^{\mathrm{T}}\boldsymbol{D}_{pb}\boldsymbol{B}\boldsymbol{u}_e\mathrm{d}x\mathrm{d}y=\boldsymbol{u}_e^{\mathrm{T}}\iint \boldsymbol{B}^{\mathrm{T}}\boldsymbol{D}_{pb}\boldsymbol{B}\,\mathrm{d}x\mathrm{d}y\boldsymbol{u}_e=\boldsymbol{u}_e\boldsymbol{K}\boldsymbol{u}_e \tag{8-16}$$

其中，单元刚度矩阵为

$$\boldsymbol{K}=\iint \boldsymbol{B}^{\mathrm{T}}\boldsymbol{D}_{pb}\boldsymbol{B}\,\mathrm{d}x\mathrm{d}y=\frac{t^3}{12}\iint \boldsymbol{B}^{\mathrm{T}}\boldsymbol{D}\boldsymbol{B}\,\mathrm{d}x\mathrm{d}y \tag{8-17}$$

把式（8－13）表示的位移函数的形函数 $\boldsymbol{N}_i$ 代入式（8－15），并完成求导运算即可得到 $\boldsymbol{B}$ 矩阵的具体形式为

$$\boldsymbol{B}_i=-\begin{bmatrix}\dfrac{\partial^2\boldsymbol{N}_i}{\partial x^2}\\[2ex]\dfrac{\partial^2\boldsymbol{N}_i}{\partial y^2}\\[2ex]2\dfrac{\partial^2\boldsymbol{N}_i}{\partial x\partial y}\end{bmatrix}=-\begin{bmatrix}\dfrac{\frac{\partial^2\boldsymbol{N}_i}{\partial \xi^2}}{a^2}\\[2ex]\dfrac{\frac{\partial^2\boldsymbol{N}_i}{\partial \eta^2}}{b^2}\\[2ex]\dfrac{\frac{\partial^2\boldsymbol{N}_i}{\partial \xi\partial\eta}}{ab}\end{bmatrix}=-\frac{1}{ab}\begin{bmatrix}\dfrac{b}{a}\dfrac{\partial^2\boldsymbol{N}_i}{\partial x^2}\\[2ex]\dfrac{a}{b}\dfrac{\partial^2\boldsymbol{N}_i}{\partial y^2}\\[2ex]2\dfrac{\partial^2\boldsymbol{N}_i}{\partial x\partial y}\end{bmatrix}\quad(i=1,2,3,4)$$

注意，这里的 $\boldsymbol{N}_i=[N_i\quad N_{xi}\quad N_{yi}]$

把式(8－13) 给出的 N_i 代入即可求出 $\boldsymbol{B}_i$ 的具体形式为

$$\boldsymbol{B}_i=\frac{-1}{4ab}\begin{bmatrix} 3\,\dfrac{b}{a}\xi_0(1+\xi_0) & 0 & b\xi_i(1+3\xi_0)(1+\eta_0) \\ 3\,\dfrac{a}{b}\eta_0(1+\eta_0) & -a\eta_i(1+\xi_0)(1+3\eta_0) & 0 \\ \xi_i\eta_i(3\xi^2+3\eta^2) & -b\xi_i(3\eta^2+2\eta_0-1) & a\eta_i(3\xi^2+2\xi_0-1) \end{bmatrix}$$

$$(i=1,2,3,4) \qquad (8-18)$$

利用式(8－17)，注意到前面引入自然坐标时曾令 $\xi=\dfrac{x}{a}$，$\eta=\dfrac{y}{b}$，故有 $\mathrm{d}x=a\mathrm{d}\xi$，$\mathrm{d}y=b\mathrm{d}\eta$，则单元刚度矩阵可转化为对 ξ，η 的积分，于是有

$$\boldsymbol{K}_{ij}=\int_{-1}^{1}\int_{-1}^{1}\boldsymbol{B}_i^{\mathrm{T}}\boldsymbol{D}_{pb}\boldsymbol{B}_j ab\,\mathrm{d}\xi\mathrm{d}\eta=\frac{t^3}{12}\int_{-1}^{1}\int_{-1}^{1}\boldsymbol{B}_i^{\mathrm{T}}\boldsymbol{D}\boldsymbol{B}_j ab\,\mathrm{d}\xi\mathrm{d}\eta \qquad (8-19)$$

单元刚度矩阵的积分这时仍可以利用以前介绍的高斯积分法来完成。此外，把式(8－8) 决定的板弯曲问题的弹性矩阵及式(8－18) 的"几何矩阵"$\boldsymbol{B}_i$ 代入式(8－19)，并完成积分运算也可以导出其显式。

三、矩形单元等效节点力

与单元的节点位移相对应，单元节点力可以用如下列阵表示：

$$\boldsymbol{P}_e=[Z_1 \quad T_{x1} \quad T_{y1} \quad Z_2 \quad T_{x2} \quad T_{y2} \quad Z_3 \quad T_{x3} \quad T_{y3} \quad Z_4 \quad T_{x4} \quad T_{y4}]^{\mathrm{T}}$$

节点力包含：在节点的法向力 Z 和相对于 x 轴及 y 轴的力矩 T_x 及 T_y，(见图 8－5)。板弯曲问题的外荷载可有两种形式：集中力和分布力。它们都须转化为等效节点力。

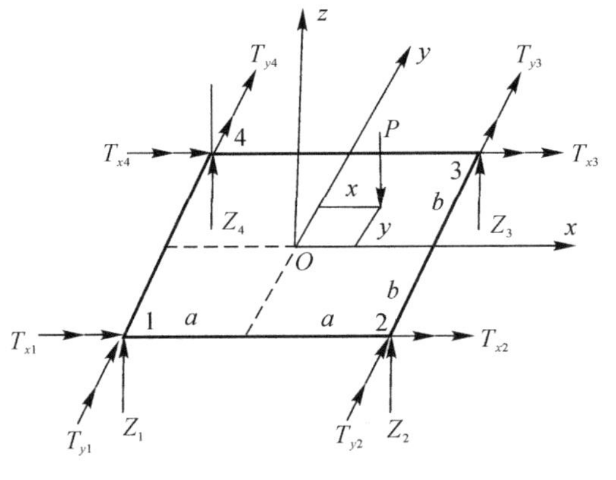

图 8－5　薄板弯曲问题等效节点力

1. 集中力的等效节点力

设在板上任一点 $C(x,y)$，作用有一法向集中力 P。其等效节点力同样可由虚功原理导出，即外力在任意微小虚位移上的做功应等于相应的节点力在同一虚位移上的做功。由此可得

$$\boldsymbol{P}_e=\boldsymbol{N}^{\mathrm{T}}P$$

这里 P 只是一个单独的法向集中力，不再是一个列阵。在对薄板进行离散化时，通常注意使集中力作用点尽量处在单元的中心处，即使稍有偏差，由于一般单元很小(同整个平板相比)，也可近似地认为作用点在中心。当作用在单元中心点时，由局部坐标 $x=0$，$y=0$ 或者

$(\xi=0,\eta=0)$，代入插值函数 $\boldsymbol{N}^{\mathrm{T}}$ 可得

$$\boldsymbol{P}_e=P\begin{bmatrix}\frac{1}{4} & \frac{b}{8} & -\frac{a}{8} & \frac{1}{4} & \frac{b}{8} & \frac{a}{8} & \frac{1}{4} & \frac{-b}{8} & \frac{a}{8} & \frac{1}{4} & \frac{-b}{8} & -\frac{a}{8}\end{bmatrix}^{\mathrm{T}} \tag{8-20}$$

2. 法向分布荷载

利用已导出的一般化公式，若薄板单元受有垂直板面分布荷载作用 $q(x,y)$，则单元的等效荷载列阵为

$$\boldsymbol{P}_e=\int_{-1}^{1}\int_{-1}^{1}q\boldsymbol{N}^{\mathrm{T}}ab\,\mathrm{d}\xi\mathrm{d}\eta$$

完成上述积分仍可利用数值积分。

当均匀分布荷载 $q=q_0$ 时，则把 $\boldsymbol{N}$ 及 q_0 代入上式可导出其显式。其中任一子块 i 可记为

$$\boldsymbol{P}_{ei}=\begin{bmatrix}q_0ab & -\frac{q_0ab^2}{3}\eta_i & \frac{q_0a^2b}{3}\xi_i\end{bmatrix}^{\mathrm{T}}\quad(i=1,2,3,4) \tag{8-21}$$

四、内力计算及应力计算

完成有限元求解，即得到各节点的位移分量 $\{w_i\quad\theta_{xi}\quad\theta_{yi}\}$。由此即可按式(8-8)及式(8-9)计算在单元体内任一点处的内力及应力。由式(8-8)

$$\boldsymbol{M}=\frac{t^3}{12}\boldsymbol{D}\boldsymbol{\chi}$$

要求得 $\boldsymbol{M}$ 必须先求得 $\boldsymbol{\chi}$，由式(8-5)可知

$$\boldsymbol{\chi}=\begin{bmatrix}-\dfrac{\partial^2 w}{\partial w^2}\\ -\dfrac{\partial^2 w}{\partial y^2}\\ -2\dfrac{\partial^2 w}{\partial x\partial y}\end{bmatrix}=\sum_{i=1}^{4}\boldsymbol{B}_i\boldsymbol{U}_e$$

故有

$$\boldsymbol{M}=\frac{t^3}{12}\boldsymbol{D}\boldsymbol{\chi}=\frac{t^3}{12}\boldsymbol{D}\sum_{i=1}^{4}\boldsymbol{B}_i\boldsymbol{u}_e$$

应力

$$\boldsymbol{\sigma}=\frac{12}{t^3}Z\boldsymbol{M}$$

板弯曲时最大应力发生在板面，即 $\pm\dfrac{t}{2}$ 处。故有

$$\boldsymbol{\sigma}_{z=\pm\frac{1}{2}}=\pm\frac{6}{t^2}\boldsymbol{M}$$

当板面上作用的荷载与板面斜交时，这时可以把荷载分解为垂直于板面(法向)及作用在平行板面的板中面上的两个分量。显然，作用在板中面且平行于板面的分量，不会引起板弯曲，它相当于平面应力问题的状态，可按平面应力问题计算，而垂直于板面的分量仍按上述的板弯曲问题计算。此时板内的应力是上述两种状态计算结果的叠加，即

$$\sigma_x=\sigma_x^p+\sigma_x^b$$
$$\sigma_y=\sigma_y^p+\sigma_y^b$$
$$\sigma_{xy}=\sigma_{xy}^p+\sigma_{xy}^b$$

式中，上标 p 表示平面应力问题的应力，上标 b 表示板弯曲问题的应力。

思考及练习题

1. 什么是薄板弯曲问题？薄板弯曲问题中采用哪些基本假定？

2. 薄板弯曲问题分析的基本物理量有哪些？薄板弯曲问题的几何方程、物理方程与平面问题有何异同？

3. 薄板弯曲问题有限元分析时，单元节点的基本位移分量有哪些？

4. 试求解四边固定的正方形板(见习题图 8－1)。板长为 l，厚度为 t，泊松比为 μ，板面上受均布荷载 q_0。

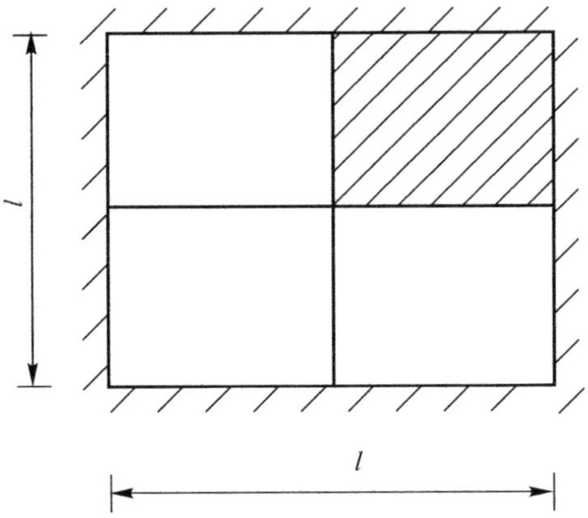

习题图 8－1

5. 某圆柱壳屋面如习题图 8－2 所示，厚度 0.15 m，拱的半径为 20.0 m，长度为 36 m，半圆心角为 30°，侧向长边方向铰支，曲边自由，密度为 2 500 kg/m³，弹性模量 $E=3.0\times104$ MPa、泊松比 $\mu=0.2$。求其在 0.15 MPa 的法向均布荷载、重力作用下的内力及变形。

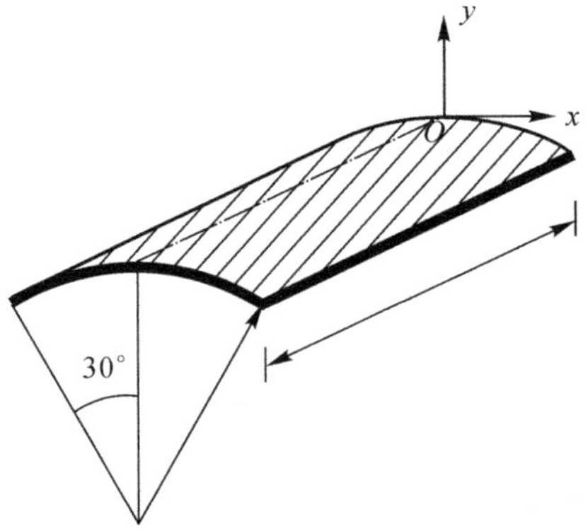

习题图 8－2

第 9 章　非线性问题有限单元法

9.1　非线性问题综述

前述各章讲述了线性弹性力学问题有限单元法。线弹性问题的特点是，应力-应变关系是线性的，材料是完全弹性的。通过离散化处理最终导出一组线性的有限元代数方程组。事实上，固体力学中的所有现象都应是非线性的。只有在一定的特殊情况下，为使问题得到合理的简化，引入线性和完全弹性的假定，按照线性弹性问题来求解，从而使计算得以简化，并能得到满足工程要求的计算精确度。然而，工程中遇到的许多问题，不适宜用线性弹性理论的方法来分析，必须用非线性的理论来解决。

工程中的非线性问题通常可分为两大类：一类为几何非线性，另一类为材料非线性。

几何非线性，可以认为是由于结构几何形态导致的非线性特性。亦即由于结构的几何刚度导致的荷载与位移之间的非线性特性。通常指大位移和大变形(大应变）这两种情况。所谓“大位移”指的是在结构刚度不足的情况下，荷载作用下产生大的位移。这时结构内部的应变仍是很微小的。在弹性力学中的小应变假定仍成立。所谓大应变是指材料的弹性刚度不足而导致产生较大的位移和应变。这种情况通常出现在某些特殊材料(橡胶、塑料等）的情况下或者当材料产生很大的塑性变形时。

无论是大位移或是大应变都将会导致结构丧失稳定而破坏，因而，在实际的工程结构中都是不允许的。工程中最常遇到的几何非线性问题，主要是大位移问题。大应变问题则出现于某些新材料的应用。至于同时产生大位移和大应变则较少见。

材料非线性问题，则是指材料本身所固有的应力-应变的非线性，它属于材料本身的物理特性。材料非线性问题也包括两类情况，即一为非线性弹性问题，二为非线性弹塑性问题。例如岩石、土体、塑料、橡胶等在弹性限度内即为非线性弹性体。亦就是说即使在弹性阶段，它们的应力-应变关系也是非线性的，如图 9－1(a) 所示。对于第二类非线性弹塑性问题。是指在材料应力超过其屈服极限(或弹性极限）后，呈现应力-应变的非线性关系。并且产生了不可逆的塑性变形(残余变形）。

这两类材料非线性问题，在单纯的加载过程中本质上是相同的。只要能给出其非线性物理方程，在计算方法上是一致的。然而，在卸载过程中，或重复加、卸载的过程中却有很大不同。非线性弹性是可逆的，即卸载之后会完全恢复到加载前的状态，无残余变形(见图 9－1(a))。而弹塑性问题，仅只在弹性阶段是可逆的，在塑性阶段是不可逆的，加载与卸载沿着不同的路径(见图 9－1(b))。

对于几何非线性问题和材料非线性问题，有限元分析中的处理方法也是不同的。特别是对于双重非线性问题(混合非线性问题）则要复杂得多。本章主要讨论在小应变情况下的两类非线性问题。亦就是说，在这种情况下，经典弹性理论中表述应变与位移关系的几何方程仍是适用的。

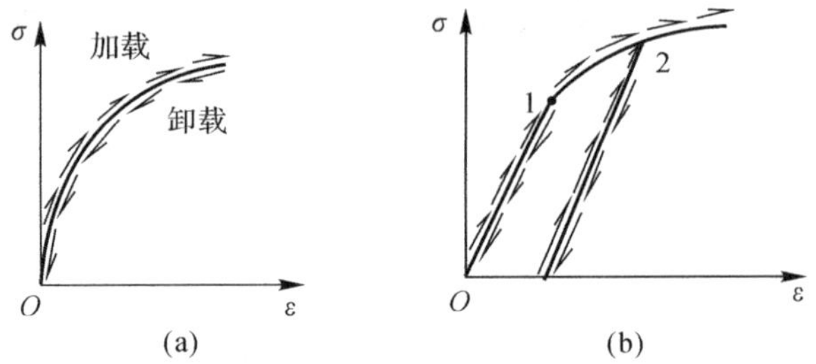

图 9－1　非线性弹性和弹塑性的特性比较

(a) 非线弹性；(b) 弹塑性非线性

9.2　非线性分析的基本方法

非线性问题有限元分析是以线性问题分析方法为基础，通过逐步的迭代运算来逼近非线性解。其基本解法是熟知的牛顿-拉斐逊法及其各种修正(改进)方法。现分述如下：

一、牛顿-拉斐逊法(Newton－Raphson 法)

牛顿-拉斐逊法又叫 N－R 法。用于求解有限元法非线性问题的 N－R 法是以非线性 $P-U$(或 $\sigma-\varepsilon$) 曲线的切线刚度代入总体方程进行迭代求解的。此时可以把有限元法基本方程写成如下形式：

$$\boldsymbol{K}_{\mathrm{T}}\boldsymbol{U}=\boldsymbol{R}$$

式中，$\boldsymbol{K}_{\mathrm{T}}=\boldsymbol{KU}$ 它是随非线性位移而变化的切线刚度矩阵。初始求解是以初始刚度 $\boldsymbol{K}_0$ 在荷载 $\boldsymbol{R}$ 作用下按线弹性求解得到初始的位移及相应的应变及应力。以当前的变形(位移)状态对应的新的切线刚度和系统的不平衡力代入总体方程进行下一次迭代，如此重复进行迭代，直至前后两次迭代结果充分接近(其误差小于允许值)为止。其迭代过程可如图 9－2 所示。

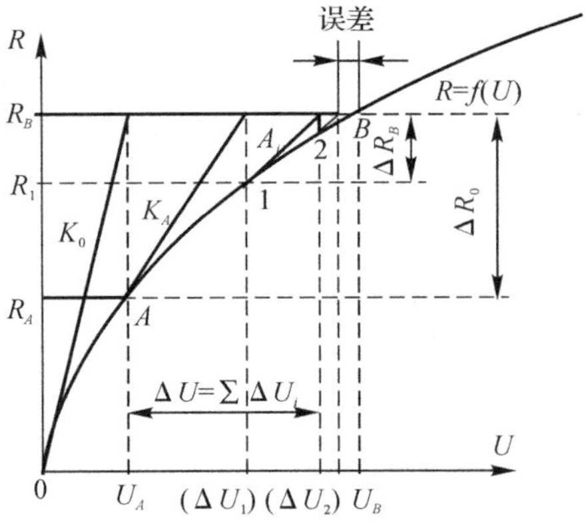

图 9－2　N－R 法

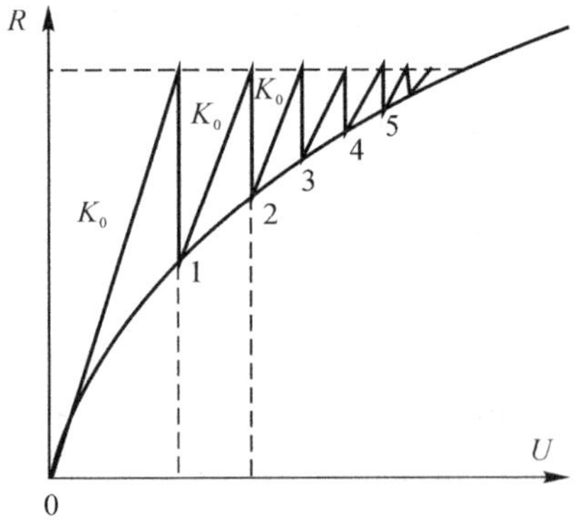

图 9－3　修正 N－R 法

在线性问题求解时，结构总体刚度为一常量矩阵，可以一次求解得到 U。非线性问题中总体刚度矩阵 $\boldsymbol{K}_T$ 是随着变量 $\boldsymbol{U}$(或 $\boldsymbol{\varepsilon}$、或 $\boldsymbol{\sigma}$) 而变化的，因而必须迭代求解。

迭代法实际上即数学中求解代数超越方程的牛顿-拉斐逊法。我们先以一个简单的单一自由度的系统来说明基本概念。设有方程 $R=f(U)$，假定 R 由 R_A 增至 R_B(见图 9-2)，求与之对应的 U_B。作为近似解我们可写出 $R=f(U)$ 在 A 点的泰勒级数展开式，且略去其高阶项只保留其一阶项，则有

$$f(U_A+\Delta U)=f(U_A)+(\Delta U)\left(\frac{\mathrm{d}R}{\mathrm{d}U}\right)_A \tag{9-1}$$

式中，导数项$\left(\frac{\mathrm{d}R}{\mathrm{d}U}\right)$即曲线 A 点的斜率，以 K_A 表示之。我们现在要求解的是找出一个满足 $f(U_A+\Delta U)=R_B$ 的正确的 ΔU 值。由于已经有了 $f(U_A)=R_A$(见图 9-2)，故式(9-1) 这时可改写为

$$f(U_A+\Delta U)=R_A+K_A(\Delta U)$$

又由于 $f(U_A+\Delta U)$ 对应于 R_B，故有

$$R_B=R_A+K_A(\Delta U)\qquad 或 \qquad K_A(\Delta U)=R_B-R_A=\Delta R \tag{9-2}$$

由于我们只保留了一阶项而截去了泰勒级数的所有高阶项，即采用其一阶展开式。因而，ΔU 是较为粗略的一个估计值(一阶近次值)。由图 9-2 可以看出此时所得的 ΔU 只是 ΔU_1，与此对应的只是 R_1，它远小于 R_B。为了得到更接近于正确解的 $\Delta U(=U_B-U_A)$ 值，这时须以点 1 为基点再按上述解法作一次修正。即

$$K_1(\Delta U_2)=R_B-R_l$$

求得二次修正量 ΔU_2，如此重复迭代，直至得到满足要求的精度为止。这种逐次迭代的计算格式可以一般地表示成如下的形式。即

第 i 次迭代　　$K_{i-1}(\Delta U_i)=(R_B-R_i)$

或者　　$K_{i-1}(\Delta U_i)=\Delta R_i$

经过 i 次迭代后为　　$U_i=U_{i-1}+\Delta U_i$　　(9-3)

终止迭代的条件是

$$|\Delta U_i|\leqslant \mathrm{eps1}\qquad 或 \qquad |U_i-U_{i-1}|\leqslant \mathrm{eps1}$$

即迭代误差少于给定的允许误差 eps1。

对于二维或三维问题(多自由度系统) 上述公式可改写为如下矩阵形式：

$$\left.\begin{aligned}\boldsymbol{K}_{i-1}\Delta\boldsymbol{U}_i&=\Delta\boldsymbol{R}_i\\ \boldsymbol{U}_i&=\boldsymbol{U}_{i-1}+\Delta\boldsymbol{U}_i\end{aligned}\right\} \tag{9-4}$$

二、修正 N-R 法

从图 9-2 及上述求解公式可以看出，N-R 迭代法在每次迭代计算中都必须按非线性的特性形成新的切线刚度矩阵，重新进行一次完整的有限元计算。这就使得每次的迭代修正要耗费很长的计算机时，因而求解时间长，计算效率低。改进方法之一是，在每次迭代计算中都保持初始刚度不变，仅采用修正荷载计算每一步修正位移增量。其迭代方式见图 9-3。此时，每一步迭代计算的公式(9-4)，可以改为如下形式：

$$\left.\begin{aligned}\boldsymbol{K}_0\Delta\boldsymbol{U}_i&=\Delta\boldsymbol{R}_i\\ \boldsymbol{U}_i&=\boldsymbol{U}_{i-1}+\Delta\boldsymbol{U}_i\end{aligned}\right\} \tag{9-5}$$

这种改进 N－R 法的方法可称为常刚度迭代法。这种方法从始至终采用不变的初始刚度矩阵 $\boldsymbol{K}_0$，因而在以后的每一次迭代计算中都无须再重新生成切线刚度矩阵，从而节省了大量的计算时间。由于单元刚度矩阵生成及总刚度矩阵组集，三角化分解几乎占用有限元计算时间的 80％ 以上。因此，尽管迭代次数会因此增加，其节省的时间仍是十分显著的。

三、增量荷载法

增量荷载法是基于对曲线的分段线性的基本概念。对于 $R-U$（或 $\sigma-\varepsilon$）的非线性关系，可以把荷载分为若干个微小的增量 ΔR，逐级地施加于结构。每一级荷载增量的范围内可以近似地视为线性。各级荷载增量的大小可以相等，也可以不相等。而总的荷载为 $\boldsymbol{R}=\sum_{i=1}^{m}\Delta\boldsymbol{R}_i$（$m$ 为划分的荷载增量数目）。具体实施步骤，自第一级增量至最后一级增量，逐一地施加于结构，按线弹性求解，得到 $\Delta\boldsymbol{U}_i$。按当前求解的结果求得新的切线刚度、组成新的 $\boldsymbol{K}_{Ti}$。再施加下一级荷载 $\Delta\boldsymbol{R}_{i+1}$ 进行求解。如此继续直到最后一级荷载施加完成，其迭代公式可以写为

$$\left.\begin{aligned}\boldsymbol{K}_{T,i-1}\Delta\boldsymbol{U}_i&=\Delta\boldsymbol{R}_i\\\boldsymbol{U}_i&=\boldsymbol{U}_{i-1}+\Delta\boldsymbol{U}_i\end{aligned}\right\}\tag{9-6}$$

这种方法实际上也属 N－R 法的一种修正，只是以增量加载的方式取代全量加载。同时，每一级计算中只作一次 N－R 法的修改而不进行迭代。由上述可知，增量荷载法最终的误差是由各级加载的计算误差的累积结果（见图 9－4）。为减小误差就要求把增量 $\Delta\boldsymbol{R}_i$ 划分得小一些。增量划分愈小，其误差也愈小。然而增量分级（段）愈多，求解次数也愈多，花费计算机机时也愈多。

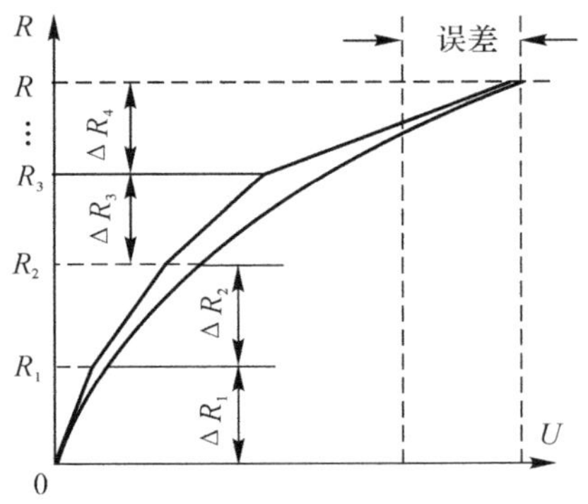

图 9－4　增量荷载法

四、增量-迭代法

如上所述增量法由于每一级加载的计算误差累积，使计算的最终误差较大，若把增量划分得很小，则会大大增加计算时间。并且每一级增量都要重新生成新的切线刚度矩阵也耗费时间。一种进一步改进的方法是把增量法与修正的 N－R 迭代法相结合。把荷载划分为若干微小的增量，如同增量法的处理方式一样，在施加每一级荷载时，采用修正 N－R 法进行迭代，至收敛至要求的精度后再施加下一级荷载，直至最后一级荷载增量计算完成（见图 9－5）。每一次迭代计算格式如下：

$$\left.\begin{aligned}\boldsymbol{K}\Delta\boldsymbol{U}_{i,j}&=\Delta\boldsymbol{R}_{i,j}\\\boldsymbol{U}_{i,j}&=\boldsymbol{U}_{i,j-1}+\Delta\boldsymbol{U}_{i,j}\end{aligned}\right\}\tag{9-7}$$

式中，$\Delta\boldsymbol{R}_{i,j}$—— 第 i 级荷载增量的第 j 次迭代的修正荷载。

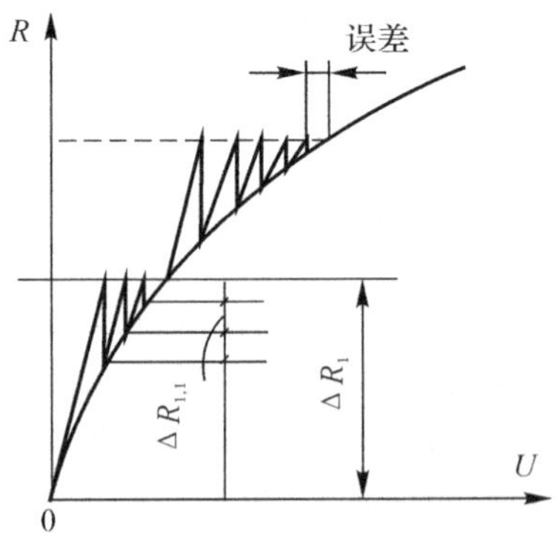

图 9－5　增量-迭代法

这种方法集增量法与修正 N－R 法（常刚度迭代法）的优点，既可以满足精度要求，又可以大大缩短非线性分析

的求解时间。因而是应用最广泛的方法之一。

9.3　材料非线性问题

材料非线性问题有限元分析包括非线性弹性、弹塑性、蠕变等问题。在处理非线性方面有很大的共性。本节主要以弹塑问题有限元分析为代表予以简略介绍。

一、弹塑性材料的特征

早在材料力学中已经进行过关于低碳钢的拉伸试验。其应力-应变关系如图 9－6(a) 所示。它可以说是一种最典型的弹塑性材料。其特点是在弹性极限内，其应力-应变关系呈线性(胡克定律)，应力超过屈服极限后，表现为理想塑性，出现一个屈服平台。此后，为塑性硬化阶段，表现为随着应力的增加应变更快的增加，$\sigma-\varepsilon$ 呈现出非线性特征。

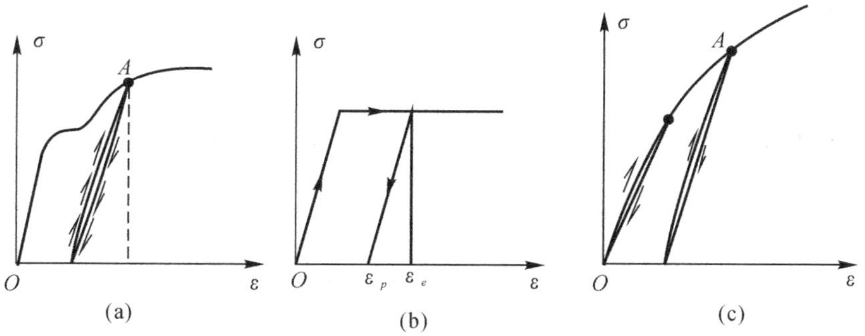

图 9－6　碳钢拉伸与理想塑性曲线

(a) 典型弹塑性；(b) 弹性-理想塑性；(c) 其他金属材料

在一般的工程结构中，不允许结构出现过大的变形，因而通常都把结构的工作应力控制在弹性限度之内。碳钢在达到屈服后出现明显的屈服平台，在这一阶段，应力不增加，而塑性变形继续增长。这种现象称之塑性流动，具有这种特性的材料即称为理想塑性材料。碳钢的弹性极限和屈服极限很接近，可以近似认为二者重合。又因为工程中把钢材的实用限于弹性阶段，因而，通常把低碳钢看做是一种弹性-理想塑性材料，如图 9－6(b) 所示。

对于高碳钢及其他金属材料和非金属材料，通常没有明显的屈服平台，超过弹性极限(屈服极限)后即呈现明显的强化和非线性的特征(图 9－6(c))。至于混凝土、岩石、土体之类的材料则表现出更为复杂的非线性特征和弹塑性特征。对这一些更深入的讨论，已远非本课程的任务。故不在此多述。

在单向应力状态下，弹性体的应力-应变成线性关系。即由胡克定律可给出，$\sigma=E\varepsilon$。这里 E 为一弹性常数称为弹性模量。在弹性阶段，若卸除荷载，则应变也随之消失，无残余变形。若在超过屈服限的 A 点卸载，则卸载曲线以从 A 点为起始点与原点处曲线斜率相同的斜线为卸载路途，并有一个残余的永久变形，即塑性应变 ε_p。若在卸载后重新加载，则应变几乎按原来卸载时相同的路径回复到 A 点。由此可以认为材料在经过超过其屈服点的加载 — 卸载 — 再加载的过程可以提高其屈服极限。并且，新屈服限高于 A 点且与在此之前的塑性变形 ε_p 有关。材料的这一特性称为塑性强化现象。

在材料达到屈服极限以后，应力-应变的线性关系已不成立。即应力-应变呈非线性特征，并与当前的塑性应变的发展（或者说应力水平）有关。

二、米赛斯屈服准则

对于简单的单向应力状态，材料的屈服极限，以及在某一荷载作用下，其应力是否超过屈服极限很容易直观地或通过简单的实验来判定得到。对于复杂的二向、三向应力状态，如何判别材料是否屈服，则需要引入“屈服准则”这一概念。屈服准则是用以判别在复杂应力状态下，材料是否发生屈服的判据。

米赛斯准则我们在材料力学中已经接触过，那时是作为强度理论之一出现的。因为通常情况下，材料一旦达到屈服，工程中即可认为“破坏”。在塑性理论中，我们要探讨的是在材料达到屈服以后的应力-应变特性和规律。因此，称之为屈服准则更合适。

在复杂应力状态下，米赛斯屈服准则认为：材料的形状改变变形能达到单向拉伸屈服时的变形能，材料即开始屈服。于是，有

$$\sqrt{\frac{1}{2}(\sigma_1-\sigma_2)^2+(\sigma_2-\sigma_3)^2+(\sigma_3-\sigma_1)^2}\leqslant\sigma_{\mathrm{T}} \tag{9-8}$$

式中，σ_{T} 单向拉伸时的屈服极限。

令

$$\bar{\sigma}=\sqrt{\frac{1}{2}(\sigma_1-\sigma_2)^2+(\sigma_2-\sigma_3)^2+(\sigma_3-\sigma_1)^2} \tag{9-9}$$

或

$$\bar{\sigma}=\frac{\sqrt{2}}{2}\sqrt{(\sigma_x-\sigma_y)^2+(\sigma_y-\sigma_z)^2+(\sigma_z-\sigma_x)^2+6(\sigma_{xy}^2+\sigma_{yz}^2+\sigma_{zx}^2)} \tag{9-10}$$

称 $\bar{\sigma}$ 为等效应力。于是米赛斯屈服条件又可记为

$$\bar{\sigma}=\sigma_T \tag{9-11}$$

由式(9-9)或式(9-10)可以看出，在单向应力状态下 $\bar{\sigma}=\sigma$，所谓“等效”也就是这个含义。对应于等效应力，我们定义等效应变为

$$\bar{\varepsilon}=\frac{\sqrt{2}}{2(1+\mu)}\sqrt{(\varepsilon_x-\varepsilon_y)^2+(\varepsilon_y-\varepsilon_z)^2+(\varepsilon_z-\varepsilon_x)^2+\frac{3}{2}(\varepsilon_{xy}^2+\varepsilon_{yz}^2+\varepsilon_{zx}^2)}=$$

$$\frac{\sqrt{2}}{2(1+\mu)}\sqrt{(\varepsilon_1-\varepsilon_2)^2+(\varepsilon_2-\varepsilon_3)^2+(\varepsilon_3-\varepsilon_1)^2}$$

现在我们来讨论材料达到屈服以后的情况，即前面所说的“塑性强化”（亦称应变强化）的规律。材料达到屈服限后进入弹塑性状态。假定荷载按微小的增量 Δp 的方式逐级加载。材料的应力和应变亦相应地增加一微小的增量，我们仍然以等效应力，等效应变的形式表示则有 $\mathrm{d}\bar{\sigma}$，$\mathrm{d}\bar{\varepsilon}$。若把应变看做是由弹性应变和塑性应变两部分组成则有 $\mathrm{d}\bar{\varepsilon}=\mathrm{d}\bar{\varepsilon}_e+\mathrm{d}\bar{\varepsilon}_p$，在塑性阶段有

$$\mathrm{d}\bar{\sigma}=H'\mathrm{d}\bar{\varepsilon}_p$$

式中，H' 是强化阶段 $\bar{\sigma}-\bar{\varepsilon}_p$ 的斜率，称之为材料的强化参数。

米赛斯屈服准则广泛应用于钢材及其他金属材料。它只是诸多早期提出的屈服准则之一。这里只是作为一个最简单的例子，用来介绍弹塑性分析有限单元法的有关求解方法。像混凝土、岩石、土等非金属材料具有比金属材料更复杂的非线性特性。针对这类材料的复杂特性，许多研究提出了多种适用于岩石或土体的屈服准则。材料强度理论或塑性本构模型长期以来一直是应用力学领域最为关注的课题之一。随着科学的发展和新实验技术的应用，人们

对材料的破坏机理有了更加深入的了解，加之许多研究者的不断努力，已有更多较为完善的理论提出并得到应用。有关强度理论和模型的更详细地了解，可参见相应的教科书或参考书，不在此一一列举。

三、应力、应变的增量表述

材料进入塑性状态后，由于非线性的特征，建立全量表示的应力应变关系是十分困难的。基于分段线性化的思想，考虑荷载的施加过程以及相应的应力、应变关系，采用微小增量的表述方式是最方便和适用的。基于增量形式来表述处于塑性阶段的应力-应变关系，塑性强化规律、塑性流动法则等非线性规律即通常称为塑性增量理论。在塑性力学中对增量理论有着系统而详细的论述。在本章的有限时间和篇幅内，无法对此作更多介绍。

在复杂的应力状态下，对应于微小荷载增量，应力和应变增量可分别记为 $\mathrm{d}\boldsymbol{\sigma}$，$\mathrm{d}\boldsymbol{\varepsilon}$。在材料达屈服极限后。应变增量可以分为两部分，即

$$\mathrm{d}\boldsymbol{\varepsilon} = \mathrm{d}\boldsymbol{\varepsilon}_e + \mathrm{d}\boldsymbol{\varepsilon}_p \tag{9-12}$$

式中，$\mathrm{d}\boldsymbol{\varepsilon}_e$—— 弹性应变增量；

$\mathrm{d}\boldsymbol{\varepsilon}_p$—— 塑性应变增量；

$\mathrm{d}\boldsymbol{\varepsilon}$—— 全应变增量。

在一个微小的增量范围内，可近似地把应力-应变视为线性的。则参照弹性力学的物理方程的关系。此时可以把应力增量与应变增量的关系表达成如下的增量形式：

$$\mathrm{d}\boldsymbol{\sigma} = \boldsymbol{D}_{ep}\,\mathrm{d}\boldsymbol{\varepsilon} \tag{9-13}$$

式中，$\boldsymbol{D}_{ep} = \boldsymbol{D} - \boldsymbol{D}_p$ 为通常称为弹塑性矩阵；$\boldsymbol{D}_p$ 为塑性矩阵，它实际上表明塑性导致的刚度变化。

塑性与弹塑性矩阵不仅与材料的弹性常数有关，也与当前所处的应力水平（即 $\boldsymbol{\sigma}$）、塑性特性以及所采用的屈服准则等有关。是一个随应力水平而变的矩阵。有关的理论推导，可见于有关塑性理论方面的书。对于某类材料按其适用的屈服准则，可以由塑性增量理论导出相应的 $\boldsymbol{D}_{ep}$ 的具体形式。

四、弹塑性问题的求解方法

在材料非线性问题中，弹塑性问题的求解具有代表性。鉴于上述对于塑性问题常以增量理论来建立基本公式，并且在前述的求解非线性问题的基本方法中，增量迭代法具有最好的收敛性和计算效率。因此，弹塑性问题求解也是采用增量迭代的方法。按其实施方式的不同，它又分为：增量切线刚度法、初应变法、初应力法三种方法。其中以初应力法应用最普遍。切线刚度法则较少采用。

1. 初应力法

把荷载划分成若干增量，这是所有增量迭代方法的共同点。增量划分多少、每一级增量的大小，全凭计算者的经验来决定，没什么规则，也没什么限制。一般来说增量划分越细小，越有利于迭代收敛和计算精度的提高，但过细的划分可能会大大增加计算时间。各级荷载增量之和应等于全量荷载即

$$\boldsymbol{R} = \sum_{i=1}^{n} \Delta \boldsymbol{R}_i$$

增量形式的应力与应变关系在具有初始应力的情况下可以写为

$$\mathrm{d}\boldsymbol{\sigma} = \mathrm{d}\boldsymbol{\sigma}_e + \mathrm{d}\boldsymbol{\sigma}_0$$

或

$$\mathrm{d}\boldsymbol{\sigma} = \boldsymbol{D}\mathrm{d}\boldsymbol{\varepsilon} - \boldsymbol{D}_p\mathrm{d}\boldsymbol{\varepsilon} = \boldsymbol{D}_{ep}\mathrm{d}\boldsymbol{\varepsilon} \tag{9-14a}$$

其中

$$\mathrm{d}\boldsymbol{\sigma}_0 = -\boldsymbol{D}_p\mathrm{d}\boldsymbol{\varepsilon}$$

式(9－14a)实为具有某种初始应力的线弹性问题的应力，而把弹塑性问题因塑性阶段材料刚度的改变引起应力变化 $\boldsymbol{D}_p\mathrm{d}\boldsymbol{\varepsilon}$ 看做是线弹性问题的初应力。故这种方法被称为增量初应力法。在微小增量的区间内，可以把非线性问题视为线性，即所谓线性化处理。于是上述的微分表达式可写成如下增量形式：

$$\Delta\boldsymbol{\sigma} = \boldsymbol{D}\Delta\boldsymbol{\varepsilon} + \Delta\boldsymbol{\sigma}_0 \tag{9-14b}$$

$$\Delta\boldsymbol{\sigma}_0 = -\boldsymbol{D}_p\Delta\boldsymbol{\varepsilon}$$

弹塑性问题增量形式有限元平衡方程这时可写为

$$\boldsymbol{K}_0\Delta\boldsymbol{U} = \Delta\boldsymbol{R} + \Delta\bar{\boldsymbol{R}} \tag{9-15}$$

$$\Delta\bar{\boldsymbol{R}} = \sum\iiint \boldsymbol{B}^{\mathrm{T}}\Delta\boldsymbol{\sigma}_0\mathrm{d}v = \sum\iiint \boldsymbol{B}^{\mathrm{T}}\boldsymbol{D}_p\Delta\boldsymbol{\varepsilon}\mathrm{d}v \tag{9-16}$$

式中，$\boldsymbol{K}_0$ 即线弹性问题的刚度矩阵。$\Delta\bar{\boldsymbol{R}}$ 即是由初应力(亦即塑性的应力修正量)$\Delta\boldsymbol{\sigma}_0$ 转化的等效节点力，也被称为修正荷载或附加荷载(见图 9－7(a))。初应力法也即由此而得名。

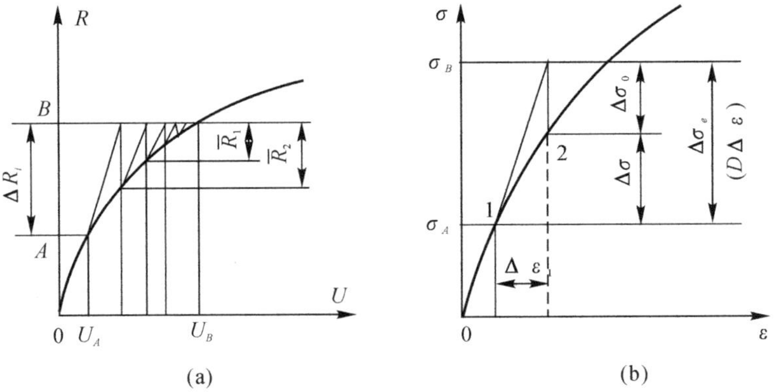

图 9－7　初应力法迭代示意图

(a) 迭代过程；(b) 迭代算法

由式(9-15)和式(9-16)可以看出，$\Delta\boldsymbol{\varepsilon}$ 是由求解方程后得到的，而修正荷载增量则又决定于 $\Delta\boldsymbol{\varepsilon}$。因此，弹塑性问题增量方程的求解必须通过迭代来完成。对于每一级增量，首先令 $\Delta\bar{\boldsymbol{R}}=\boldsymbol{0}$ 按线弹性求解，得到本次求解的一次近似值 $\Delta\boldsymbol{\varepsilon}$，由式(9－16)求得 $\Delta\bar{\boldsymbol{R}}$ 后进行下一次的迭代。对于第 i 级荷载增量，初次计算可按下式完成：

$$\boldsymbol{K}_0\Delta\boldsymbol{U}_{i,0} = \Delta\boldsymbol{R}_i \tag{9-17}$$

由此解出的 $\Delta\boldsymbol{\varepsilon}_i$ 可用于下次迭代的修正荷载的计算。在以后的迭代过程中，对第 j 次迭代的计算公式应写为

$$\boldsymbol{K}_0\Delta\boldsymbol{U}_{i,j} = \Delta\bar{\boldsymbol{R}}_{i,j} \tag{9-18}$$

其中

$$\Delta\bar{\boldsymbol{R}}_{i,j} = \sum\iiint \boldsymbol{B}^{\mathrm{T}}\boldsymbol{D}_p\Delta\boldsymbol{\varepsilon}_{i,j-1}\mathrm{d}v = \sum\iiint \boldsymbol{B}^{\mathrm{T}}\Delta\boldsymbol{\sigma}_p\mathrm{d}v \tag{9-19}$$

式中，$\sum$ 是对所有塑性单元求和。

迭代可一直进行到前后两次能得到的应变增量之差充分小时为止。再施加下一级荷载增量($i+1$ 级)，至全部荷载增量施加完毕并迭代至收敛到要求的精度为止。

初应力法的求解及迭代过程可如图 9-7 所示。图(9-7(a))表示出在每级增量内的迭代过程，图(9-7(b))则表明，应力增量、初应力、及塑性应力增量 $\Delta\boldsymbol{\sigma}_0$ 之间的关系。

求解原理，具体实施步骤简述如下：

1) 把荷载分成若干个小的增量，即令 $\boldsymbol{R}=\sum\Delta\boldsymbol{R}_i$，依次把各级荷载增量施加于结构进行线弹性求解。

2) 对于第 i 级荷载增量的初次计算可按式(9-17)完成。此时的位移列阵为

$$\boldsymbol{U}_{i,0}=\boldsymbol{U}_{i-1}+\Delta\boldsymbol{U}_{i,0}$$

式中，$\boldsymbol{U}_{i-1}$ 为至第 $i-1$ 级增量迭代最终完成时总的位移。

对第 i 级增量的第 j 次迭代计算，则可按式(9-18)进行。解方程得到 $\Delta\boldsymbol{U}_{i,j}$，此时系统的位移列阵为

$$\boldsymbol{U}_{i,j}=\boldsymbol{U}_{i,j-1}+\Delta\boldsymbol{U}_{i,j}$$

由本次迭代运算的结果 $\Delta\boldsymbol{U}_{i,j}$ 可求得各单元相应的应变增量、应力增量以及当前的应变及应力：

$$\Delta\boldsymbol{\varepsilon}_{i,j}=\boldsymbol{B}\Delta\boldsymbol{u}_{e,j}^{i},\qquad \Delta\boldsymbol{\sigma}_{i,j}=\boldsymbol{D}\Delta\boldsymbol{\varepsilon}_{i,j}$$

$$\boldsymbol{\varepsilon}_{i,j}=\boldsymbol{\varepsilon}_{i,j-1}+\Delta\boldsymbol{\varepsilon}_{i,j},\qquad \boldsymbol{\sigma}_{i,j}=\boldsymbol{\sigma}_{i,j-1}+\Delta\boldsymbol{\sigma}_{i,j}$$

3) 由当前应力代入相应的屈服准则，判别该单元是否已处于塑性状态。对于处于弹性的单元无须再作任何修正，对已经处于塑性的单元，其正确的应力增量应当为

$$\Delta\boldsymbol{\sigma}'_{i,j}=\Delta\boldsymbol{\sigma}_{i,j}-\boldsymbol{D}_P\Delta\boldsymbol{\varepsilon}_{i,j}$$

此时

$$\boldsymbol{\sigma}_{i,j}=\boldsymbol{\sigma}_{i,j-1}+\Delta\boldsymbol{\sigma}'_{i,j}$$

$$\Delta\boldsymbol{\sigma}_0=-\boldsymbol{D}_p\Delta\boldsymbol{\varepsilon}_{i,j}$$

4) 对于上述已处于塑性的单元，由初应力(即经塑性调整的过量应力)按式(9-19)计算其修正荷载的等效节点力，即

$$\Delta\bar{\boldsymbol{R}}_{j+1}=\iiint\boldsymbol{B}^{\mathrm{T}}\Delta\boldsymbol{\sigma}_0\,\mathrm{d}v=\iiint\boldsymbol{B}^{\mathrm{T}}\boldsymbol{D}_p\Delta\boldsymbol{\varepsilon}_j\,\mathrm{d}v$$

对所有处于塑性状态的单元均按上式计算修正荷载的等效节点力，再按节点叠加，构成总的修正荷载项 $\bar{\boldsymbol{R}}_{j+1}$。

5) 在修正荷载作用下重复 1) ～ 4) 步完成下一次迭代。即继续求解修正方程：

$$\boldsymbol{K}_0\Delta\boldsymbol{U}_{j+1}=\Delta\bar{\boldsymbol{R}}_{j+1}$$

如此反复迭代至所有处于塑性的单元满足要求精度为止，即可终止本级荷载增量的迭代。终止迭代的控制条件，通常按应力控制，即对每一个单元都满足：

$$\left|\frac{\boldsymbol{\sigma}_{i,j}-\boldsymbol{\sigma}_{i,j-1}}{\boldsymbol{\sigma}_{i,j}}\right|\leqslant \mathrm{eps1}\qquad\text{(规定的充分小的值)}$$

也可以按应力增量的修正量控制，这时有对每一个单元须满足：

$$|\Delta\boldsymbol{\sigma}_{i,j}-\Delta\boldsymbol{\sigma}'_{i,j}|\leqslant \mathrm{eps2}$$

6) 在满足上述收敛条件后，终止迭代，施加下一级荷载增量 $\Delta\boldsymbol{R}_{i+1}$。重新进行由 1) ～ 5) 的迭代运算。直到全部荷载增量施加完毕，并且迭代运算至满足收敛精度要求为止。

以上即初应力法求解弹塑性问题的运算过程。在上述各步计算的表达式中，i 表示已施加的增量荷载级数，j 表示在第 i 级增量荷载时的迭代次数。还应指出的是上述的求解步骤主要

是对应理想塑性模型，对于具有塑性强化或塑性软化的材料模型，在每一级荷载加载时还必须引入判别加载 — 卸载的判据以判明此时各单元是处于加载状态还是卸载状态，引入塑性硬化（软化）参数以进一步考虑加载历史、塑性硬化等的影响。

2. *初应变法*

考虑初始应变的情况下，弹塑性问题增量形式的应力-应变关系还可以写成如下形式：

$$\mathrm{d}\boldsymbol{\sigma} = \boldsymbol{D}(\mathrm{d}\boldsymbol{\varepsilon} - \mathrm{d}\boldsymbol{\varepsilon}_0)$$

式中，$\mathrm{d}\boldsymbol{\varepsilon}_0$ 称为初应变，在弹塑性分析中通常把塑性应变增量 $\mathrm{d}\boldsymbol{\varepsilon}_p$ 视为弹性系统的初始应变，即令

$$\mathrm{d}\boldsymbol{\varepsilon}_0 = \mathrm{d}\boldsymbol{\varepsilon}_p$$

塑性应变增量，由塑性理论导出为

$$\mathrm{d}\boldsymbol{\varepsilon}_p = \mathrm{d}\bar{\varepsilon}_p \frac{\partial\bar{\sigma}}{\partial\boldsymbol{\sigma}} = \frac{1}{H'} \frac{\partial\bar{\sigma}}{\partial\boldsymbol{\sigma}} \left\{\frac{\partial\bar{\sigma}}{\partial\boldsymbol{\sigma}}\right\}^{\mathrm{T}} \mathrm{d}\boldsymbol{\sigma}$$

在微小增量的情况下，对上述微分可作线性化处理，则以上各式可写为

$$\Delta\boldsymbol{\sigma} = \boldsymbol{D}(\Delta\boldsymbol{\varepsilon} - \Delta\boldsymbol{\varepsilon}_0) \tag{9-20}$$

$$\Delta\boldsymbol{\varepsilon}_0 = \Delta\boldsymbol{\varepsilon}_p = \frac{1}{H'} \frac{\partial\bar{\sigma}}{\partial\boldsymbol{\sigma}} \left\{\frac{\partial\bar{\sigma}}{\partial\boldsymbol{\sigma}}\right\}^{\mathrm{T}} \Delta\boldsymbol{\sigma} \tag{9-21}$$

位移增量 $\Delta\boldsymbol{U}$ 这时应满足的平衡方程为

$$\boldsymbol{K}_0 \Delta\boldsymbol{U} = \Delta\boldsymbol{R} + \Delta\bar{\boldsymbol{R}} \tag{9-22}$$

从形式上看，式(9－22)同初应力法的基本平衡方程并无区别。不同之处只在于初应力法中的非线性修正荷载项 $\Delta\bar{\boldsymbol{R}}$ 是初应力 $\Delta\boldsymbol{\sigma}_0$ 的等效节点力，而这里的修正荷载项则是由初应变 $\Delta\boldsymbol{\varepsilon}_0$ 给定的。即 $\Delta\bar{R} = \Delta R(\varepsilon)$。

即这时的修正荷载项为

$$\Delta\bar{\boldsymbol{R}}(\boldsymbol{\varepsilon}) = \sum \iiint \boldsymbol{B}^{\mathrm{T}} \boldsymbol{D} \Delta\boldsymbol{\varepsilon}_p \mathrm{d}v = \sum \iiint \boldsymbol{B}^{\mathrm{T}} \boldsymbol{D} \frac{1}{H'} \frac{\partial\bar{\sigma}}{\partial\boldsymbol{\sigma}} \left\{\frac{\partial\bar{\sigma}}{\partial\boldsymbol{\sigma}}\right\}^{\mathrm{T}} \Delta\boldsymbol{\sigma} \mathrm{d}v \tag{9-23}$$

由于非线性修正荷载项是由初应变 $\Delta\boldsymbol{\varepsilon}_0 = \Delta\boldsymbol{\varepsilon}_p$ 给定的，故命名为初应变法。由式(9－22)可以看出修正荷载 $\Delta\bar{\boldsymbol{R}}(\varepsilon_p)$ 实为应变的函数，取决于应变增量 $\Delta\boldsymbol{\varepsilon}$，而 $\Delta\boldsymbol{\varepsilon}$ 本身又是增量求解时的待定量，因此，上述初应变法也是通过迭代求解来逼近非线性的。其计算步骤同初应力法类似，这里不再赘述。

增量初应变法实际上是混合法。第 n 级载荷增量的迭代公式为

$$\boldsymbol{K}_0 \Delta\boldsymbol{U}_n^j = \Delta\boldsymbol{R}_n + \Delta\bar{\boldsymbol{R}}_n^{j-1} \quad (j = 0, 1, 2, \cdots) \tag{9-24}$$

如果已经求得位移增量的第 $j-1$ 次近似值 $\Delta\boldsymbol{U}_n^{j-1}$，便可以算出 $\Delta\boldsymbol{\varepsilon}_n^{j-1}$ 和 $\Delta\boldsymbol{\sigma}_n^{j-1}$，再通过式(9－23)算出 $\bar{\boldsymbol{R}}_n^{j-1}$ 作为下一次迭代时的矫正载荷，再次求解方程(9－24)进行迭代。迭代过程一直进行到相邻两次迭代所决定的应力增量相差甚小时为止。初应变法的图解示意如图 9－8 所示。

3. *方法的比较*

增量切线刚度法是在每次加载时利用调整刚度的办法来求得近似解的。因此对于每次加载，刚度矩阵必须重新形成，计算工作量一般比增量初应力法和增量初应变法大得多。

对于增量初应力法和增量初应变法，每步加载刚度矩阵均相同，都是线弹性刚度矩阵。所以，在计算开始时形成刚度矩阵并进行三角分解，以后每次计算中只要对改变了的右端项进行

相应回代计算就可以了。这样大大减少了计算工作量。

对于初应力法和初应变法这两个方法，每加载一次都必须对初应力和初应变进行迭代，于是就产生了迭代是否收敛的问题。可以证明，对于一般的强化材料，初应力法的迭代过程一定收敛，而对于初应变法，收敛的充分条件是 $3G/H' < 1$。

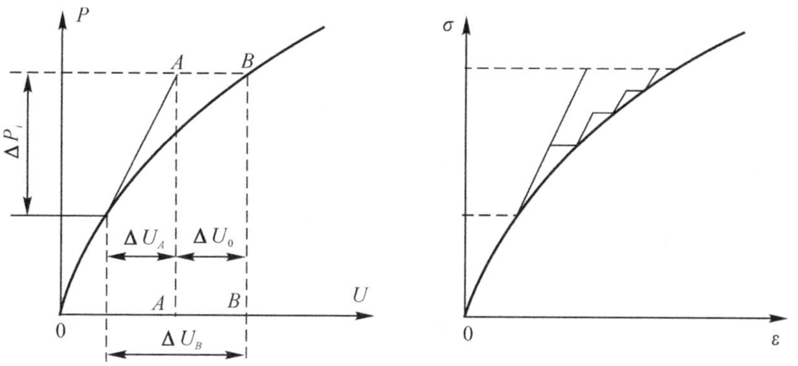

图 9-8　初应变法

在计算过程中，当塑性区域较大时，初应力法和初应变法的迭代收敛过程都很缓慢。

针对这三种方法各自的特点，在实际计算中可以采取一些改进的办法。例如把这些办法联合使用，先用初应力法或初应变法，在施加若干次载荷增量以后，采用切线刚度法加速收敛。

9.4　几何非线性问题

工程实践中常见的几何非线性问题有大位移和大应变两种情况，这两种状态都会导致结构的几何形状发生大的改变，从而可能会导致受力状态的变化，引起结构的非线性响应。例如我们曾经提及的钓鱼竿问题，以及与之类似的高耸结构在水平风荷载下的摆动，压杆稳定问题，薄壁结构的屈曲失稳等。

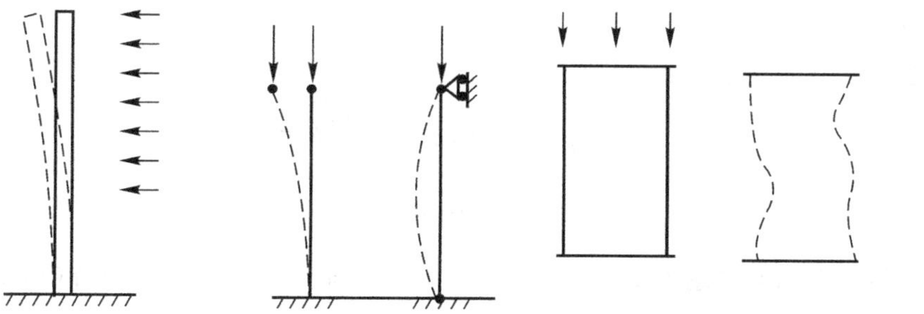

图 9-9　几何非线性(大位移) 的几种示例

一、几何非线性问题的一般解法

讨论非线性问题有限元法，仍可利用虚功原理。今用 $\boldsymbol{\psi}$ 表示系统内力和外力的总和，则虚功方程可表示为

$$\mathrm{d}\boldsymbol{U}^{*\mathrm{T}}\boldsymbol{\psi}=\int\mathrm{d}\boldsymbol{\varepsilon}^{*\mathrm{T}}\boldsymbol{\sigma}\mathrm{d}v-\mathrm{d}\boldsymbol{U}^{*}\boldsymbol{R}=0$$

式中，$\mathrm{d}\boldsymbol{U}^*$ 为虚位移列阵；$\mathrm{d}\boldsymbol{\varepsilon}^*$ 为虚应变列阵；$\boldsymbol{R}$ 为荷载列阵。如果用增量形式写出应变增量与虚位移的关系，则有

$$\mathrm{d}\boldsymbol{\varepsilon}=\overline{\boldsymbol{B}}\mathrm{d}\boldsymbol{U}^*$$

代入上式并消去虚位移 $\mathrm{d}\boldsymbol{U}^{*\mathrm{T}}$，则得到非线性问题的一般平衡方程：

$$\boldsymbol{\psi}=\iiint\overline{\boldsymbol{B}}^{\mathrm{T}}\boldsymbol{\sigma}\mathrm{d}v-\boldsymbol{R}=0 \tag{9-25}$$

在系统被离散化的情况下，上式中的积分项即应力的等效节点力(内力)，按通常采用的方法，由每一个单元进行积分，并按节点进行组集即总合成全部的内力列阵。式(9-25)表明了内力和外力的平衡关系。显然，对于一个处于平衡状态的系统，式(9-25)不论是大位移或小位移，也不论是大应变还是小应变，它都是适用的。

如果是在大位移情况下，应变和位移的关系是非线性的，这时矩阵 $\overline{\boldsymbol{B}}$ 将随 $\boldsymbol{U}$ 而变。可以把它写成如下形式：

$$\overline{\boldsymbol{B}}=\boldsymbol{B}_0+\boldsymbol{B}_L(\boldsymbol{U}) \tag{9-26}$$

式中，$\boldsymbol{B}_0$ 为线性分析的几何矩阵。$\boldsymbol{B}_L(\boldsymbol{U})$ 是位移 $\boldsymbol{U}$ 的函数，它是由几何非线性变形引起的附加项。

若这时的应力-应变还保持线弹性关系(不存在材料非线性)，则有

$$\boldsymbol{\sigma}=\boldsymbol{D}(\boldsymbol{\varepsilon}-\boldsymbol{\varepsilon}_0)+\boldsymbol{\sigma}_0 \tag{9-27}$$

式中，$\boldsymbol{D}$ 为材料的弹性矩阵；$\boldsymbol{\varepsilon}_0$ 为初应变；$\boldsymbol{\sigma}_0$ 为初应力列阵。

对于几何非线性问题，系统的内力是取决于 $\boldsymbol{U}$ 并随 $\boldsymbol{U}$ 而变化的。因此，$\boldsymbol{\psi}$ 是 $\boldsymbol{U}$ 的函数，随 $\boldsymbol{U}$ 而变化。通过式(9-26)对 $\boldsymbol{\psi}$ 微分，可得

$$\mathrm{d}\boldsymbol{\psi}=\iiint\mathrm{d}\overline{\boldsymbol{B}}^{\mathrm{T}}\boldsymbol{\sigma}\mathrm{d}v+\iiint\overline{\boldsymbol{B}}^{\mathrm{T}}\mathrm{d}\boldsymbol{\sigma}\mathrm{d}v \tag{9-28}$$

由上面式(9-27)在不考虑初应变和初应力的情况下则有

$$\mathrm{d}\boldsymbol{\sigma}=\boldsymbol{D}\mathrm{d}\boldsymbol{\varepsilon}=\boldsymbol{D}\overline{\boldsymbol{B}}\mathrm{d}\boldsymbol{U} \tag{9-29}$$

由式(9-26)得

$$\mathrm{d}\overline{\boldsymbol{B}}=\mathrm{d}\boldsymbol{B}_L \tag{9-30}$$

把式(9-29)，(9-30)代入式(9-28)，则有

$$\mathrm{d}\boldsymbol{\psi}=\iiint\mathrm{d}\overline{\boldsymbol{B}}_L\boldsymbol{\sigma}\mathrm{d}v+\iiint\overline{\boldsymbol{K}}\mathrm{d}\boldsymbol{U} \tag{9-31}$$

$$\overline{\boldsymbol{K}}=\iiint\overline{\boldsymbol{B}}^{\mathrm{T}}\boldsymbol{D}\overline{\boldsymbol{B}}\mathrm{d}v=\boldsymbol{K}_0+\boldsymbol{K}_L$$

式中，$\boldsymbol{K}_0$ 为线弹性问题的刚度矩阵；$\boldsymbol{K}_L$ 为由于大位移而引起的大位移矩阵(初始位移矩阵)。即

$$\boldsymbol{K}_0=\iiint\boldsymbol{B}_0^{\mathrm{T}}\boldsymbol{D}\boldsymbol{B}_0\mathrm{d}v \tag{9-32}$$

$$\boldsymbol{K}_L=\iiint(\boldsymbol{B}_0^{\mathrm{T}}\boldsymbol{D}\boldsymbol{B}_L+\boldsymbol{B}_L^{\mathrm{T}}\boldsymbol{D}\boldsymbol{B}_L+\boldsymbol{B}_L^{\mathrm{T}}\boldsymbol{D}\boldsymbol{B}_0)\mathrm{d}v \tag{9-33}$$

式(9-31)中的第一项，可一般地写为

$$\iiint\mathrm{d}\boldsymbol{B}_L^{\mathrm{T}}\boldsymbol{\sigma}\mathrm{d}v=\boldsymbol{K}_\sigma d\boldsymbol{U}$$

这里的 $\boldsymbol{K}_\sigma$ 可称为初应力矩阵，或几何刚度矩阵，它是一个与应力水平有关的对称矩阵。由此，可将式(9－31) 写为

$$\mathrm{d}\boldsymbol{\psi}=(\boldsymbol{K}_0+\boldsymbol{K}_\sigma+\boldsymbol{K}_L)\mathrm{d}\boldsymbol{U}$$

或写为

$$\mathrm{d}\boldsymbol{\psi}=\boldsymbol{K}_\mathrm{T}\mathrm{d}\boldsymbol{U} \tag{9-34}$$

式(9－34) 可以称为大位移几何非线性问题的刚度方程。

式(9－34) 中的 K_T 实为在考虑了几何非线性的各种因素后，表征非线性特性的切线刚度矩阵。由此可应用牛顿-拉斐逊迭代法求解几何非线性问题。

综上所述，可以把几何非线性问题的一般求解步骤综述如下：

1) 用线性弹性解作为求解 U 的第一次近似值(估计值)$\boldsymbol{U}_1$。

2) 通过式(9－26) 及式(9－27) 计算出 $\bar{\boldsymbol{B}}$ 及应力 $\boldsymbol{\sigma}$。

3) 由计算结果确定切线刚度矩阵 $\boldsymbol{K}_T$(见式(9－34))。

4) 由式(9－34) 计算出位移修正值，即

$$\mathrm{d}\boldsymbol{\psi}_1=\boldsymbol{K}_T\Delta\boldsymbol{U}_2$$

位移的第二次近似值　$\boldsymbol{U}_2=\boldsymbol{U}_1+\Delta\boldsymbol{U}_2$

5) 重复 2) ～ 4) 步迭代修正，直到 $\mathrm{d}\boldsymbol{\psi}_n$ 足够小为止(或 $\Delta\boldsymbol{U}_2$ 足够小为止)。

上述迭代过程也可以采用增量 N－R 法，或增量修正 N－R 法进行计算。以上是关于几何非线性的一般讨论。有限元分析的具体实施，还要依照问题的类型、单元形式完成具体的推导，如上述的应变 — 位移关系的非线性附加项 $\boldsymbol{B}_L$、大位移矩阵 $\boldsymbol{K}_L$、切线刚度矩阵 $\boldsymbol{K}_T$ 等，须对不同的单元类型完成相应推导。

还要指出，上述的推导中，是假定荷载 $\boldsymbol{R}$ 的大小和方向不因大变形(大位移) 而改变，对于多数结构设计来说是可行的。然而，在某些专门问题中，荷载可能随位移而改变(大小、方向) 这时必须在上述推导中，计及 $\mathrm{d}\boldsymbol{U}$ 影响的荷载微分项(荷载附加项)。这将使求解更复杂一些。

本章仅对有关有限元法非线性分析做以上基本概念和方法的简略介绍。有关几何非线性有限元分析的细节，将不在此作进一步的讨论。

思考及练习题

1. 工程中的非线性问题有哪几大类？分别举例说明。
2. 试以一维非线性问题为例，绘 $R-\delta$ 图说明割线刚度矩阵与切线刚度矩阵的意义。
3. 以一维线性问题为例，绘 $R-U$ 图说明增量法和直接迭代法的计算过程。
4. 非线性问题有哪几种常用的分析方法。

第 10 章　动力学问题有限单元法

在大多数的结构分析任务中，通常都是假定作用于结构的外荷载是静力的，从静力学的角度进行分析。然而，在一些情况下，例如，爆炸、地震、强力的冲击、巨大的风力、机械的强烈震动等产生的荷载都具有显著的动力特性，必须考虑结构的动力特性进行动力学分析。在地震力作用下，结构的抗震、特殊防护结构的抗爆、高耸建筑物在大风作用下的结构动力分析等都是结构设计计算的重要部分。对这类复杂的结构动力分析问题，按传统的方法是十分困难的。有限元法则是解决上述复杂的结构分析问题较有效的数值方法之一。有限元法不仅可以求解复杂的结构静力分析，也是解决各类复杂的动力分析问题的有效工具。在前面几章中我们在系统讲述了有限元法的原理方法的基础上，介绍了各类静力学分析问题。本章则对动力分析问题的有限元法予以概略的介绍。

10.1　动力学问题的基本方程

一、运动方程

在动力作用下，结构所受外力（指荷载，如地震力等）是随时间而变化的，即 $P=P(t)$。相应力由此而产生的结构任一点的位移也随时间而变化，即 $u=u(t)$。随时间而变化的位移（即运动）引出了位移的速度、加速度等物理量。位移（运动）速度、加速度分别为位移一阶、二阶偏导，即

$$u=u(t),\qquad \dot{u}=\dot{u}(t)=\frac{\partial u}{\partial t},\qquad \ddot{u}=\ddot{u}(t)=\frac{\partial^2 u}{\partial t^2}$$

式中，$u,\dot{u},\ddot{u}$ 表示随时间而变化的位移、位移速度、位移加速度。

结构在承受动力荷载时，不仅产生与荷载值对应的弹性内力（静力），同时由于运动而引起相应的惯性力和阻尼力，它们均随时间而变化。在有限元分析时，考察结构被离散化的情况下，结构的位移、荷载及上述各种内力均以节点列阵的形式表述，即

节点位移列阵：$\boldsymbol{U}=\boldsymbol{U}(t)$；　　弹性力（静力）列阵：$\boldsymbol{F}=\boldsymbol{F}_s$

惯性力列阵：$\boldsymbol{F}_i=\boldsymbol{F}_i(t)$；　　阻尼力列阵：$\boldsymbol{F}_d=\boldsymbol{F}_d(t)$

结构的动力平衡方程可写为

$$\boldsymbol{F}_i+\boldsymbol{F}_d+\boldsymbol{F}=\boldsymbol{P}(t) \tag{10-1}$$

二、结构动力方程、质量矩阵与阻尼矩阵

弹性力列阵可用节点位移 $\boldsymbol{U}$ 和刚度矩阵 $\boldsymbol{K}$ 表示如下：

$$\boldsymbol{F}=\boldsymbol{K}\boldsymbol{U} \tag{10-2}$$

式中，刚度矩阵 $\boldsymbol{K}$ 与前几章讨论的静力问题的刚度矩阵同，其元素 K_{ij} 为节点 j 的单位位移在节点 i 引起的弹性力。

根据达朗贝尔原理，惯性力可利用质量矩阵 $\boldsymbol{M}$ 和节点加速度$\dfrac{\partial^2 \boldsymbol{u}}{\partial t^2}$表示如下：

$$\boldsymbol{F}_i = -\boldsymbol{M}\frac{\partial^2 \boldsymbol{U}}{\partial t^2} \tag{10-3}$$

式中，$\boldsymbol{M}$ 为质量矩阵，其任一元素 M_{ij} 为节点 j 的单位加速度在节点 i 引起的惯性力。

设结构具有黏滞阻尼，可用阻尼矩阵 $\boldsymbol{C}$ 和节点速度$\dfrac{\partial \boldsymbol{U}}{\partial t}$表示阻尼力如下：

$$\boldsymbol{F}_d = -\boldsymbol{C}\frac{\partial \boldsymbol{U}}{\partial t} \tag{10-4}$$

式中，阻尼矩阵的元素 C_{ij} 为节点 j 的单位速度在节点 i 引起的阻尼力。

将式(10-2) ~ 式(10-4) 代入式(10-1)，得到运动方程如下：

$$\boldsymbol{M}\frac{\partial^2 \boldsymbol{U}}{\partial t^2} + \boldsymbol{C}\frac{\partial \boldsymbol{U}}{\partial t} + \boldsymbol{KU} = \boldsymbol{P}(t) \tag{10-5}$$

若记

$$\dot{\boldsymbol{U}} = \frac{\partial \boldsymbol{U}}{\partial t}, \qquad \ddot{\boldsymbol{U}} = \frac{\partial^2 \boldsymbol{U}}{\partial t^2}$$

则运动方程可写成

$$\boldsymbol{M}\ddot{\boldsymbol{U}} + \boldsymbol{C}\dot{\boldsymbol{U}} + \boldsymbol{KU} = \boldsymbol{P}(t) \tag{10-6}$$

如果忽略阻尼的影响，则运动方程简化为

$$\boldsymbol{M}\ddot{\boldsymbol{U}} + \boldsymbol{KU} = \boldsymbol{P}(t) \tag{10-7}$$

这就是无阻尼强迫振动的动力方程。若上式右端项为零，则其表示的是系统的无阻尼自由振动方程。

总体运动方程中，质量矩阵 $\boldsymbol{M}$、阻尼矩阵 $\boldsymbol{C}$、刚度矩阵 $\boldsymbol{K}$ 和动力荷载向量 $\boldsymbol{P}(t)$ 分别由各单元的相应矩阵组集而成，即

$$\boldsymbol{M} = \sum \boldsymbol{m}_e, \qquad \boldsymbol{k} = \sum \boldsymbol{k}_e, \qquad \boldsymbol{C} = \sum \boldsymbol{c}_e, \qquad \boldsymbol{P}(t) = \sum \boldsymbol{P}(t)_e \tag{10-8}$$

其中，单元刚度矩阵与弹性静力平衡问题相同，为

$$\boldsymbol{k}_e = \iiint \boldsymbol{B}^{\mathrm{T}} \boldsymbol{DB}\,\mathrm{d}v$$

下面来确定质量矩阵和阻尼矩阵。

假设从运动的结构中取出一个微小部分，惯性力取决于质量及运动加速度，则在其单位体积上所作用的惯性力为

$$\boldsymbol{q}_i = -\rho\frac{\partial^2 \boldsymbol{u}}{\partial t^2} \tag{10-9}$$

式中，ρ 为材料的密度。

在对结构进行离散化之后，对于任意一个单元，其单元内任一点的位移与节点位移的函数关系仍可采用与静力学问题相同的插值函数

$$\boldsymbol{u} = \boldsymbol{N}\boldsymbol{u}_e \tag{10-10}$$

将上式代入式(10-9)，可得

$$\boldsymbol{q}_i = -\rho\boldsymbol{N}\frac{\partial^2 \boldsymbol{u}_e}{\partial t^2} \tag{10-11}$$

对于阻尼力，设结构的阻尼系数为 μ，阻尼力正比于结构的运动速度，则单位体积的阻尼力为

$$\boldsymbol{f}_d=-\mu\frac{\partial\boldsymbol{u}}{\partial t} \tag{10-12}$$

同理，对于单元体则有

$$\boldsymbol{f}_d=-\mu\boldsymbol{N}\frac{\partial\boldsymbol{u}_e}{\partial t} \tag{10-13}$$

因惯性力与阻尼力均为体力，可视为有限元法求解时的体力等效节点力，由一般化公式导出

$$\boldsymbol{f}_{i,e}=\iiint\boldsymbol{N}^{\mathrm{T}}\boldsymbol{q}_i\mathrm{d}v=-\iiint\boldsymbol{N}^{\mathrm{T}}\rho\boldsymbol{N}\frac{\partial^2\boldsymbol{u}_e}{\partial t^2}\mathrm{d}v \tag{10-14}$$

即

$$\boldsymbol{f}_i=-\boldsymbol{m}_e\ddot{\boldsymbol{u}}_e \tag{10-15}$$

可得单元质量矩阵为

$$\boldsymbol{m}_e=\iiint\boldsymbol{N}^{\mathrm{T}}\rho\boldsymbol{N}\mathrm{d}v \tag{10-16}$$

同理，可得单元阻尼矩阵为

$$\boldsymbol{c}_e=\iiint\boldsymbol{N}^{\mathrm{T}}\mu\boldsymbol{N}\mathrm{d}v \tag{10-17}$$

三、动力学问题的求解步骤

1. 连续区域的离散化

在动力分析中荷载及位移均随时间而变化，因此引入了时间坐标，所处理的是四维 (x,y,z,t) 问题。在有限元分析中首先按照和静力分析时相同的步骤和方法对空间域进行离散化。

2. 构造插值函数

由于只对空间域进行离散，所以单元内位移的插值表示为

$$\left.\begin{aligned}u(x,y,z,t)&=\sum_{i=1}^{n}N_i(x,y,z)u_i(t)\\v(x,y,z,t)&=\sum_{i=1}^{n}N_i(x,y,z)v_i(t)\\w(x,y,z,t)&=\sum_{i=1}^{n}N_i(x,y,z)w_i(t)\end{aligned}\right\} \tag{10-18}$$

写成

$$\boldsymbol{u}(t)=\boldsymbol{N}\boldsymbol{u}_e(t) \tag{10-19}$$

简写为

$$\boldsymbol{u}=\boldsymbol{N}\boldsymbol{u}_e$$

其中

$$\boldsymbol{u}=\begin{bmatrix}u(x,y,z,t)\\v(x,y,z,t)\\w(x,y,z,t)\end{bmatrix},\qquad \boldsymbol{N}=[N_1\quad N_2\quad\cdots\quad N_n]$$

$$\boldsymbol{N}_i=N_i\boldsymbol{I}_{3\times3}\quad(i=1,2,3,\cdots,n)$$

$$\boldsymbol{u}_e = \begin{bmatrix} u_1 \\ u_2 \\ \vdots \\ u_n \end{bmatrix}, \qquad \boldsymbol{u}_i = \begin{bmatrix} u_i(t) \\ v_i(t) \\ w_i(t) \end{bmatrix} \quad (i=1,2,\cdots,n)$$

其中各符号的含义与静力分析情况相同，不同的是这时的位移是时间的函数。

3. 形成系统的总体运动方程

最终得到的系统的求解方程为前面导出的运动方程，即式(10－6) 或式(10－7)：

$$\boldsymbol{M}\ddot{\boldsymbol{U}} + \boldsymbol{C}\dot{\boldsymbol{U}} + \boldsymbol{K}\boldsymbol{U} = \boldsymbol{P}(t)$$

4. 求解运动方程

运动方程式(10－6) 或式(10－7) 的求解方法是本章着重讨论的内容，将在 10.3 节中专门讨论。

5. 计算结构的应变和应力

一旦从式(10－6) 或式(10－7) 解得某一时刻 t 的节点位移向量 $\boldsymbol{u}(t)$，则可利用几何方程和物理方程计算所需要的应变 $\boldsymbol{\varepsilon}(t)$ 和应力 $\boldsymbol{\sigma}(t)$。

从以上各步骤可以看出，和静力问题相比，在动力分析中，由于平衡方程中增添了惯性力和阻尼力，因此引入了质量矩阵和阻尼矩阵，最后得到的求解方程不是代数方程，而是常微分方程组。其他计算步骤与静力问题完全相同。

由此可见，用有限元法进行结构动力计算，关键是解决以下两个问题：① 建立结构的质量矩阵、阻尼矩阵和刚度矩阵；② 求解一组时间相关的常微分方程组。

在本章以下几节中将逐步解决上述两个问题。由于动力问题的刚度矩阵与静力问题相同，这里就不再进行介绍。

10.2　单元质量矩阵与单元阻尼矩阵

一、质量矩阵

如前所述，在求出单元质量矩阵后，进行适当的组集即可得到整体的质量矩阵，组集方法与由单元刚度矩阵求整体刚度矩阵时相似。建立单元体质量矩阵常用两种基本方法。

方法之一是利用上节式(10－16) 来确定单元质量矩阵，即

$$\boldsymbol{m} = \iiint \boldsymbol{N}^{\mathrm{T}} \rho \boldsymbol{N} \mathrm{d}v \tag{10-16}$$

称为协调质量矩阵或一致质量矩阵，这是因为导出它时，和导出刚度矩阵所根据的原理及所采用位移插值函数是一致的，且质量分布也是按照实际分布情况考虑的。这时的单元质量矩阵为一和刚度矩阵相同阶的对称方阵。

另一种方法是假定单元体的质量集中分配在它的节点上，这样，某一节点的加速度将不引起其他节点产生惯性力，因而得到的质量矩阵是对角线矩阵，称为集中质量矩阵。

单元集中质量矩阵的定义如下：

$$\boldsymbol{m}_e = \iiint \rho \boldsymbol{\psi}^{\mathrm{T}} \boldsymbol{\psi} \mathrm{d}v \tag{10-20}$$

式中，$\boldsymbol{\psi}$ 为函数 ψ_i 的矩阵，ψ_i 在分配给节点 i 的区域内取 1，在域外取 0。

下面以两种典型单元为例，来说明上述两种质量矩阵的具体表达形式以及它们之间的区别。

1. 平面常应变三角形单元

(1) 协调质量矩阵。平面三节点三角形单元在第 4 章已有详细介绍，其插值函数已由式(4-15) 给出，即

$$\boldsymbol{N}=[N_i\boldsymbol{I}\quad N_j\boldsymbol{I}\quad N_m\boldsymbol{I}]$$

其中，$\boldsymbol{I}$ 为单位矩阵

$$\boldsymbol{I}=\begin{bmatrix}1&0\\0&1\end{bmatrix}$$

设单元厚度为 t，由式(10-16)，得

$$\boldsymbol{m}_e=\rho t\iint\boldsymbol{N}^{\mathrm{T}}\boldsymbol{N}\mathrm{d}x\mathrm{d}y=\rho t\iint\begin{bmatrix}\boldsymbol{I}N_i\\\boldsymbol{I}N_j\\\boldsymbol{I}N_m\end{bmatrix}[\boldsymbol{I}N_i\quad\boldsymbol{I}N_j\quad\boldsymbol{I}N_m]\mathrm{d}x\mathrm{d}y=$$

$$\rho t\boldsymbol{I}\iint\begin{bmatrix}N_iN_i&N_iN_j&N_iN_m\\N_jN_i&N_jN_j&N_jN_m\\N_mN_i&N_mN_j&N_mN_m\end{bmatrix}\mathrm{d}x\mathrm{d}y$$

因为

$$\iint N_rN_s\mathrm{d}x\mathrm{d}y=\begin{cases}\dfrac{\Delta}{12}&(r\neq s)\\[2mm]\dfrac{\Delta}{6}&(r=s)\end{cases}$$

若设单元的质量 $\rho t\Delta=W$，则可得其协调质量矩阵如下：

$$\boldsymbol{m}_e=\frac{W}{3}\begin{bmatrix}\frac{1}{2}&0&\frac{1}{4}&0&\frac{1}{4}&0\\0&\frac{1}{2}&0&\frac{1}{4}&0&\frac{1}{4}\\\frac{1}{4}&0&\frac{1}{2}&0&\frac{1}{4}&0\\0&\frac{1}{4}&0&\frac{1}{2}&0&\frac{1}{4}\\\frac{1}{4}&0&\frac{1}{4}&0&\frac{1}{2}&0\\0&\frac{1}{4}&0&\frac{1}{4}&0&\frac{1}{2}\end{bmatrix}\tag{10-21}$$

(2) 集中质量矩阵。设单元质量为 W，将它三等分，分配给每一节点，得到单元质量矩阵如下：

$$\boldsymbol{m}_e=\frac{W}{3}\begin{bmatrix}1&0&0&0&0&0\\0&1&0&0&0&0\\0&0&1&0&0&0\\0&0&0&1&0&0\\0&0&0&0&1&0\\0&0&0&0&0&1\end{bmatrix}\tag{10-22}$$

2. 梁单元：单元形式采用二节点单元，单元长度为 l

(1) 协调质量矩阵。位移插值函数为

$$\boldsymbol{N}=[N_1 \quad N_2 \quad N_3 \quad N_4]$$

其中

$$N_1=1-\frac{3}{l^2}x^2+\frac{2}{l^3}x^3, \qquad N_2=x-\frac{2}{l}x^2+\frac{1}{l^2}x^3$$

$$N_3=\frac{3}{l^2}x^2-\frac{2}{l^3}x^3, \qquad N_4=-\frac{1}{l}x^2+\frac{1}{l^2}x^3$$

按式(10－16)可以算得单元的协调质量矩阵为

$$\boldsymbol{m}_e=\frac{W}{420}\begin{bmatrix}156 & -22l & 54 & 13l \\ & 4l^2 & -13l & -3l^2 \\ (\text{对称}) & & 156 & 22l \\ & & & 4l^2\end{bmatrix} \tag{10－23}$$

(2) 集中质量矩阵。每个节点集中二分之一的质量，并略去转动项，可得

$$\boldsymbol{m}_e=\frac{W}{2}\begin{bmatrix}1 & 0 & 0 & 0 \\ 0 & 0 & 0 & 0 \\ 0 & 0 & 1 & 0 \\ 0 & 0 & 0 & 0\end{bmatrix} \tag{10－24}$$

在实际分析中，两种质量矩阵都常应用。有学者指出，在单元数目相同的条件下，两种质量矩阵给出的计算精度是相差不多的。由上述两个例子可以看出，集中质量矩阵为一对角阵，组成的总体质量矩阵也为对角阵。协调质量矩阵为一对称满秩矩阵，由此组集的总体质量矩阵是与总体刚度矩阵一致的对称稀疏矩阵。集中质量矩阵不但本身易于计算，而且由于它是对角矩阵，可简化动力计算，且占用内存甚少。

还应注意到，当采用高次单元时，推导集中质量矩阵是困难的，因为此时不易确定如何将单元的质量合理地分配到各个节点上。另外，如果单元位移是协调的，同时单元刚度矩阵的积分也是精确的，则采用协调质量矩阵时，求得结构的频率将代表真实自振频率的上限。

二、阻尼矩阵

第一节中，在假定阻尼力正比于质点运动速度的基础上，得到式(10－17)所表示的单位阻尼矩阵

$$\boldsymbol{c}_e=\iiint \boldsymbol{N}^{\mathrm{T}}\mu\boldsymbol{N}\,\mathrm{d}v$$

同协调质量矩阵相同，导出它时，和导出刚度矩阵所根据的原理及所采用位移插值函数是一致的，故称其为协调阻尼矩阵。同表示单元协调质量矩阵的式(10－16)相比较可知，此时单元的阻尼矩阵正比于单元的质量矩阵。

此外，还有比例于应变速度的阻尼，例如由于材料内摩擦引起的结构阻尼通常可简化为这种情况，这时阻尼力可表示为 $\mu\boldsymbol{D}\dot{\boldsymbol{\varepsilon}}$，因而可以得到单元阻尼矩阵

$$\boldsymbol{c}_e=\mu\iiint \boldsymbol{B}^{\mathrm{T}}\boldsymbol{D}\boldsymbol{B}\,\mathrm{d}v \tag{10－25}$$

同单元刚度矩阵的表达式相比，可知此单元阻尼矩阵比例于单元刚度矩阵。

在以后的讨论中，将知道系统的固有振型对于 $\boldsymbol{m}$ 和 $\boldsymbol{k}$ 是具有正交性的，因此固有振型对于比例于 $\boldsymbol{m}$ 和 $\boldsymbol{k}$ 的阻尼矩阵 $\boldsymbol{c}$ 也是具有正交性的，所以这种阻尼称为比例阻尼或振型阻尼。另外，应指出式(10－17)、式(10－25)中的比例系数，在一般情况下是依赖于频率的，故要精确确定是非常困难的。

如前所述，结构的质量矩阵和刚度矩阵是由单元质量矩阵和单元刚度矩阵经过集合而建立起来的。而阻尼问题则相对比较复杂，结构的阻尼矩阵不是由单元阻尼矩阵经过集合而得到的。

因而，在实际分析中，通常允许将实际结构的阻尼矩阵简化为 $\boldsymbol{m}$ 和 $\boldsymbol{k}$ 的线性组合，即

$$\boldsymbol{c}=\alpha\boldsymbol{m}+\beta\boldsymbol{k} \tag{10-26}$$

式中，α，β 是不依赖于频率的常数，由实测资料决定。这种阻尼称为瑞利(Rayleigh)阻尼。

10.3　直接积分法

直接积分法是指在积分运动方程之前不进行方程形式的变换，而直接对时间进行逐步数值积分。其基本思路是在假定初始位移 $\boldsymbol{u}_0$、初始速度 $\dot{\boldsymbol{u}}_0$ 及初始加速度 $\ddot{\boldsymbol{u}}_0$ 为已知的条件下，将时间 t 离散为一系列时段 Δt，然后由运动方程求解在时间 $0,\Delta t,2\Delta t,3\Delta t,\cdots,t,t+\Delta t,\cdots$ 的近似解。

应用于动力问题的直接积分方法很多，不同计算方法之间的区别主要在于如何假定在 Δt 内位移、速度和加速度的变化规律。动力分析中对时间的直接积分通常采用差分方法。下面介绍用有限单元法进行大型结构动力计算时比较有效的几种方法。

一、线性加速度方法

如图 10－1 所示，假定在微小时段 Δt 内各节点的位移加速度随时间呈线性变化，即

$$\ddot{u}(t)=\ddot{u}(t_1)+\frac{\ddot{u}(t_2)-\ddot{u}(t_1)}{t_2-t_1}(t-t_2) \tag{10-27}$$

由式(10－27)对时间 t 进行积分可得可得

$$\dot{u}(t)=\ddot{u}(t_1)t+(\ddot{u}(t)-\ddot{u}(t_1))\frac{t^2}{2\Delta t}+C \tag{10-28}$$

$$u(t)=\ddot{u}(t_1)\frac{t^2}{2}+(\ddot{u}(t)-\ddot{u}(t_1))\frac{t^2}{6\Delta t}+Ct+D \tag{10-29}$$

式中，C 和 D 为积分常数。

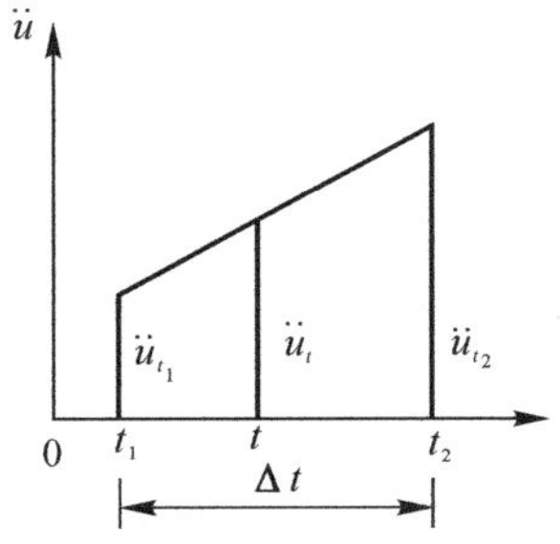

图 10－1　线性加速度法

由初始条件，$t=0$ 时，$\dot{u}(t)=\dot{u}(t_1)$，$u(t)=u(t_1)$，将其代入式(10－28)、式(10－29)可得积分常数为

$$C=\dot{u}(t_1),\qquad D=u(t_1)$$

将 C，D 代入式(10－28)、式(10－29)，并令 $t=(0,\Delta t)$ 可得

$$\dot{u}(t)=\dot{u}(t_1)+\frac{\Delta t}{2}\ddot{u}(t_1)+\frac{\Delta t}{2}\ddot{u}(t) \tag{10-30}$$

$$u(t)=u(t_1)+\Delta t\dot{u}(t_1)+\frac{\Delta t^2}{3}\ddot{u}(t_1)+\frac{\Delta t^2}{6}\ddot{u}(t) \tag{10-31}$$

将式(10－30)、式(10－31)代入运动方程，且为了方便书写，以后的章节中均将时间 t 记为下标，可得

$$\boldsymbol{Q}\ddot{\boldsymbol{u}}_t = \boldsymbol{P}_t - \boldsymbol{C}\boldsymbol{A}_{t_1} - \boldsymbol{K}\boldsymbol{B}_{t_1} \tag{10-32}$$

式中

$$\boldsymbol{Q} = \boldsymbol{M} + \frac{\Delta t}{2}\boldsymbol{C} + \frac{\Delta t^2}{6}\boldsymbol{K} \tag{10-33}$$

$$\boldsymbol{A}_{t_1} = \dot{\boldsymbol{u}}_{t_1} + \frac{\Delta t}{2}\ddot{\boldsymbol{u}}_{t_1}$$

$$\boldsymbol{B}_{t_1} = \boldsymbol{u}_{t_1} + \Delta t\dot{\boldsymbol{u}}_{t_1} + \frac{\Delta t^2}{3}\ddot{\boldsymbol{u}}_{t_1}$$

方程(10－32)即可用来逐步求解各时刻的位移加速度 $\ddot{u}_t$，再将其代入式(10－30)、式(10－31)即可求得相应时刻的位移速度 $\dot{u}_t$ 及位移 u_t。线性加速度法是基于已知前一时步的求解结果 $u_t,\dot{u}_t,\ddot{u}_t$ 来推得下一时步 $u_{t+\Delta t},\dot{u}_{t+\Delta t},\ddot{u}_{t+\Delta t}$ 的方法，通常称这种积分方法为显式法(或叫向前插分法)，式(10－32)实际上是一个递推公式。这种方法存在初值的确定问题，即 $t=0$ 时，u_0，$\dot{u}_0,\ddot{u}_0$ 的确定，这可根据所分析问题的具体情况，由系统的初始状态来确定。

另外需要说明的是，显式法时间步长 Δt 的选择对解答的收敛性及稳定性有很大的影响。一般，为了保证解答的稳定性和收敛性，时间步长必须选择得充分小，而这又将增加计算时间与费用。在 10.5 节我们还会专门谈到解的稳定性问题。

最后，将线性加速度法的求解步骤归纳如下：

(1) 初始计算。

1) 形成分析系统的刚度矩阵 $\boldsymbol{K}$、质量矩阵 $\boldsymbol{M}$ 和阻尼矩阵 $\boldsymbol{C}$；

2) 给定计算初值 $u_0,\dot{u}_0,\ddot{u}_0$；

3) 选择合适的时间步长，并由式(10－33)计算矩阵 $\boldsymbol{Q}$；

4) 将矩阵 $\boldsymbol{Q}$ 化为三角阵。

(2) 分时步计算。

1) 由式(10－32)来求解该时步终了时的位移加速度 $\ddot{u}_t$，再将其代入式(10－30)、式(10－31)即可求得相应位移速度 $\dot{u}_t$ 及位移 u_t；

2) 将已求得的 $u_t,\dot{u}_t,\ddot{u}_t$ 作为已知值，重复执行 1) 来计算下一时步的 $u_{t+\Delta t},\dot{u}_{t+\Delta t},\ddot{u}_{t+\Delta t}$，直至完成整个动力分析过程；

(3) 计算 t_i 时刻的内力或应变、应力及主应力。

二、θ 方法(Wilson 方法)

θ 方法也是基于线性加速度法的基本假定，假定在时间间隔 $\tau=\theta\Delta t$ 内加速度是线性的，如图 10－2 所示。根据前面同样的推理，可知

$$\left.\begin{aligned} \dot{u}_{t_1+\tau} &= \dot{u}_{t_1} + \frac{\tau}{2}(\ddot{u}_{t_1} + \ddot{u}_{t_1+\tau}) \\ u_{t_1+\tau} &= u_{t_1} + \tau\dot{u}_{t_1} + \frac{\tau^2}{6}(2\ddot{u}_{t_1} + \ddot{u}_{t_1+\tau}) \end{aligned}\right\} \tag{10-34}$$

在时间间隔 Δt 内内插可得$(t_1+\Delta t)$时的位移加速度为

$$\left.\begin{aligned}\ddot{u}_{t_1+\Delta t}&=\ddot{u}_{t_1}+(\ddot{u}_{t_1+\tau}-\ddot{u}_{t_1})\frac{1}{\theta}\\ \ddot{u}_{t_1+\Delta t}&=(1-\frac{1}{\theta})\ddot{u}_{t_1}+\frac{1}{\theta}\ddot{u}_{t_1+\tau}\end{aligned}\right\}\tag{10-35}$$

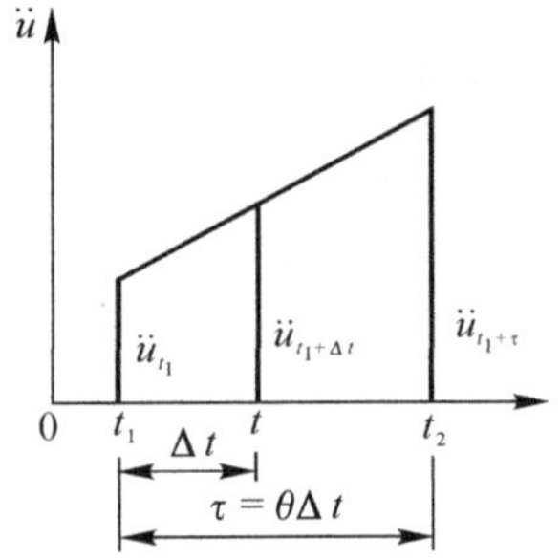

图 10-2　θ 方法

联立求解式(10-34)中的两式,可得在时间$(t_1+\tau)$时的加速度和速度为

$$\left.\begin{aligned}\ddot{u}_{t_1+\tau}&=\frac{6}{\tau^2}(u_{t_1+\tau}-u_{t_1})-\frac{6}{\tau}\dot{u}_{t_1}-2\ddot{u}_{t_1}\\ \dot{u}_{t_1+\tau}&=\frac{3}{\tau}(u_{t_1+\tau}-u_{t_1})-2\dot{u}_{t_1}-\frac{\tau}{2}\ddot{u}_{t_1}\end{aligned}\right\}\tag{10-36}$$

把式(10-36)中的两式代入如下的在时刻$(t_1+\tau)$时的运动方程:

$$\boldsymbol{M}\ddot{\boldsymbol{u}}_{t_1+\tau}+\boldsymbol{C}\dot{\boldsymbol{u}}_{t_1+\tau}+\boldsymbol{K}\boldsymbol{u}_{t_1+\tau}=\boldsymbol{P}_{t_1+\tau}$$

将上式中把不包含$u_{t_1+\tau}$的量移到方程的右端,则可得到如下运动方程:

$$\bar{\boldsymbol{K}}\boldsymbol{u}_{t_1+\tau}=\bar{\boldsymbol{P}}_{t_1+\tau}\tag{10-37}$$

式中

$$\bar{\boldsymbol{K}}=\boldsymbol{K}+\frac{3}{\tau}\boldsymbol{C}+\frac{6}{\tau^2}\boldsymbol{M}$$

$$\bar{\boldsymbol{P}}_{t_1+\tau}=\boldsymbol{P}_{t_1+\tau}+\boldsymbol{M}(2\ddot{\boldsymbol{u}}_{t_1}+\frac{6}{\tau}\dot{\boldsymbol{u}}_{t_1}+\frac{6}{\tau^2}\boldsymbol{u}_1)+\boldsymbol{C}(\frac{\tau}{2}\ddot{\boldsymbol{u}}_{t_1}+2\dot{\boldsymbol{u}}_{t_1}+\frac{3}{\tau}\boldsymbol{u}_{t_1})$$

分别称为等效刚度矩阵与等效荷载向量。

由式(10-37)可解出位移向量$u_{t_1+\tau}$,将其代入式(10-36),可求得$\ddot{u}_{t_1+\tau}$,再将$\ddot{u}_{t_1+\tau}$代入内插公式(10-35),可得要求的在$(t_1+\Delta t)$时的位移加速度$\ddot{u}_{t_1+\tau}$。再令$\tau=\Delta t$,将$\ddot{u}_{t_1+\Delta t}$代入式(10-30)、式(10-31),即可求得在$(t_1+\Delta t)$时刻的速度和位移。

如取$\theta=1$,即可得到前述的线性加速度法,其解答是有条件稳定的。如取$\theta\geqslant1.37$,则计算是无条件稳定的。

上述两种计算方法的差别在于:普通线性加速度法是根据$(t_1+\Delta t)$时刻所满足的运动方程来求解当时的位移解答的;而θ方法则是根据$(t_1+\theta\Delta t)$时刻所满足的运动方程来求解$(t_1+\Delta t)$时刻的位移解答的,是一种向后差分法。

θ方法的求解步骤如下:

(1) 初始计算。

1) 给定θ值$(\theta\geqslant1.37)$,计算$\tau=\theta\Delta t$;

2) 计算下列常数:

$$b_0=\frac{6}{\tau^2},\quad b_1=\frac{3}{\tau},\quad b_2=2b_1,\quad b_3=\frac{\tau}{2},\quad b_4=\frac{b_0}{\theta}$$

$$b_5=-\frac{b_2}{\theta},\quad b_6=1-\frac{3}{\theta},\quad b_7=\frac{\Delta t}{2},\quad b_8=\frac{\Delta t^2}{6}$$

3) 建立等效刚度矩阵:

$$\bar{\boldsymbol{K}}=\boldsymbol{K}+b_1\boldsymbol{C}+b_0\boldsymbol{M}$$

4) 对$\bar{\boldsymbol{K}}$进行三角化分解:　$\bar{\boldsymbol{K}}=\boldsymbol{LDL}^{\mathrm{T}}$

(2) 分时步计算。

1) 计算有效荷载列阵$\bar{\boldsymbol{P}}_{t_1+\tau}$:

$$\overline{\boldsymbol{P}}_{t_1+\tau}=\boldsymbol{P}_{t_1+\tau}+\boldsymbol{M}(2\ddot{\boldsymbol{u}}_{t_1}+b_2\dot{\boldsymbol{u}}_{t_1}+b_0\boldsymbol{u}_1)+\boldsymbol{C}(b_3\ddot{\boldsymbol{u}}_{t_1}+2\dot{\boldsymbol{u}}_{t_1}+b_1\boldsymbol{u}_{t_1})$$

2) 由运动方程求解 $\boldsymbol{u}_{t_1+\tau}$：

$$\overline{\boldsymbol{K}}\boldsymbol{u}_{t_1+\tau}=\overline{\boldsymbol{P}}_{t_1+\tau}$$

3) 计算时刻 $t_1+\Delta t$ 的加速度、速度和位移：

$$\ddot{u}_{t_1+\Delta t}=b_4(u_{t_1+\tau}-u_{t_1})+b_5\dot{u}_{t_1}+b_6\ddot{u}_{t_1}$$
$$\dot{u}_{t_1+\Delta t}=\dot{u}_{t_1}+b_7(\ddot{u}_{t_1+\Delta t}+\dot{u}_{t_1})$$
$$u_{t_1+\Delta t}=u_{t_1}+\Delta t\dot{u}_{t_1}+b_8(\ddot{u}_{t_1+\Delta t}+2\ddot{u}_{t_1})$$

4) 计算$(t_i+\Delta t)$时刻的结构内力或应变、应力及主应力。

三、纽马克(Newmark)方法

纽马克方法是在线性加速度假定的基础上，引入两个无量纲参数 α,β，也可以把它看成是线性加速度方法的推广。假定如下：

$$\left.\begin{aligned}u_{t_1+\Delta t}&=u_{t_1}+\dot{u}_{t_1}\Delta t+\left[\left(\frac{1}{2}-\alpha\right)\ddot{u}_{t_1}+\alpha\ddot{u}_{t_1+\Delta t}\right]\Delta t^2\\ \dot{u}_{t_1+\Delta t}&=\dot{u}_{t_1}+\left[(1-\beta)\ddot{u}_{t_1}+\beta\ddot{u}_{t_1+\Delta t}\right]\Delta t\end{aligned}\right\}\tag{10-38}$$

联立求解式(10－38)中的两式，可得

$$\left.\begin{aligned}\ddot{u}_{t_1+\Delta t}&=\frac{1}{\alpha\Delta t^2}(u_{t_1+\Delta t}-u_{t_1})-\frac{1}{\alpha\Delta t}\dot{u}_{t_1}-\left(\frac{1}{2\alpha}-1\right)\ddot{u}_{t_1}\\ \dot{u}_{t_1+\Delta t}&=\dot{u}_{t_1}+\left[(1-\beta)\ddot{u}_{t_1}+\beta\ddot{u}_{t_1+\Delta t}\right]\Delta t\end{aligned}\right\}\tag{10-39}$$

将式(10－39)代入如下$(t_1+\Delta t)$时的运动方程：

$$\boldsymbol{M}\ddot{\boldsymbol{u}}_{t_1+\Delta t}+\boldsymbol{C}\dot{\boldsymbol{u}}_{t_1+\Delta t}+\boldsymbol{K}\boldsymbol{u}_{t_1+\Delta t}=\boldsymbol{P}_{t_1+\Delta t}$$

化简后，可得等效运动方程如下：

$$\overline{\boldsymbol{K}}\boldsymbol{u}_{t_1+\Delta t}=\overline{\boldsymbol{P}}_{t_1+\Delta t}\tag{10-40}$$

式中

$$\overline{\boldsymbol{K}}=\boldsymbol{K}+a_0\boldsymbol{M}+a_1\boldsymbol{C}\tag{10-31}$$

$$\overline{\boldsymbol{P}}_{t_1+\Delta t}=\boldsymbol{P}_{t_1+\Delta t}+\boldsymbol{M}(a_0\boldsymbol{u}_{t_1}+a_2\dot{\boldsymbol{u}}_{t_1}+a_3\ddot{\boldsymbol{u}}_1)+\boldsymbol{C}(a_1\boldsymbol{u}_{t_1}+a_4\dot{\boldsymbol{u}}_{t_1}+a_5\ddot{\boldsymbol{u}}_{t_1})\tag{10-42}$$

其中，参数

$$\begin{cases}a_0=\dfrac{1}{\alpha\Delta t^2}, & a_1=\dfrac{\beta}{\alpha\Delta t}, \quad a_2=\dfrac{1}{\alpha\Delta t}\\ a_3=\dfrac{1}{2\alpha}-1, & a_4=\dfrac{\beta}{\alpha}-1, \quad a_5=\dfrac{\Delta t}{2}\left(\dfrac{\beta}{2}\right)\\ a_6=(1-\beta)\Delta t, & a_7=\beta\Delta t\\ \alpha\geqslant 0.25(0.5+\beta)^2 & (\beta\geqslant 0.50)\end{cases}$$

由式(10-40)可解得位移向量 $u_{t_1+\Delta t}$，将其代入式(10-39)，即可求得$(t_1+\Delta t)$时刻的位移加速度与速度。

应注意到在纽马克方法中，如取 $\alpha=1/6$，$\beta=1/2$ 时，即得到线性加速度方法，如取 $\alpha=1/4$，$\beta=1/2$ 时，即得到平均加速度方法(在 Δt 内取加速度，按梯形公式由加速度计算速度)。

纽马克方法的计算步骤与 θ 法相似，在这里不再具体列出。

10.4　振型叠加法

振型叠加法是基于结构复杂的动力运动状态可以由各个振型的组合来表示这一基本思

想，具体实现方法为：在积分运动方程之前，利用系统自由振动的固有振型将方程组转换为 n 个相互不耦合的方程（即半带宽 $IB=1$ 的方程组），用解析或数值方法进行积分求解这些方程，最后再将这些固有振型的位移结果进行叠加，即为动力问题的解答。当采用数值方法求解转换后的方程时，对每个方程可采取各自不同的时间步长，即对于低阶振型可以采用较大的时间步长。这相对于直接积分法而言是很大的优点，因此当实际分析的时间历程较长，同时只需要少数较低阶振型的结果时，采用振型叠加法将是十分有利的。

由以上分析可知，实现振型叠加法的关键是利用系统自由振动的固有振型对方程组进行转换，因而此方法的实现前提是求解系统的固有振型。

一、求解系统的固有频率与固有振型

由式(10－6)可知，不考虑阻尼影响的系统自由振动方程为

$$\boldsymbol{M}\ddot{\boldsymbol{u}}(t)+\boldsymbol{K}\boldsymbol{u}(t)=0 \tag{10-43}$$

可以假设其解为

$$\boldsymbol{u}=\boldsymbol{\phi}\sin\omega(t-t_0) \tag{10-44}$$

式中，$\boldsymbol{\phi}$ 是 n 阶向量，ω 是向量 $\boldsymbol{\phi}$ 振动的频率，t 是时间变量，t_0 是由初始条件确定的时间常数。

将式(10－44)代入式(10－43)，就得到一广义特征值问题：

$$\boldsymbol{K}\boldsymbol{\phi}-\omega^2\boldsymbol{M}\boldsymbol{\phi}=0 \tag{10-45}$$

求解以上方程可以确定 $\boldsymbol{\phi}$ 和 ω，结果得到 n 个特征解 $(\omega_1^2,\boldsymbol{\phi}_1)$，$(\omega_2^2,\boldsymbol{\phi}_2)$，…，$(\omega_n^2,\boldsymbol{\phi}_n)$ 其中特征值 $\omega_1,\omega_2,\cdots,\omega_n$ 代表系统的 n 个固有频率，且

$$0\leqslant\omega_1<\omega_2<\cdots<\omega_n$$

特征向量 $\boldsymbol{\phi}_1,\boldsymbol{\phi}_2,\cdots,\boldsymbol{\phi}_n$ 代表系统的 n 个固有振型。它们的幅度可按以下要求规定：

$$\boldsymbol{\phi}_i^{\mathrm{T}}\boldsymbol{M}\boldsymbol{\phi}_i=1\quad(i=1,2,\cdots,n) \tag{10-46}$$

这样规定的固有振型又称为正则振型，本书中以后所用的固有振型，只指这种振型。下面我们将讨论这种振型的性质。

将特征解 $(\omega_i^2,\boldsymbol{\phi}_i)$，$(\omega_j^2,\boldsymbol{\phi}_j)$ 代回方程式(10－45)，可得

$$\boldsymbol{K}\boldsymbol{\phi}_i=\omega_i^2\boldsymbol{M}\boldsymbol{\phi}_i,\qquad \boldsymbol{K}\boldsymbol{\phi}_j=\omega_j^2\boldsymbol{M}\boldsymbol{\phi}_j \tag{10-47}$$

将上式中前一式的两端左乘以 $\boldsymbol{\phi}_j^{\mathrm{T}}$，后一式的两端左乘以 $\boldsymbol{\phi}_i^{\mathrm{T}}$，并由 $\boldsymbol{K}$ 和 $\boldsymbol{M}$ 的对称性可推知

$$\boldsymbol{\phi}_j^{\mathrm{T}}\boldsymbol{K}\boldsymbol{\phi}_i=\boldsymbol{\phi}_i^{\mathrm{T}}\boldsymbol{K}\boldsymbol{\phi}_j \tag{10-48}$$

则可以得到

$$(\omega_i^2-\omega_j^2)\boldsymbol{\phi}_j^{\mathrm{T}}\boldsymbol{M}\boldsymbol{\phi}_i=0 \tag{10-49}$$

故当 $\omega_i\neq\omega_j$ 时，必有

$$\boldsymbol{\phi}_j^{\mathrm{T}}\boldsymbol{M}\boldsymbol{\phi}_i=0 \tag{10-50}$$

这表明固有振型对于矩阵 $\boldsymbol{M}$ 是正交的，和式(10－46)一起，可将固有振型对于 $\boldsymbol{M}$ 的正则正交性质表示为

$$\boldsymbol{\phi}_i^{\mathrm{T}}\boldsymbol{M}\boldsymbol{\phi}_j=\begin{cases}1, & (i=j)\\0, & (i\neq j)\end{cases} \tag{10-51}$$

将式(10－51)代回到式(10－47)，可得

$$\boldsymbol{\phi}_i^{\mathrm{T}}\boldsymbol{K}\boldsymbol{\phi}_j=\begin{cases}\omega_i^2, & (i=j)\\0, & (i\neq j)\end{cases} \tag{10-52}$$

如果定义

$$\boldsymbol{\Phi}=[\boldsymbol{\phi}_1 \quad \boldsymbol{\phi}_2 \quad \cdots \quad \boldsymbol{\phi}_n]$$

$$\boldsymbol{\Omega}^2=\begin{bmatrix} \omega_1^2 & & & & 0 \\ & \omega_2^2 & & & \\ & & \ddots & & \\ 0 & & & \ddots & \\ & & & & \omega_n^2 \end{bmatrix} \tag{10-53}$$

那么特征解的性质还可表示为

$$\boldsymbol{\Phi}^{\mathrm{T}}\boldsymbol{M}\boldsymbol{\Phi}=\boldsymbol{I}, \qquad \boldsymbol{\Phi}^{\mathrm{T}}\boldsymbol{K}\boldsymbol{\Phi}=\boldsymbol{\Omega}^2 \tag{10-54}$$

式中，$\boldsymbol{\Phi}$ 和 $\boldsymbol{\Omega}^2$ 分别称为固有振型矩阵和固有频率矩阵，这样，原特征值问题还可以表示为

$$\boldsymbol{K}\boldsymbol{\Phi}=\boldsymbol{M}\boldsymbol{\Phi}\boldsymbol{\Omega}^2 \tag{10-55}$$

二、利用固有振型转换方程组并求解

在求出结构无阻尼自由振动的振型及频率后，依照振型叠加法的基本原理，将所分析系统的结构位移用振型 $\boldsymbol{\phi}_i$ 的线性组合来表示，即

$$\boldsymbol{u}_t=\boldsymbol{\Phi}\boldsymbol{x}(t)=\sum_{i=1}^{n}\boldsymbol{\phi}_i x_i \tag{10-56}$$

式中，$\boldsymbol{x}(t)$ 是时间的函数，称为振型坐标。

同理，将位移加速度和速度也写成类似的形式：

$$\ddot{\boldsymbol{u}}_t=\boldsymbol{\Phi}\ddot{\boldsymbol{x}}(t), \cdots, \dot{\boldsymbol{u}}_t=\boldsymbol{\Phi}\dot{\boldsymbol{x}}(t) \tag{10-57}$$

把式(10-56)、式(10-57)代入运动方程，则将运动方程变换到振型坐标系之下，为

$$\boldsymbol{M}\boldsymbol{\Phi}\ddot{\boldsymbol{x}}(t)+\boldsymbol{C}\boldsymbol{\Phi}\dot{\boldsymbol{x}}(t)+\boldsymbol{K}\boldsymbol{\Phi}\boldsymbol{x}(t)=\boldsymbol{P}(t) \tag{10-58}$$

在方程的两端乘以 $\boldsymbol{\Phi}^{\mathrm{T}}$，并注意到 $\boldsymbol{\Phi}$ 的正交性，可得

$$\boldsymbol{I}\ddot{\boldsymbol{x}}(t)+\boldsymbol{\Phi}^{\mathrm{T}}\boldsymbol{C}\boldsymbol{\Phi}\dot{\boldsymbol{x}}(t)+\boldsymbol{\Omega}^2\boldsymbol{x}(t)=\boldsymbol{\Phi}^{\mathrm{T}}\boldsymbol{P}(t)=\boldsymbol{R}(t) \tag{10-59}$$

若阻尼矩阵采用 $\boldsymbol{C}=\alpha\boldsymbol{M}+\beta\boldsymbol{K}$ 形式的振型阻尼，则因 $\boldsymbol{M}$ 和 $\boldsymbol{K}$ 的正交性，很显然，$\boldsymbol{C}$ 也满足正交条件，即

$$\boldsymbol{\phi}_i^{\mathrm{T}}\boldsymbol{C}\boldsymbol{\phi}_j=\begin{cases}\alpha+\beta\omega_i^2=2\omega_i\lambda_i & (i=j)\\ 0 & (i\neq j)\end{cases} \tag{10-60}$$

其中，$\lambda_i(i=1,2,\cdots,n)$ 是第 i 阶振型阻尼比，这样，式(10-59)就成为 n 个相互不耦合的二阶常微分方程，即

$$\ddot{x}_i(t)+2\omega_i\lambda_i\dot{x}_i(t)+\omega_i^2x_i(t)=r_i(t) \quad (i=1,2,\cdots,n) \tag{10-61}$$

式(10-61)所表示的每一个方程相当于一个单自由度系统的振动方程，一般可采用数值方法进行求解，可得 $x_i(t)(i=1,2,\cdots,n)$。

三、振型叠加得到方程解答

在求解得到振型坐标 $x_i(t)(i=1,2,\cdots,n)$ 后，按式(10-56)将其叠加起来，就可以得到每个节点的位移值

$$\boldsymbol{u}_t=\boldsymbol{\Phi}\boldsymbol{x}(t)=\sum_{i=1}^{n}\boldsymbol{\phi}_i x_i \tag{10-62}$$

代入式(10－57)还可得到其位移加速度和速度。

四、振型叠加法的求解特点

由以上的求解过程可以看出，振型叠加法是将对系统运动方程的求解转换为对 n 个单自由度系统运动方程的积分，比对联立方程组的直接积分的计算工作量要小得多，且由于高阶振型对结构动力反应的影响一般都很小，通常只需计算一部分低阶振型就够了。但是也应注意到，为了应用振型叠加法，首先必须求解特征值问题，因此在实际分析中采用哪种方法，应根据具体情况而定。

10.5　解的稳定性

对于动力问题的求解而言，解的稳定性是一个非常重要的问题，由于针对此问题的理论发展并未完善，故本节只对此进行简单的讨论。

如前所述，采用直接积分法进行动力分析时，时步 Δt 的选择至关重要，它与计算的稳定性、精度与计算费用均有关系。所费机时与所选时步 Δt 成反比，因而为了减少计算费用，Δt 越大越好，但为了保证适当的计算精度，Δt 又不能太大，这就牵涉到两个问题：计算稳定性与计算精度。

一、计算稳定性

首先来说明计算稳定性的含义，考虑一单自由度结构的自由振动方程。对于给定的初始条件，若无阻尼，振幅应保持为常数；如果有阻尼，位移幅度应逐渐衰减，最后趋于零。但在用数值积分方法求解该方程时，如果所选的时步 Δt 太大，则位移不但不衰减，反而可能随着时间 t 的延长而逐步变大。这种现象称为计算的不稳定。另外，用数值方法求解时，计算过程中总是有舍入误差的。由于阻尼的作用，某个特定的舍入误差对计算精度的影响，理应随着时间 t 的延长而逐渐减小，但当 Δt 太大时，这种舍入误差的影响可能会随着时间 t 的延长反而逐渐增大，这也是一种计算的不稳定性。因此，计算稳定性有两层含义：① 初始条件的影响不会逐步放大；② 舍入误差的影响也不会逐步放大。

如果对于任意的 Δt，特别是当 $\Delta t/T$(T 为自振周期)较大时，计算都是稳定的。这种计算方法被称为是无条件稳定的。相反如果只有当 $\Delta t/T$ 小于某一特定值时，计算才是稳定的，否则计算是不稳定的，这种计算方法被称为是有条件稳定的。

有研究结果表明，对于 θ 方法，当 $\theta \geqslant 1.37$ 时，计算是无条件稳定的。通常在计算中取 $\theta = 1.40$。而线性加速度方法相当于 $\theta = 1.0$，所以是有条件稳定的。

对于 Newmark 方法，当 $\beta \geqslant 0.5$ 且 $\alpha \geqslant 0.25(\beta + 0.5)^2$ 时，计算是无条件稳定的。通常取 $\beta = 0.5$ 和 $\alpha = 0.25$。

二、计算精度

对于有条件稳定的计算方法，如线性加速度法，时间步长 Δt 必须不大于临界时间步长，即 $\Delta t \leqslant \Delta t_{cr}$，计算才是稳定的，剩下选择 Δt 的余地一般是不大的。对于无条件稳定的计算方法，对于任意的 Δt，计算都是稳定的，Δt 的选取主要决定于计算精度，即在满足必要的计算精度的条件下，采用尽可能大的时间步长 Δt，以节省计算时间。而所谓计算精度，是指数值解与精确解相比而达到的精确程度。关于在满足必要的计算精度的前提下如何选择尽可能大的 Δt，需要根据具体情况和经验、试算等来确定。

思考及练习题

1. 简述用有限单元法进行动力学问题分析的求解步骤。
2. 动力学问题有限元分析与静力学问题相比，基本平衡方程有什么区别？
3. 试说明直接积分的几种解法之间的异同，时间步长的选取与解的稳定性有何意义。
4. 什么是振型叠加法？什么是结构的固有频率和固有振型？

第 11 章 有限单元法在土木工程中的应用实例

近年来，有限单元法已经发展成为最为成熟和应用广泛的数值方法，其在非线性分析、超大规模单元及节点工程计算、大型稀疏方程组求解等方面有了突飞猛进的发展，应用领域涉及结构工程、岩土工程、隧道工程等土木工程的各个方面。限于篇幅，本章介绍有限元法在水工大坝安全系数评价、地铁车站深基坑围护结构变形规律研究、专线铁路下采煤引起的地表沉陷预测等方面的应用实例。

11.1 某大坝工程 3# 坝段深层抗滑稳定三维有限单元法分析

一、问题的提出

某大坝 3# 坝段基岩为坝区断续缓倾角结构面相对发育区，长大缓倾角裂隙与岩桥在各坝段呈交互分布。3# 坝段的主要工程地质问题为大坝沿缓（中）倾角断续结构面等组成的潜在滑动面的抗滑稳定问题，区内有 29 条主要的结构面、5 条主要断层（见图 11-1）。该坝段是稳定性相对薄弱的环节，由于建基面高程为 85 m ～ 90 m，坝后布置的坝后式厂房最低建基高程为 22.2 m，致使坝后形成坡度约 54°、临时坡高 67.8 m、永久坡高 39 m 的高陡边坡，坝段的剖面示意图如图 11-2 所示。如此高的混凝土坝建造在裂隙密布的高陡岩基台上，裂隙的存在对大坝的安全运行带来严重威胁，因此，对 3# 坝段的深层抗滑稳定问题的评价与分析是业主和设计部门极为关注的问题，它也成为工程中最重大的工程技术问题之一。研究的关键是要把坝基施工进行中发现的坝段基岩内节理裂隙、断层的分布反映到相应的计算模型里去，进行坝段深层抗滑稳定三维弹塑性有限元的分析。

图 11-1 3# 坝段的位置

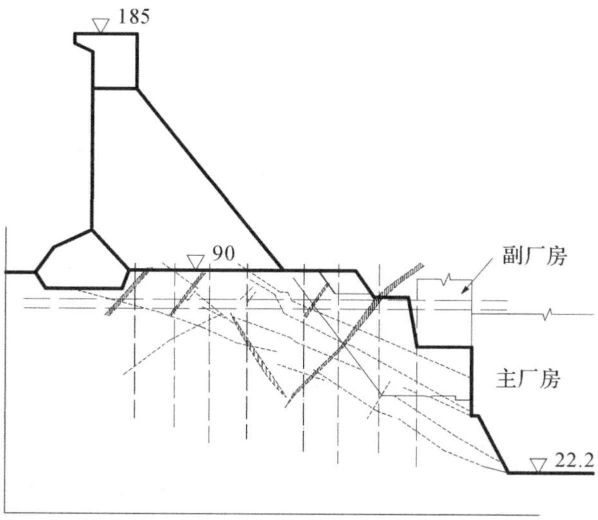

图 11－2　3# 坝段剖面图

二、强度折减有限元法

3# 坝段稳定评价的实质是节理岩体边坡的稳定分析安全系数的确定问题。用有限元方法分析边坡稳定问题克服了极限平衡方法中将土条假设为刚体的缺点，考虑了岩体的非线性结构关系，适用于任意复杂的边界条件。通常，用有限元法分析边坡稳定的步骤是首先计算出边坡内每一单元的应力，然后按沿整个滑裂面的抗剪强度与实际产生的剪应力之比来求得安全系数。邓肯(Duncan) 在 1996 年指出边坡安全系数可以定义为，使边坡刚好达到临界破坏状态时，对岩石的剪切强度进行折减的程度，即定义安全系数是岩石的实际剪切强度与临界破坏时折减后的剪切强度的比值。这种强度折减方法特别适合用有限单元法来实现，早在 1975 年辛凯维奇(Zienkiewice) 就用此方法分析边坡稳定，只是由于需要花费大量的机时而在具体应用中受到限制，Wong 在 1984 年给出了用有限元法分析边坡稳定性误差产生的原因。现在，随着微机的发展和有限单元计算技术的提高，强度折减有限元法正成为边坡稳定分析研究的新趋势。研究表明，强度折减有限元法能得到与极限平衡法几乎接近的安全系数和临界滑动面。强度折减的要点是利用式(11－1) 和(11－2) 调整岩体的强度指标 C，φ，其中 K 为折减系数，然后对边坡进行有限单元法分析，通过不断地增加折减系数 K，用不同的 C_K 和 φ_K 反复分析边坡稳定，直至其达到临界破坏，此时得到的折减系数即为安全系数 Fs。

$$C_K = C/K \tag{11-1}$$

$$\varphi_K = \arctan(\tan\varphi)/K \tag{11-2}$$

强度折减法的优点是安全系数可以直接得出，不需要事先假设滑裂面的形式和位置，另外可以考虑边坡的渐进破坏过程。

三、三维有限元分析模型的建立

(1) 计算范围。

坝基的计算范围剖面图如图 11－3 所示，大坝的宽度为 38.3 m。

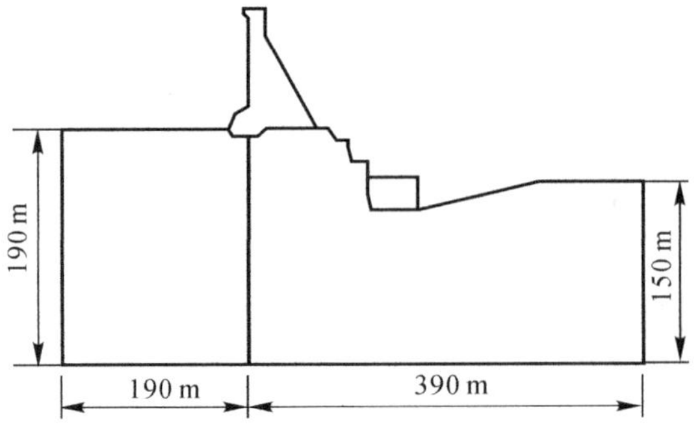

图 11-3　计算范围剖面图

(2) 结构面和断层的处理方法。

建立计算模型时的做法是将根据勘察工作总结出来对坝段稳定性起决定作用的结构面和断层考虑到三维计算模型中，这样可以抓住关键问题，并能得到满足工程需要的计算结果。最终选择了 29 条主要结构面以及影响坝基稳定性的 5 条关键断层在三维计算模型中给以考虑。篇幅所限，断层、结构面的空间分布产状和结构面性状及充填物特征、长度等详细特征不在此详述。

显然，将如此多的结构面和断层按照其真实产状和展布面积及空间分布位置构筑到三维数值模型上是一项十分艰巨的工作，这也是本次三维计算分析工作中的关键性工作之一。

本文在三维计算模型的建立过程中，按结构面的真实产状，及其中心点位置，正确定位于计算模型之中。根据地质部门建议，结构面按方形处理，在交叉部位，局部作少量简化处理，图 11-4 是结构面的空间分布图，图 11-5 是断层的空间分布图。

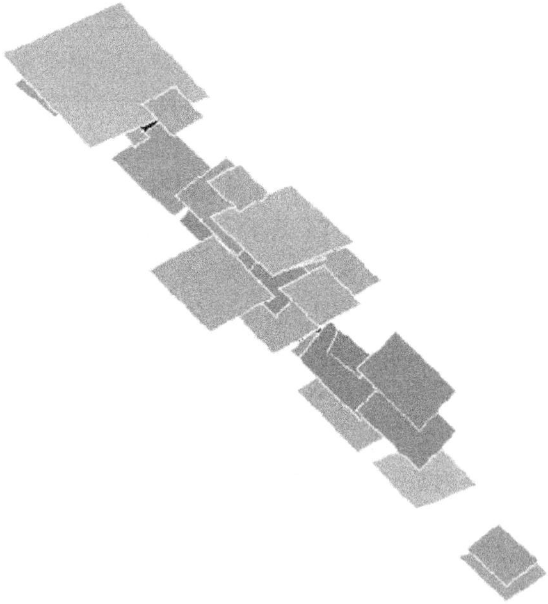

图 11-4　3# 坝段结构面空间分布图

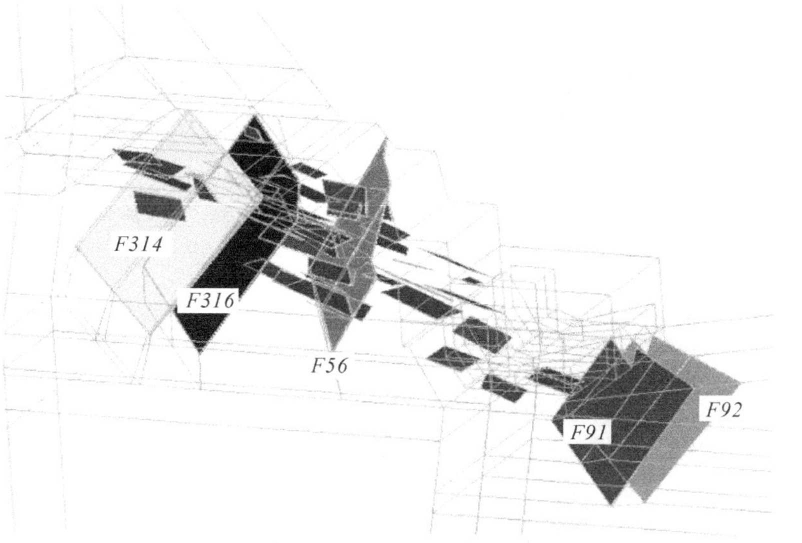

图 11－5　5 个主要断层的空间分布图

(3) 混凝土大坝计算模型。

省略了大坝中的排水系统，根据混凝土大坝的几何尺寸建立了三维几何模型，见图 11－6。

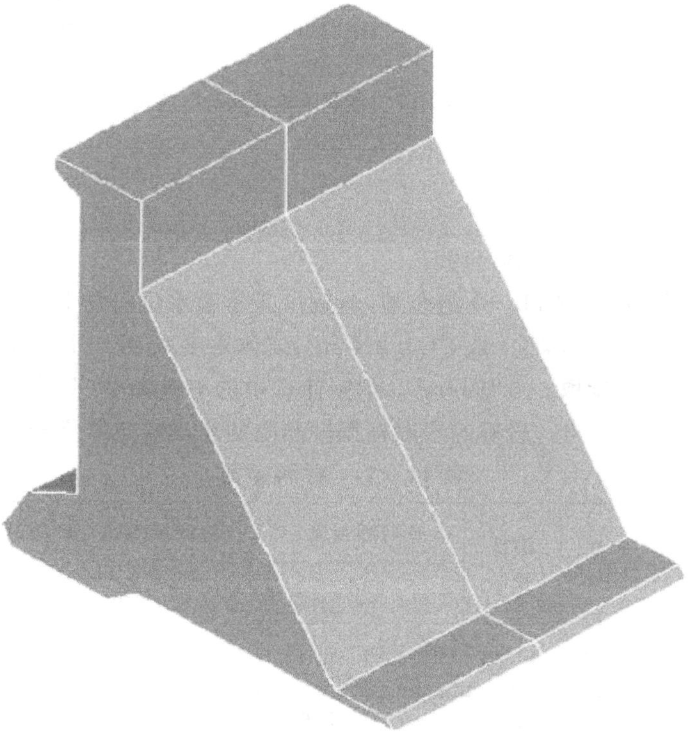

图 11－6　混凝土大坝三维模型

(4) 网格的剖分。

本计算模型中，坝基花岗岩、混凝土和断层用的单元类型有四面体单元(三棱锥)，五面体单元(四棱锥，三棱柱)，等参六面体单元，结构面用的是古德曼(Goodman) 节理单元。图 11-7 给出了 3# 坝段三维有限元分析模型，总单元数为 18 532，节点数为 10 015，其中节理单元 459 个，断层单元 1 069 个。

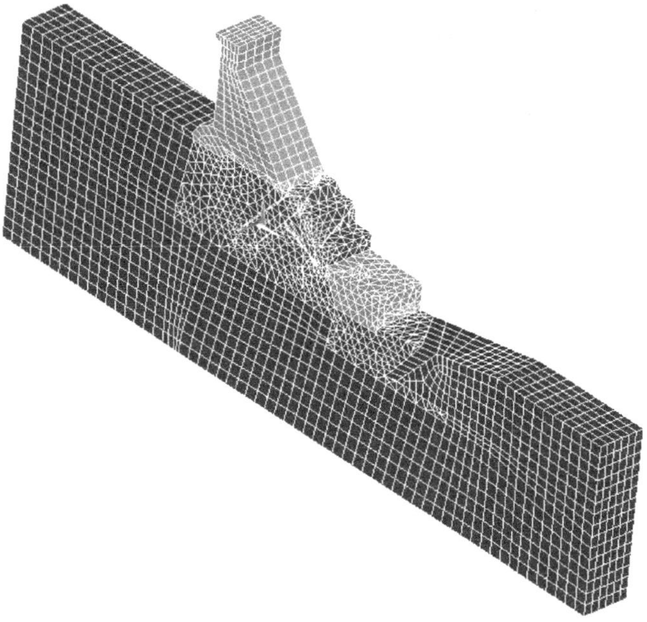

图 11-7　坝段三维有限单元法计算模型

四、计算条件

(1) 三维计算时的荷载与材料参数。

三维计算时的荷载(见图 11-8) 组合是：自重＋正常蓄水位时的上、下游水压力＋泥沙压力。其中，坝体混凝土重度(容重) 取 24.5 kN/m³，岩体重度取 27.0 kN/m³，泥沙压力取淤沙高程为 106 m，泥沙浮重度取 5.0 kN/m³。本例计算中的材料参数(见表 11-1) 由勘测院提供，结构面的连通率是 11.5%，岩桥的参数根据勘测院的建议取微风化岩体参数的 88.5%。

表 11-1　材料参数

参数 / 材料	变形模量 GPa	重度 kN/m³	泊松比 μ	抗剪断强度		抗剪残余强度		法向刚度 K_n MPa/cm	切向刚度 K_s MPa/cm
				f	c / MPa	$1'$	c' / MPa		
坝体混凝土	26	24.5	0.167	1.1	3.0				
微风化岩体	35	27.0	0.22	1.7	2.0	1.3	0.7		
结构面				0.7	0.2	0.6	0.1	90	25
断层	10	26.0	0.28	0.9	0.8	0.8	0.6		

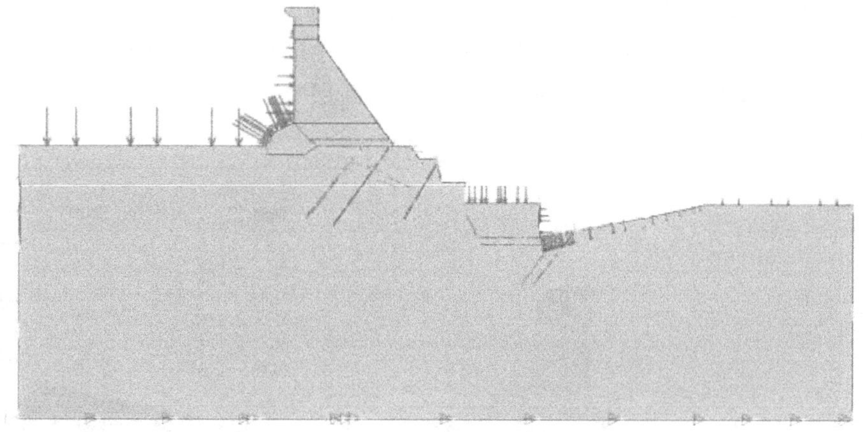

图 11－8　3# 坝段表面荷载分布图

(2) 安全系数的综合评判方法.

如何通过三维有限单元法分析的结果来给出坝段的抗滑安全系数，目前尚没有一个标准的方法，本例通过研究：① 坝体关键点（坝踵、坝顶、坝趾）位移 D 与强度折减系数 K 的变化规律（下称 D-K 曲线）；② 滑移通道上坝踵和主要长大结构面、岩桥等塑性区发展与 K 之间的演化规律，来综合判断 3# 坝段的安全系数。既把控制点位移出现拐点＋坝踵破坏＋滑移通道上单元破坏区域接近完全连通，整体滑移通道接近形成时的 K 值确定为坝段的抗滑安全系数。拐点等具有明确的物理含义，它反映了坝体位移方面的总体特征，并且该点具有确定性。

需要指出，不能把有限元计算得到的最大可能 K 值作为坝段的抗滑安全系数，这是因为有限元计算能够计算到的最大 K 值受到有限元计算时的控制方法（如增量的子步步长等）的影响，把此时的 K 作为坝段的抗滑安全系数是偏于危险的，也是不很恰当的。如本例的 3# 坝段单独作用，可以计算到 $K=6.5$，但是，我们不能把 3# 大坝的安全系数确定为 6.5，合理的确定方法见下述内容。

五、计算结果分析

三维计算的优势是可以把位移场、应力场等计算结果清晰的用三维图像反映出来，图 11－9 ～ 图 11－11 给出了 $K=1$ 时的位移场，图 11－12 给出了第一主应力分布图。

需要指出的是，在进行三维有限单元法计算结果详细分析时，有时需要选择若干个剖面和剖面上的若干个关键点进行认真分析，本节用于结果分析的是三个剖面，即距 3# 坝段横缝面 7.66 m，19.15 m（见图 11－13），30.64 m 的剖面，每个剖面选取坝址 A，坝顶 B 和坝踵 C 等三个关键点上的位移发展情况进行分析。

图 11－14 给出了 19.15 剖面坝踵 C 点的顺流向和竖直向位移与 K 的变化曲线，图 11－15 给出了该剖面 $K=1,2,3,3.2,3.5,4$ 时的塑性区图。限于篇幅，其他剖面关键点的 D-K 曲线和塑性区发展过程图略去。3# 坝段单独作用时，正常情况下蓄水后（$K=1$，见图 11－15(a)），在指定的 4 个剖面上，很少量的结构面发生屈服。在 $K=2$ 时，4 个剖面的断层和结构面大多数进入塑性（见图 11－15(b)）。在 $K=3,3.2$ 时，各长大结构面之间的岩桥及其附近的岩体进入

塑性(集中在 ▽51 高程以下)。在 $K=3.5$ 时(见图 11-15(e)),随着 K 的增加,各剖面的塑性区不断增加,结构面、断层之间的岩桥大多数进入塑性,最为关键的是,此时,各剖面坝踵处的基岩屈服,但坝踵处的塑性区并没有和 F_{314} 断层处的塑性区连通,整体的塑性滑移通道尚未形成。在 $K=4$ 时,各剖面坝踵处、几乎所有的结构面、断层及其岩桥的塑性区连通,大的塑性滑移通道形成(见图 11-15(f))。

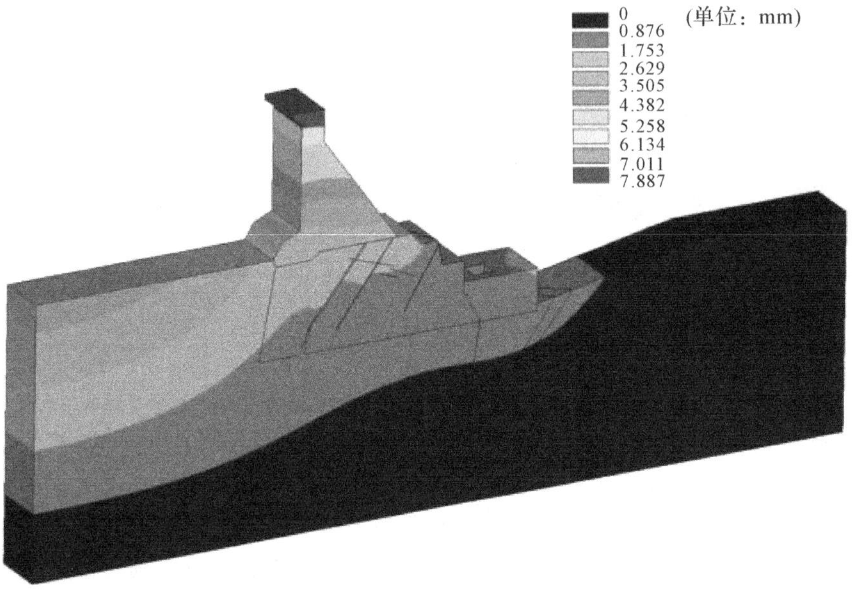

图 11-9　3# 坝段整体位移等色图($K=1$)

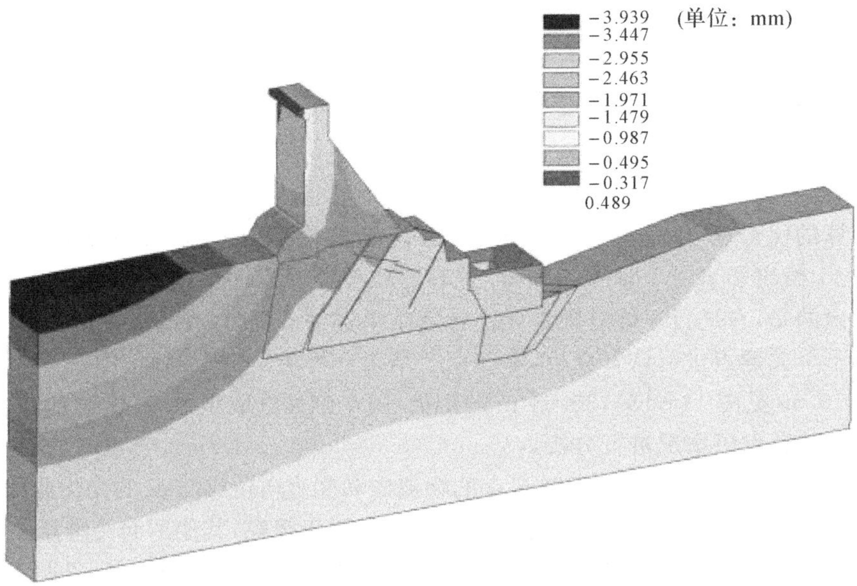

图 11-10　3# 坝段竖向位移等色图($K=1$)

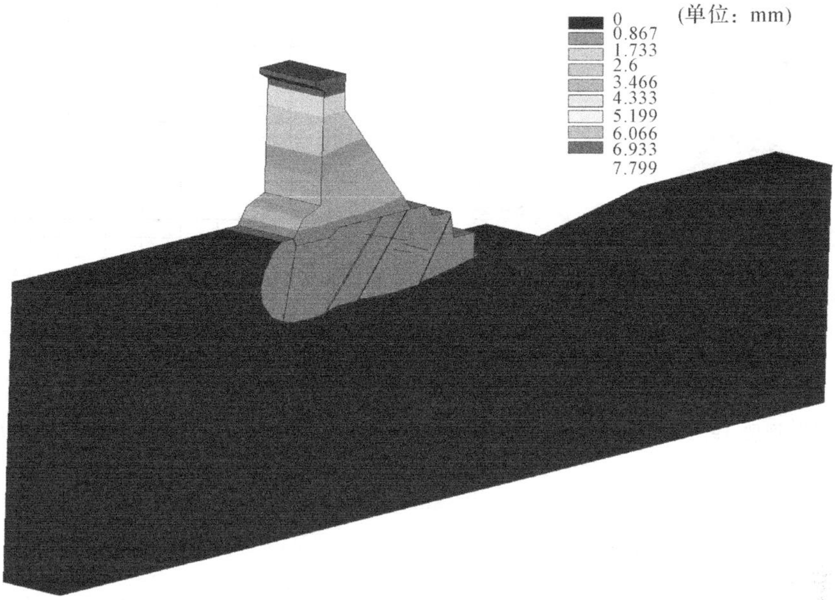

图 11-11　3# 坝段顺流向位移等色图($K=1$)

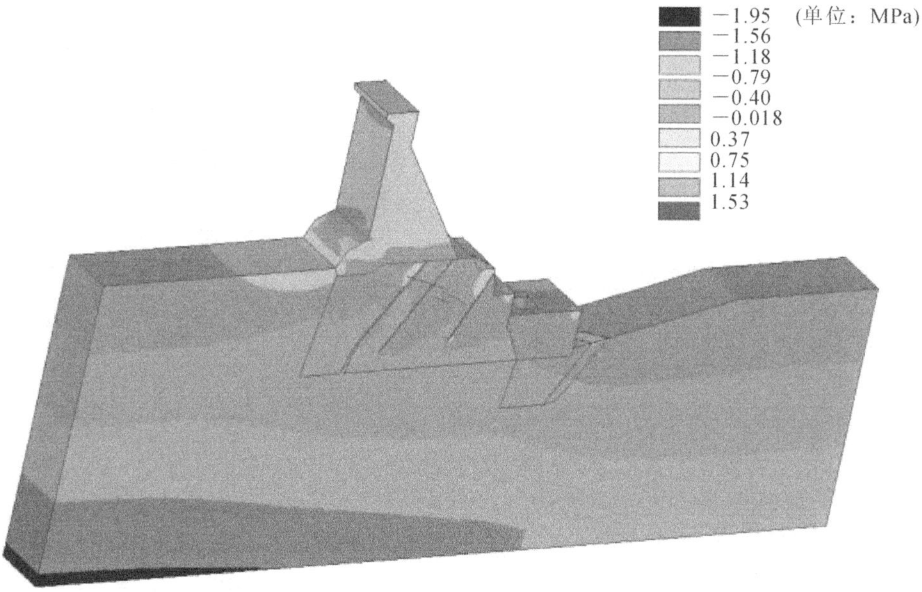

图 11-12　3# 坝段整体第一主应力等色图($K=1$)

在 K 从 1 到 2 的过程中，各剖面坝踵、坝顶和坝趾关键点的顺流向和竖直向位移基本一致(见表 11-2)，几乎没有变化，这主要是各结构面之间的岩桥没有进入塑性，几乎没有结构面的连通，没有大的滑移通道形成的缘故。

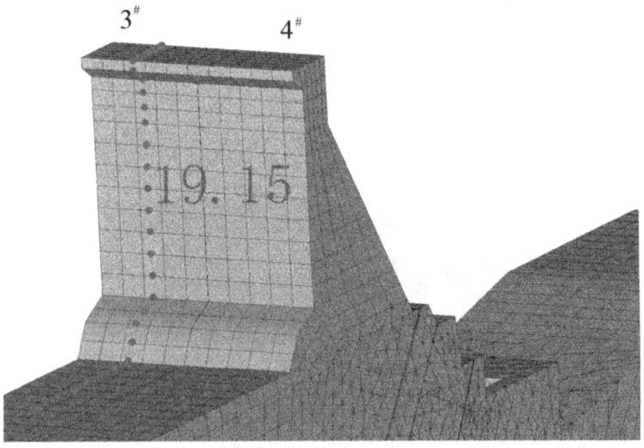

图 11-13　3# 坝段 19.15 剖面的位置

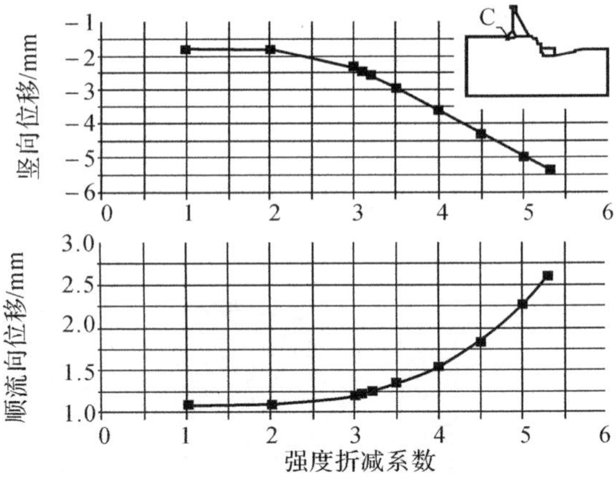

图 11-14　19.15 m 剖面 C 处位移与 K 关系曲线

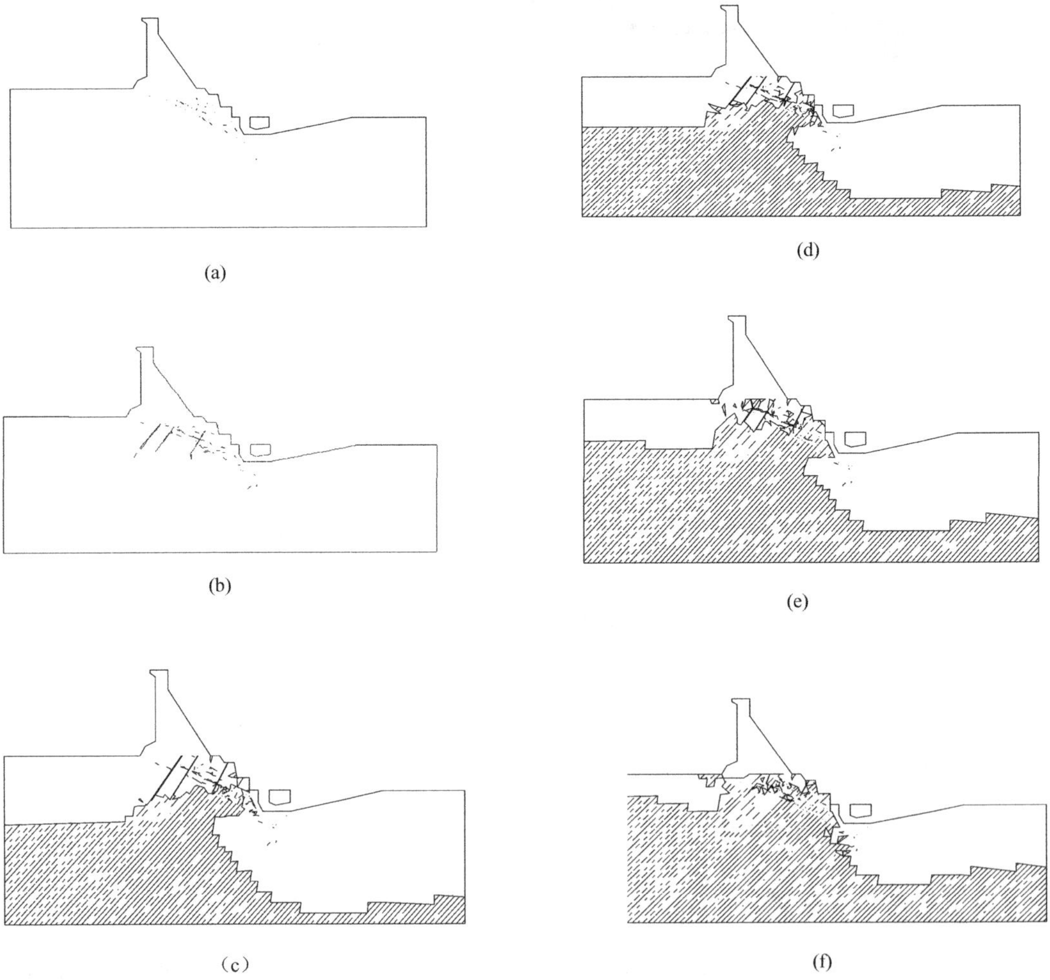

图 11-15　19.15 m 剖面塑性区

(a)$K=1$；(b)$K=2$；(c)$K=3$；(d)$K=3.2$；(e)$K=3.5$；(f)$K=4$

表 11－2　19.15 剖面关键点位移　（单位：mm）

K	坝趾 A 点		坝顶 B 点		坝踵 C 点	
	顺流向	竖 向	顺流向	竖 向	顺流向	竖 向
1	1.22	－1.33	7.68	－1.01	1.10	－1.81
2	1.26	－1.34	7.71	－1.04	1.10	－1.81
3	1.48	－1.73	7.67	－1.71	1.20	－2.37
3.1	1.54	－1.83	7.71	－1.86	1.22	－2.48
3.2	1.61	－1.94	7.76	－2.01	1.25	－2.60
3.5	1.84	－2.31	7.98	－2.51	1.34	－2.96
4	2.47	－3.11	8.61	－3.50	1.54	－3.60
4.5	3.40	－4.12	9.72	－4.65	1.84	－4.25
5.0	4.66	－5.36	11.39	－5.94	2.27	－4.92
5.3	5.63	－6.25	12.74	－6.83	2.61	－5.35

在 K 从 2 到 3 的过程中，各剖面坝趾、坝踵关键点的顺流向位移增大，坝趾向坝基深处移动明显，这主要是部分结构面之间的岩桥进入塑性，部分结构面连通，有大的滑移通道的形成的缘故。而此时各剖面坝顶关键点的顺流向位移几乎没有变化，坝趾向坝基深处移动非常明显。因此，$K=3$ 时，各剖面关键点的位移与 K 的关系曲线上出现拐点。

在 K 从 3 到 3.5 的过程中，各剖面坝趾、坝顶、坝踵关键点的顺流向位移加速增大，各点向坝基深处移动明显增大。这主要是大部分结构面之间的岩桥进入塑性，结构面连通，有很长的滑移通道形成。

在 K 从 3.5 变为 4、5 等值的时候，各剖面坝趾、坝顶、坝踵关键点的顺流向位移急剧增大，各点向坝基深处移动也急剧增大，主要原因是各剖面坝踵处、几乎所有的结构面、断层及其岩桥的塑性区连通，整体塑性滑移通道形成。

由于是三维有限元计算，并不是所有的剖面的结构面和断层及其附近的岩桥都进入塑性，因此应力可以不断调整，对于 $3^{\#}$ 坝段单独计算来说，可以计算到 $K=6.5$，K 可以继续增大，但不能认为有限元计算可以进行下去的 K 是安全系数。

大坝的安全系数需要综合判断，应遵循三个优先原则：① 关键点 C 的变化情况优先于 A 和 B；② 中央剖面（19.15 米剖面）的变化情况优先于两侧剖面；③ 水平位移的变化优先竖向位移的变化。

综上所述：① 仅从 $D-K$ 的关系曲线可以看出 $3^{\#}$ 坝段的安全系数在 3.0～3.5 之间；② 仅从坝踵、长大缓倾角结构面、长大缓倾角结构面之间的岩桥几乎全部发生破坏，潜在滑移通道即将形成来分析，可以认为 $3^{\#}$ 坝段的安全系数在 3.5 ～ 4.0 之间。综合以上各个方面单因素的分析，可以认为 $3^{\#}$ 坝段的强度储备安全系数为 3.5 左右。

六、结论与讨论

(1) 经过三维非线性有限单元法分析研究，综合分析各剖面关键点的 $D-K$ 曲线及其对应的坝基节理岩体的破坏发展规律，本节建议 $3^{\#}$ 坝段的强度储备安全系数为 3.5 左右。

(2) 由于 $3^{\#}$ 坝段的结构面和断层的赋存情况已经比较清楚，因此，在进行三维有限单元法建模时，将对 $3^{\#}$ 坝段岩基内赋存的对抗滑稳定性具有重要影响的长大缓倾角断续结构面和断层，按照其真实的产状和空间分布面积描述在计算模型之中，为整个三维分析奠定了坚实可靠的基础。

(3) 如何科学地根据三维有限单元法的计算结果去评定大坝抗滑稳定安全系数，是有限元法在岩体工程中应用时遇到的一个十分重要的问题。本例采用的研究控制点位移与 K 值关系曲线上出现拐点的物理机制，把控制点位移出现拐点 + 滑移通道上单元破坏区域接近完全连通，整体滑移通道接近形成时的 K 值确定为坝段的抗滑安全系数的方法具有自己的特色。

11.2 地铁车站深基坑围护结构变形规律有限元分析

一、问题的提出

20 世纪 80 年代以来，我国城市地铁建设发展迅速，上海、北京、天津、广州、西安、成都、深圳、南京等地的地铁工程发展很快。地铁施工通常采用明挖和暗挖（地下开挖）两类施工方法。明挖法施工方便且成本也较低。由于地铁车站一般位于城市的繁华路段，车站附近建筑物密集，明挖法施工车站，基坑平面尺寸和开挖深度的增大带来一系列复杂的问题。如：基坑围护结构的变形和稳定、施工中对相邻建筑物及环境、地下管线、地面交通所带来的影响，这些问题受到地铁建设及设计单位的广泛关注。地铁深基坑围护工程是一项复杂的系统工程，它几乎涉及岩土力学与工程的各个方面，如土力学、工程地质学、水文地质学、结构力学以及监理、监测、施工方法等多个领域。深基坑开挖不仅要保证基坑本身的安全与稳定，且要有效控制基坑周围地层移动以保护周围环境。实践表明，由于地层构造错综复杂，加上设计与施工管理不善，如果围护技术不当，开挖措施不严密，会导致基坑周边土体失稳造成房屋开裂倾斜、变形、地下管网断裂等等，严重破坏基坑周围环境。这些问题如果处理不当，会对深基坑的施工造成重大影响，延误工期，造成巨大经济损失和不良的影响。有限元法已经成为研究车站基坑围护结构变形机理的重要手段之一。在基坑施工之前，地铁车站围护结构变形规律的有限元分析结果可用于围护结构的合理性评价，对于合理施工方案的确定以及基坑施工监测方案的科学制定有重要参考价值。本节以某市地铁车站南坑为工程背景，介绍采用有限单元法分析该地铁深基坑围护结构的变形规律。

二、工程概况

图 11－16 是某地铁站位置及周围环境图。车站主体范围内路下市政管线较多，位于控制

地位的是车站跨路段上方的污水管线，污水管和车站结构间土层仅 0.5 m，车站呈南北走向，车站中心里程为 $K4+2.000$，轨顶标高为 28.986 m，埋深为 15.6 m 左右，拟建车站共设出入口 4 个，在东南与东北各设有一个通风道，在主体站两侧设风亭 2 个。车站为地下二层三跨岛式站台，主体结构南北长 179.4 m，分为南北两个深基坑，南段长约 57.6 m，宽为 33 m；北段长约 65.4 m，宽为 42.7 m。该站结构底板标高为 27.296 m，底板埋深为 17 m。主体结构顶板标高为 35.60 m，顶板埋深为 9.0 m。车站采用明挖法施工。根据地铁基坑围护结构设计规范及工程水文地质状况，地铁站北坑采用分步施工，第一级（7.8 m）为放坡 + 土钉墙维护，第二级（9.2 m）的维护方式为排桩 + 2 道内支撑。

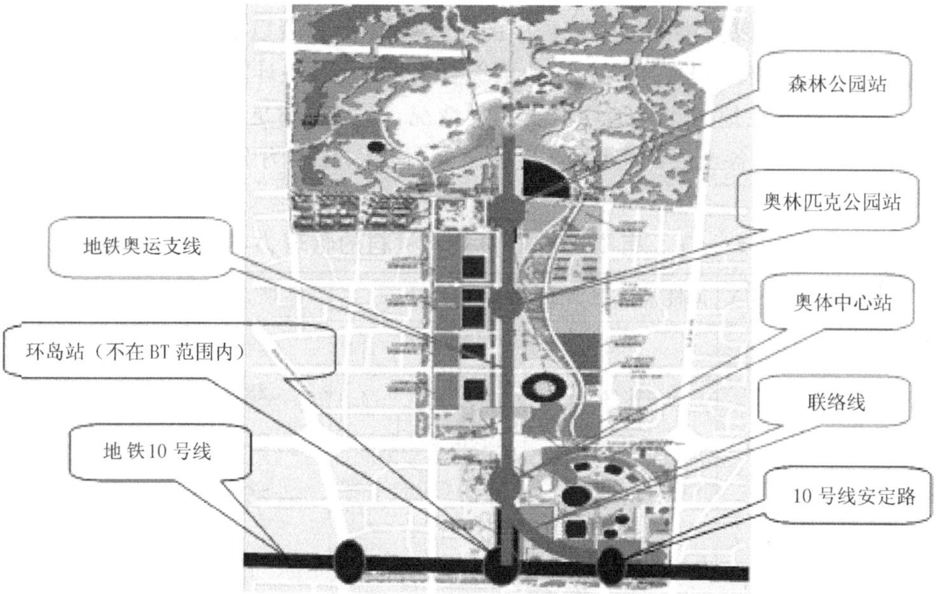

图 11 - 16　森林公园站的位置

二、计算方法

（1）基本假定。

为简化计算和建模方便，对基坑开挖问题进行有限元数值分析时，做如下假定：

1）按平面应变问题考虑；

2）围护结构及支撑处于弹性受力状态，土体为弹塑性介质；

3）支撑自重相对于庞大的土体而言很小，而且这里只做静力分析，忽略不计；

4）开挖以前，排桩引起的土体原位应力的改变不予以考虑，土体的初始应力假定为静止土压力；

5）桩体的尺寸取与实际相同。土体的计算深度取基坑开挖深度的 3 倍，计算宽度自开挖边界两侧各向外取开挖深度的 2 倍；

6）土体的初始应力按自重应力计算，开挖过程按分步增量法模拟；

7）钢支撑模拟方法：依据轴力大小施加在维护桩上。

(2) 研究范围。

研究区域尺寸的选取对基坑工程有限元模拟的精度有很大的影响，本课题主要研究地铁车站南基坑的开挖对土体变形的影响，并对其进行二维有限单元模拟。按照工程经验，通常研究区域尺寸取周围土体为开挖尺寸的 2.5 ～ 3.5 倍，本例的研究范围如图 11－17 所示，水平方向为 252.5 m，竖向从地表向下深度为 85.0 m。

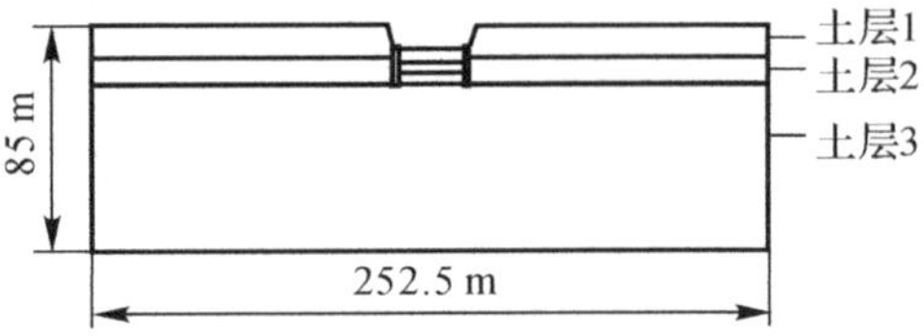

图 11－17　有限元研究区域

(3) 地层简化及其计算参数。

根据地质勘察研究院提供的勘察报告中的土性特殊指标表以及土层分布图，对各个土层进行综合分析和评价，将工程性质接近的地层综合为同一层，将计算范围内的地层结构分为 3 层，这样既符合车站所在地的实际地层岩土工程情况，又能够满足数值模拟建模的要求，地层简化情况见图 11－17。各土层的密度、弹性模量、泊松比、黏聚力和内摩擦角等见表 11－3 所示。

表 11－3　有限元模型中各种材料的物理力学参数

参数	密度 $\rho/(\mathrm{kg/m^3})$	弹性模量 E/MPa	泊松比 μ	黏聚力 C/kPa	内摩擦角 $\varphi/(°)$
土层 1	1 960	302	0.28	19.429	20.4
土层 2	1 990	362.84	0.277 5	23.011	17.724
土层 3	1 990	407	0.257 5	23.693	22.59
土钉墙	2 000	3 000	0.23	25.0	30.0
桩体	2 400	3 000	0.3		

(4) 计算范围和边界条件。

土体及桩体选取四边形某参数单元，模型包含 1 100 个单元，1 164 个节点。计算范围、边界条件及有限元网格剖分方式如图 11－18 所示。在模型两端和底部设置法向约束，地表为自由面，用自重模拟地层的初始地应力。

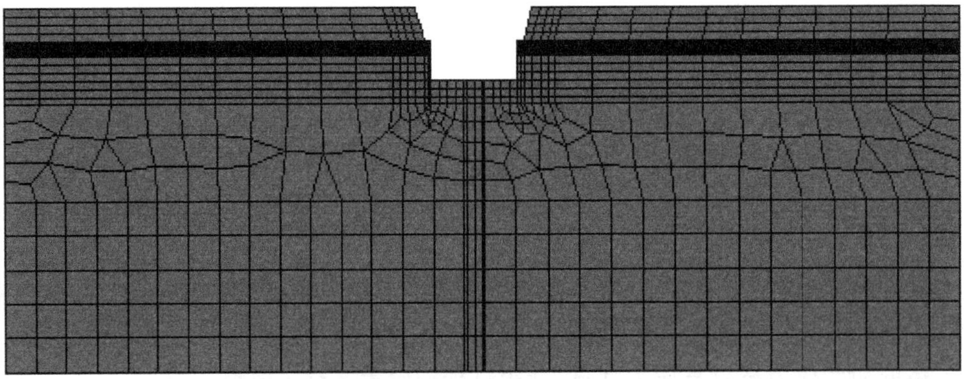

图 11－18　有限单元法分析模型

土体选用德鲁克-普拉格弹塑性本构模型，桩体选用各向同性线弹性模型。土钉墙的模拟采用系统等效法，即提高土钉长度 8.0 m 范围内的土体强度。具体的围护结构放大图见图 11－19。

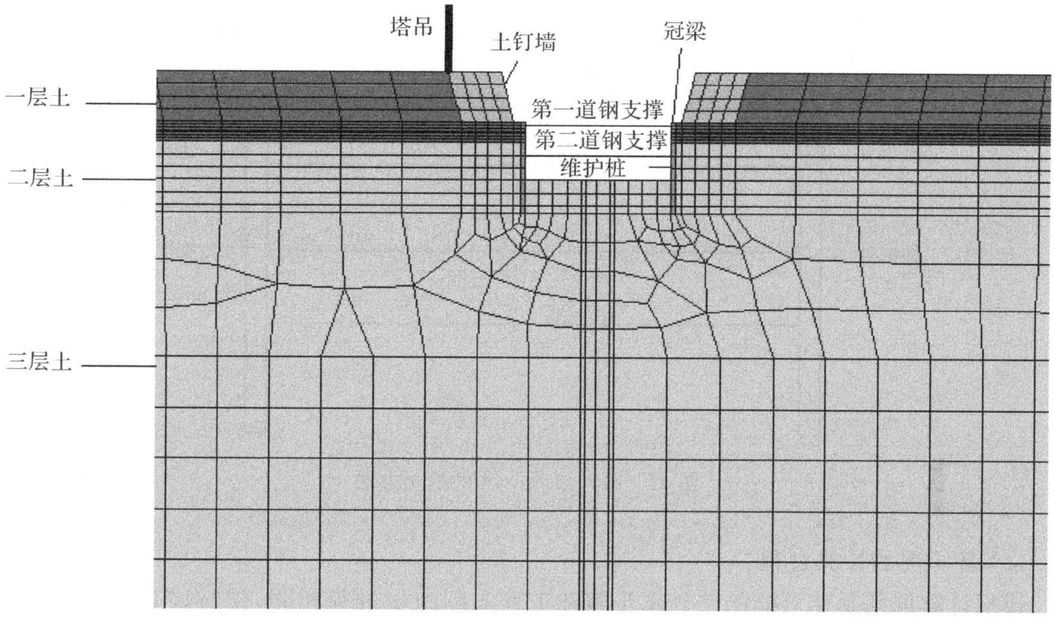

图 11－19　围护结构放大图

(5) 计算工况。

为了合理预测深基坑开挖引起的土体变形，有限单元计算将模拟基坑开挖过程中的基坑变形规律，为控制基坑变形，保证安全施工提供可靠依据。计算工况为

工况 1：不安装钢支撑，进行 16 步基坑土方开挖(见图 11－20)。

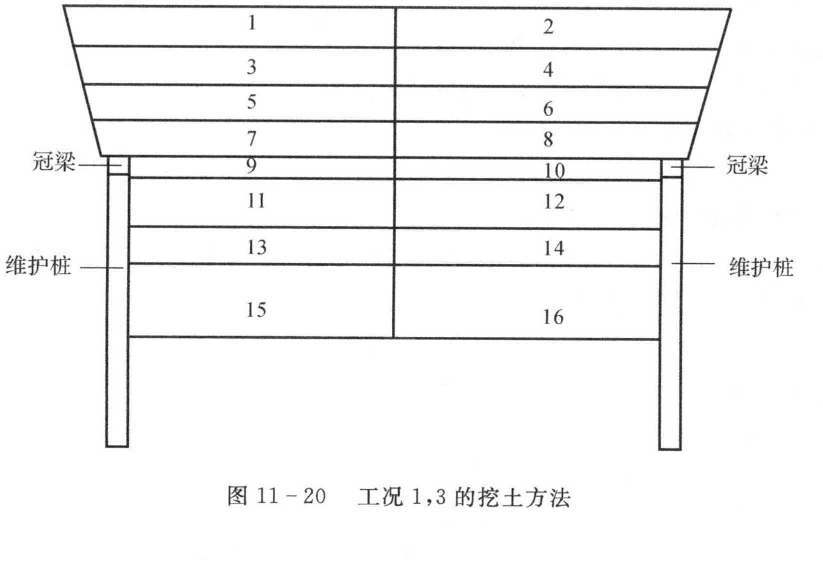

图 11－20　工况 1，3 的挖土方法

工况 2:不安装钢支撑进行 8 步基坑开挖(见图 11-21)。

工况 3:安装钢支撑进行 16 步基坑开挖(见图 11-20)。

工况 4:安装钢支撑进行 8 步基坑开挖(见图 11-21)。

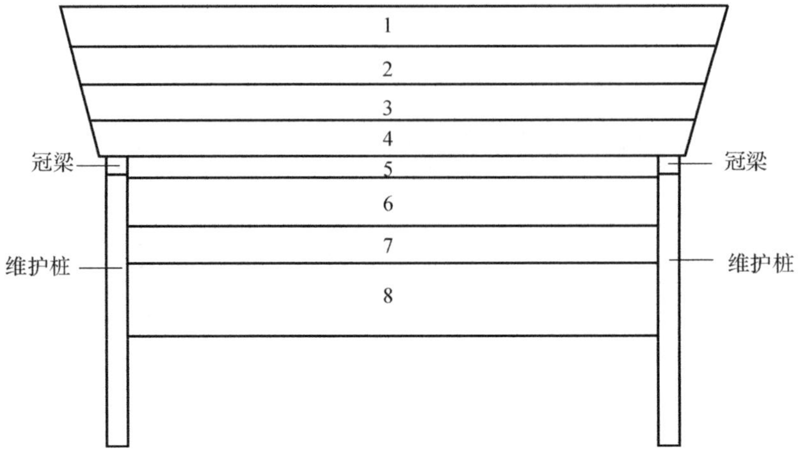

图 11-21　工况 2,4 的挖土方法

(6) 各工况的计算过程。

模拟计算原则是尽可能的使计算步骤和工程实际施做过程相同,使结果真实可靠。工况 1 计算过程如下:

1) 模拟初始地应力;

2) 模拟基坑东侧的地表荷载塔吊;

3) 一级基坑放坡开挖,分四层八次开挖,每次开挖深度为 1.9 m,开挖深度 7.8 m;

4) 施做基坑围护桩和围护桩冠梁;

5) 二级基坑开挖,分四层八次开挖,首先分两次开挖 0 ~ 1.0 m 土体;

6) 分两次开挖 1.0 ~ 3.5 m 土体;

7) 分两次开挖 3.5 ~ 5.5 m 土体;

8) 分两次开挖 5.5 ~ 9.2 m 土体;基坑开挖完成。

工况 2 计算过程如下:

1) 模拟初始地应力;

2) 模拟基坑东侧的地表荷载塔吊;

3) 一级基坑放坡开挖,分四层四次开挖,每次开挖深度为 1.9 m,开挖深度为 7.8 m;

4) 施做基坑围护桩和围护桩冠梁;

5) 二级基坑开挖,分四层四次开挖,首先分两次开挖 0 ~ 1.0 m 土体;

6) 开挖 1.0 ~ 3.5 m 土体;

7) 开挖 3.5 ~ 5.5 m 土体;

8) 开挖 5.5 ~ 9.2 m 土体;基坑开挖完成。

工况 3 是在工况 1 第 6) 条计算之前施加第 1 和第 2 道钢支撑。

工况 4 是在工况 2 第 8) 条计算之前施加第 1 和第 2 道钢支撑。

四、计算结果分析

按照计算过程，将维护桩侧的桩顶、桩中、坑底和桩底位置的 8 个节点作为计算观测点，其水平位移见表 11－4。图 11－22 是 8 个计算观测点位置图。按照计算过程，初始地应力模拟完成以后，进行基坑东侧的地表荷载塔吊的模拟，接着进行基坑开挖的模拟，4 种工况下的水平位移等值云图见图 11－23 ～ 图 11－26。

表 11－4　4 种工况下得到的测点水平位移比较表　　(单位：mm)

测点位置	测点编号	节点编号	工况 1	工况 2	工况 3	工况 4
左桩顶	1	7	－3.11	－3.3	＋6.83	＋6.8
右桩顶	2	97	＋2.66	＋2.7	－7.09	－6.91
左桩中	3	610	－9.6	－10.0	＋2.63	＋2.63
右桩中	4	613	＋8.95	＋9.4	－3.02	－2.85
左坑底	5	602	－1.23	－4.25	＋0.28	＋0.16
右坑底	6	611	＋1.35	＋3.88	－0.56	－0.33
左桩底	7	801	－1.61	－1.68	－0.9	－0.89
右桩底	8	1 041	＋1.64	＋1.6	＋0.81	＋0.71

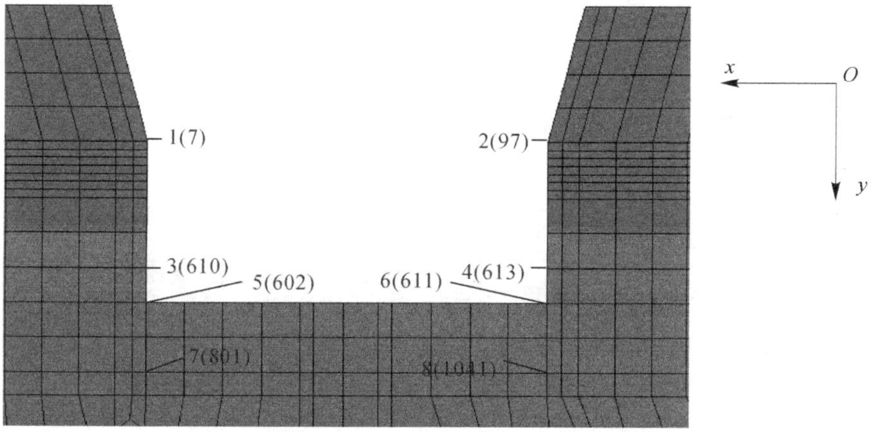

图 11－22　8 个计算观测点的位置(括号内为有限元模型节点号)

分析 4 种工况下产生的桩侧水平位移值的比较表及图形(见图 11－23 ～ 图 11－26 及表 11－4)，可以发现：

(1) 对比工况 1 和工况 2，分 16 步开挖引起的桩侧土体位移比分 8 步开挖引起的桩侧土体位移要小，而对比工况 3 和工况 4，在加入钢支撑以后，分步开挖引起的土体向坑外的位移 16 步开挖比 8 步开挖引起的要较大一些，更安全。可见，在深基坑开挖过程中，从安全合理的角度来看，应该分层分步进行，但是也要合理的对开挖步数和深度进行设计，如果开挖步数过少，则会造成基坑的不稳定，而如果开挖的步数过多，则又会不经济。

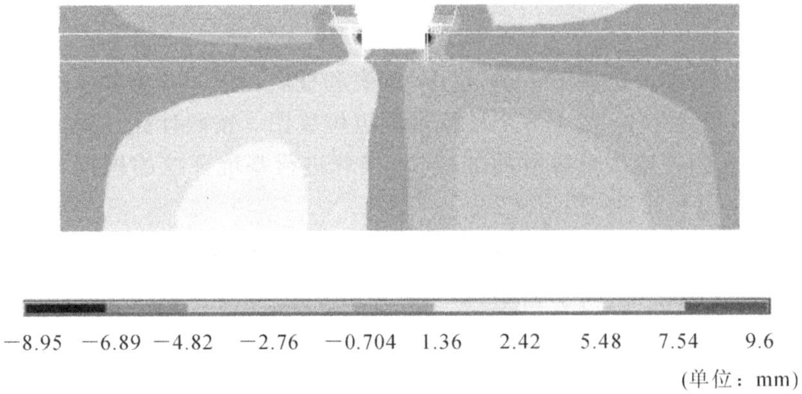

图 11－23　工况 1 水平位移等值云图

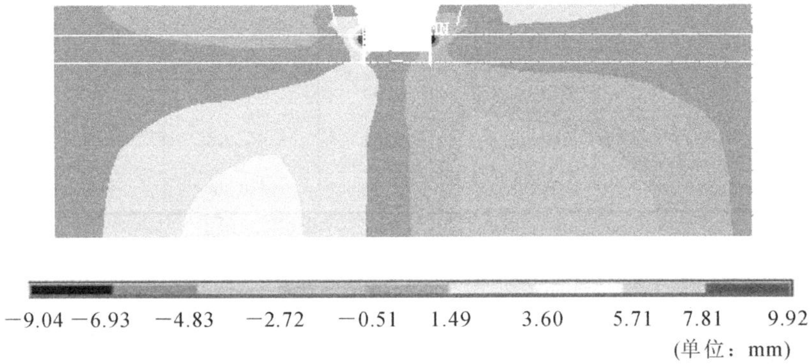

图 11－24　工况 2 水平位移等值云图

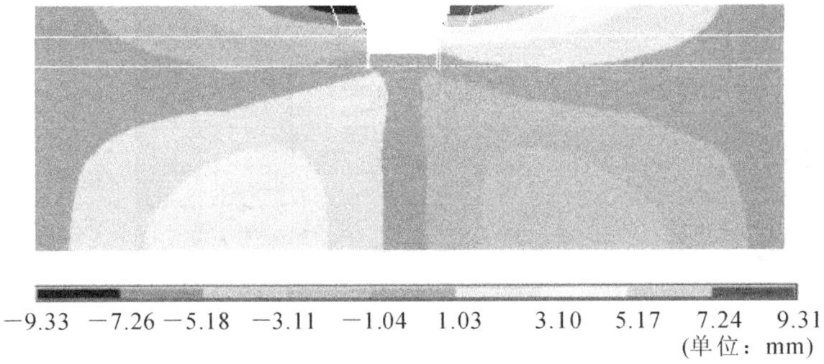

图 11－25　工况 3 水平位移等值云图

(2) 对工况 1 和工况 3 比较可以发现：在工况 1 中由于在二级开挖时未施做钢支撑，桩侧土体水平位移向坑内偏移达到最大为 10 mm，在左右两端桩顶位置上分别向坑内偏移 3.3 mm 和 2.7 mm。而在工况 3 中由于施做了两道钢支撑，桩周土体的水平位移在左右两侧桩中位置向坑外移动了分别为 2.63 mm 和 3.02 mm，而在桩顶的位置也向坑外移动了分别为 6.83 mm 和 7.09 mm，起到了很好的维护作用。因此，需要在桩顶和桩中的位置上施做钢支撑。

图 11 - 26　工况 4 水平位移等值云图

(3) 对于钢支撑的施做，主要是在钢支撑上提前施加预应力，在施做钢支撑的位置上分别向坑外方向加载节点力为 344.6 kN 和 509.9 kN，使排桩向远离坑的方向移动。因为土体是脆性材料，其抗拉强度比较小，所以在钢支撑施加前要施做预应力，同时应该在施工过程中钢支撑的轴力进行监测，时刻注意坑周的位移变化情况。

11.3　铁路专线下采煤地表沉陷规律有限元模拟研究

一、问题的提出

能源的紧缺已成为全世界关注的重大问题，特别是不可再生的矿产资源的合理开发和充分利用，具有重大的经济和社会意义。我国每年煤炭开采量极大，“三下”(“三下”是指铁路及建筑物下、城市地下、水下即水底地层中) 采煤越来越显得重要。专线铁路是矿区正常生产的动脉，铁路下采煤引起的沉陷对线路的损害会造成巨大的经济损失和人员伤亡事故。铁路专线下采煤不允许有过大的变形，相对于公路和建筑物下采煤对地表沉陷的控制标准更高。宝积山煤矿 701 综放工作面上方有矿区专用铁路通过，且铁路走向与 701 工作面走向方向斜交 40°。该工作面的煤层开采引起的岩层及地表移动，可能危及到专用铁路线的正常运行。本节以此为例介绍关于“三下采煤”引起地表沉陷及控制的研究。

路基移动包括水平移动和垂直移动两部分，开采引起路基的水平移动和垂直移动都可能导致路基的稳定性发生变化，影响列车的正常运行，甚至导致线路破坏。在铁路专线下开采之前要进行开采引起路基损害的预计评价，同时要设置地表、路基的观(监) 测站，对采动过程中的路基、轨道变化进行监测，根据预计评价结果和观测情况进行线路、路基预加固或调整维修处理。对于铁路专线下开采，必须保证开采后地表沉陷呈连续移动状态，使路基不出现大的裂缝和倾斜损害。本例中铁路与开采工作面斜交大约成 40° 夹角，交汇区域位于开采沉陷盆地的左边缘，铁路跨越该区域，对于铁路路基的稳定和安全运营极为不利。由于开采沉陷盆地的作用，在水平位移和竖向沉降的共同作用下，交汇区域的铁路有可能发生向盆地中心方向的滑移和倾斜，铁路将发生拉伸、扭曲等破坏。因此，采煤引起的开采损害程度值得深入研究。

铁路专线下采煤引起的地表沉陷问题主要的研究方法有影响函数法、数值模拟方法、室内相似材料模拟实验法等。本节采用弹塑性有限单元法完成了 701 工作面开采沉陷规律预测研究，目的是为合理开采工艺的选取以及地表变形监测方案的设计提供重要理论依据。

二、地表变形计算中的模型建立与计算方法

(1) 计算范围。

计算边界范围的大小对有限单元法计算结果有很大的影响。701 工作面回风巷长为 830 m，机道长为 760 m，平均可采走向为 795 m，倾斜长为 102 m，煤层倾角平均为 27°，开采面垂直于煤层走向水平长度约为 87 m。根据地下硐室开挖时对围岩的影响区域范围约为硐室尺寸的 3～5 倍的规律，计算边界范围沿煤层走向取 1 000 m，垂直于煤层走向取 374 m。本课题重点研究专线铁路与综采工作面交汇区域的水平位移和地表沉降的分布规律，所以在工作面走向和垂直工作面走向设置 2 个剖面，进行二维有限单元计算。计算边界范围和重点研究位置剖面 1—1 和 2—2 的布置示意图见图 11－27。本节只介绍基于剖面 1—1 的模型的建立过程及计算结果。

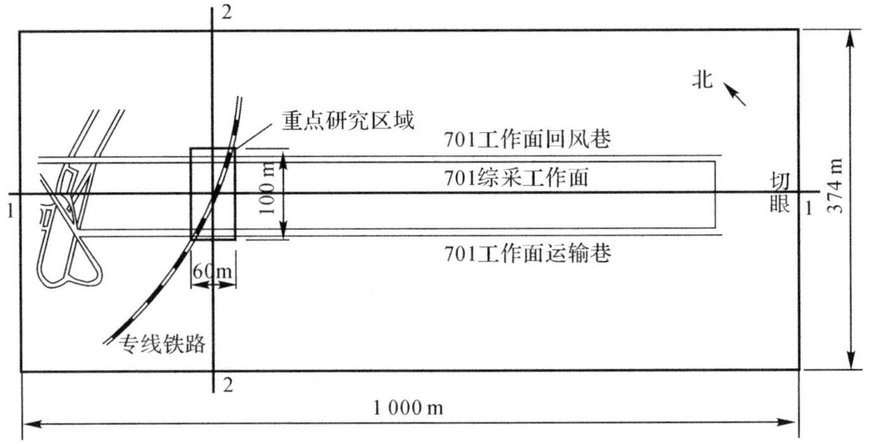

图 11－27 计算边界范围与研究剖面布置示意图

(2) 地层的简化和各地层物理力学参数的选取。

根据勘探区钻孔实际柱状图显示的岩土性质描述和矿井地质剖面图，对各个岩土层进行综合分析和评价，将工程性质接近的地层综合为同一层，将计算范围内的地层结构分为 20 层，既符合该矿区的实际地层岩土工程情况，又能够满足数值模拟建模的要求，地层简化情况见图 11－28。20 层岩石的物理力学指标根据岩土工程勘察报告确定(见表 11－5)。

表 11－5 计算采用的岩石物理力学参数表

层号	岩层名称	平均厚度 m	密度 $kg \cdot m^{-3}$	弹性模量 MPa	泊松比 μ	黏结力 MPa	内摩擦角 (°)
1	黄土	7.5	1 700	55	0.3	0.03	20
2	粉砂岩与泥岩互层	27.1	2 300	13 060	0.25	12	35
3	细-中砂岩	28.9	2 400	12 000	0.22	21	44
4	粉砂岩与泥岩互层	46.7	2 300	13 060	0.25	12	35
5	粉砂岩	39.0	2 250	13 000	0.23	18	40

续 表

层号	岩层名称	平均厚度 m	密度 kg·m^{-3}	弹性模量 MPa	泊松比 μ	黏结力 MPa	内摩擦角 (°)
6	粉砂岩与泥岩互层	41.2	2 300	13 060	0.22	21	44
7	粗砂岩	38.7	2 600	12 000	0.23	19	37
8	粗砂岩与泥岩互层	46.7	2 400	11 000	0.24	14	42
9	细-中砂岩	3.3	2 400	12 000	0.22	21	44
10	砾砂岩	73.5	2 250	13 000	0.23	18	40
11	泥岩	10.5	2 100	6 120	0.29	1.5	28
12	中粒粉砂岩	18.9	2 600	12 000	0.23	19	37
13	细-中砂岩(老顶)	18.0	2 400	9 000	0.25	18	40
14	砂质泥岩(直接顶)	19.2	2 300	8 000	0.255	3.5	36
15	炭质、铝质泥岩(伪顶)	6.2	2 100	7 000	0.26	3.5	35
16	顶煤	7.2	1 350	4 500	0.29	3.0	30
17	采高煤层	2.8	1 350	4 500	0.29	3.0	30
18	炭质泥岩(直接底)	0－1.7	2 500	6 120	0.29	1.5	30
19	细砂岩(老底)	4.2	2 500	20 000	0.21	23	45
20	粗砂岩	95.5	2 600	12 000	0.23	19	37

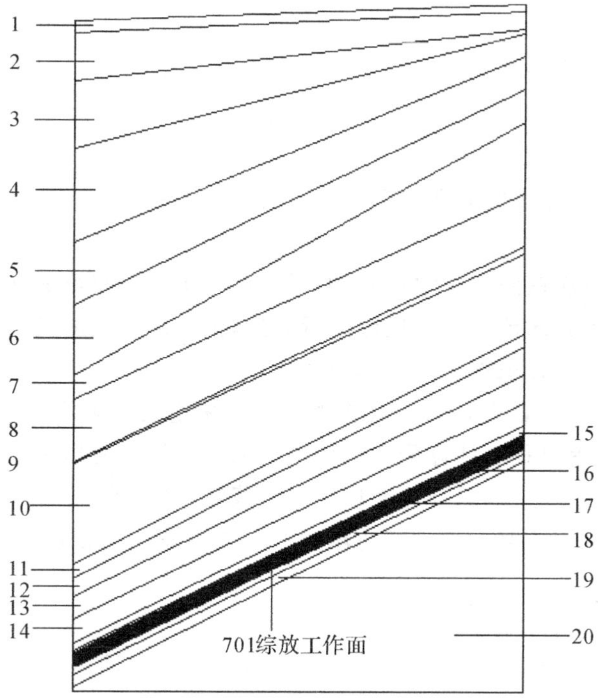

图 11-28　有限元模型中地层简化示意图

模型的范围、边界条件及有限单元网格剖分方式如图 11－29 所示。在采掘煤层部分，两端各向外延伸 100 m 来模拟煤层未开采部分的地层的约束，所以该模型沿煤层走向取长度为 1 000 m，模型从煤层向下延伸 100 m。

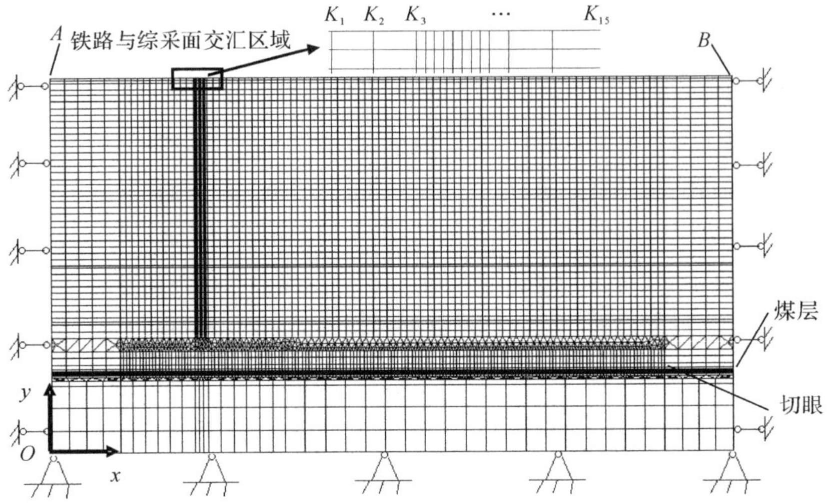

图 11－29　计算模型的边界条件和单元剖分示意图（X 正方向指向东南方向）

（3）边界条件。

如图 11-29 所示，在模型两端设置法向约束，底部设置固定约束，地表为自由面，用岩层的重力来模拟地层的初始地应力。

（4）网格剖分。

该有限元模型单元剖分选用四边形等参数单元和三角形单元，共剖分单元 11 038 个，节点 11 409 个。

（5）屈服准则。

采用德鲁克-普拉格弹塑性准则进行非线性大位移大变形分析计算。

（6）计算工况。

为了保证开采后专用铁路的正常运营，有限元计算将研究充填法开采的地表变形规律，与一般放顶煤开采方法得到的地表变形规律进行对比，预计地表变形发展规律，建议合理的填充方案，控制地表变形，减少开采损害。计算分为两种工况：

工况 1：一般综合放顶煤开采方法，在铁路下面的采空区不采用充填法开采。模拟工作面煤层开采过程、顶板冒落过程。计算采空区形成后的地表最终变形量。

工况 2：将铁路下面 20 m 的采空区充填粉煤灰浆液，减少地表沉陷。模拟工作面煤层开采过程、顶板冒落过程、专用铁路下采空区充填过程。计算采空区形成后的地表最终变形量。

三、计算结果分析

现根据有限元计算结果给出地表水平位移和竖向沉降预计值。由于地表范围大，我们将地表从 A 到 B（A，B 的位置见图 11－29）的 101 个节点作为计算观测点，工况 1 和工况 2 地表水平位移和竖向沉降量比较曲线如图 11－30 和图 11－31 所示，两图上的横坐标轴的数字为计算观测点。工况 1 中煤层开采引起的地表沉降位置和原始地面位置对照图见图 11－32，　由于专线铁路位于地表沉陷中心的边缘，而专线铁路路基附近的沉陷量我们更为关心，因此，表 11－6 是两种工况下得到的路基附近关键点水平位移和竖向沉降的具体数值。图 11－33 给出了工况 1 时专线铁路路基附近的开采前后沉陷情况对照图。

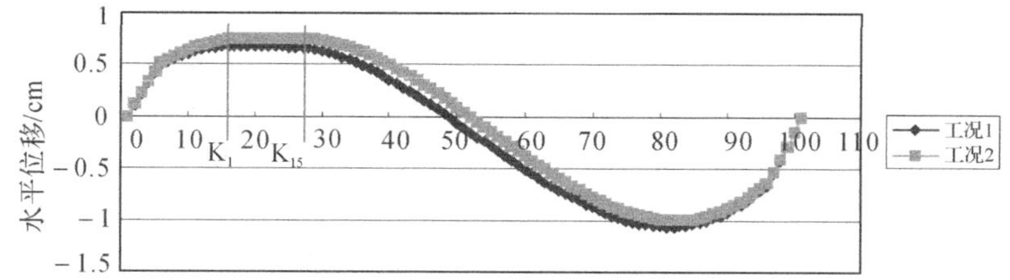

图 11－30　两种工况下地表水平位移量比较曲线

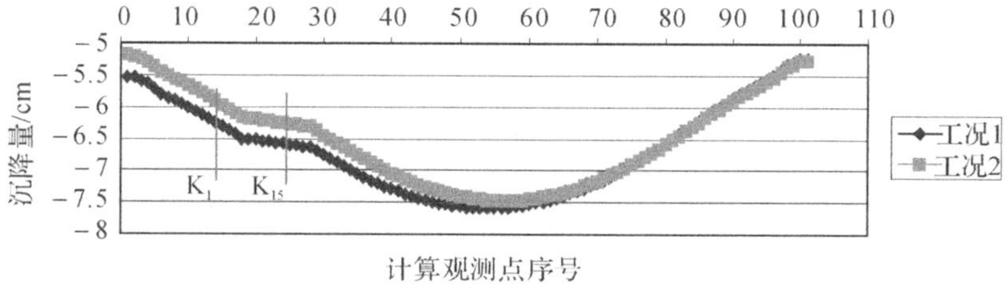

图 11－31　两种工况下地表竖向沉降量比较曲线

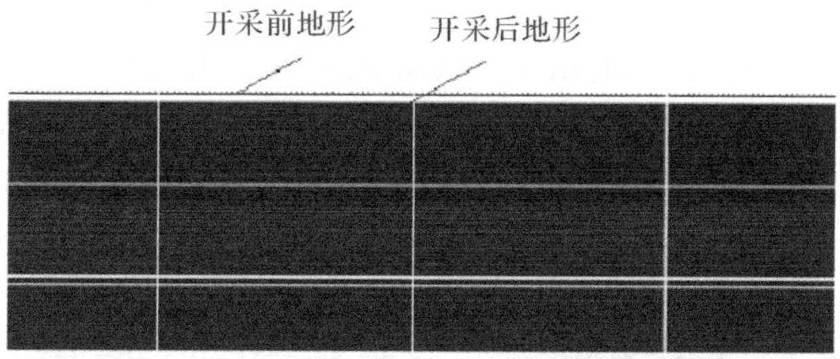

图 11－32　工况 1 沉陷盆地中心附近开采前后地表变形图(最大沉降量 7.59 cm)

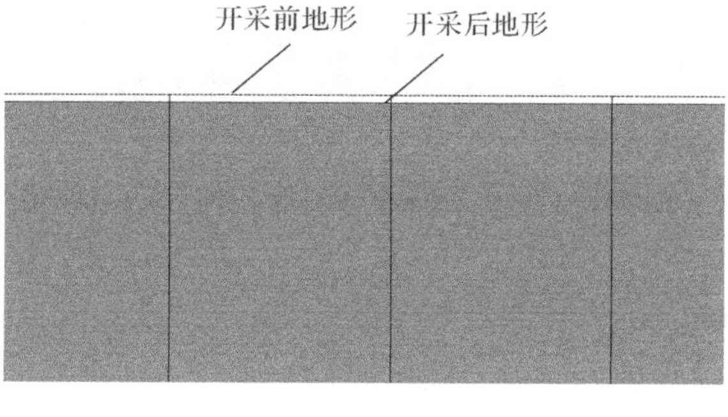

图 11－33　工况 1 时铁路路基附近开采前后地表变形图(最大沉降量 6.76 cm)

表 11-6　两种工况下得到的路基附近关键点水平位移和竖向沉降比较表

关键点序号	节点编号	水平位移 /cm		竖向沉降 /cm	
		工况 1	工况 2	工况 1	工况 2
*K*1	11 375	0.68	0.75	−6.38	−6.04
*K*2	11 376	0.68	0.75	−6.44	−6.10
*K*3	11 232	0.68	0.76	−6.50	−6.17
*K*4	11 234	0.68	0.76	−6.52	−6.18
*K*5	11 235	0.67	0.76	−6.53	−6.20
*K*6	11 236	0.67	0.76	−6.54	−6.21
*K*7	11 237	0.67	0.76	−6.56	−6.22
*K*8	11 238	0.67	0.76	−6.57	−6.24
*K*9	11 239	0.67	0.76	−6.58	−6.25
*K*10	11 240	0.67	0.76	−6.60	−6.27
*K*11	11 241	0.67	0.75	−6.61	−6.28
*K*12	11 242	0.66	0.75	−6.62	−6.30
*K*13	11 233	0.66	0.75	−6.64	−6.31
*K*14	11 388	0.65	0.75	−6.70	−6.38
*K*15	11 389	0.63	0.74	−6.76	−6.40

注：表中水平位移沿 X 轴正方向为正，沿 X 轴负方向为负；竖向沉降沿 Y 轴正方向为正，沿 Y 轴负方向为负。

(1) 水平位移发展规律。

计算表明，综采工作面回采完毕后，工况 1 时，地表各计算观测点的水平位移以沉陷盆地中心(距切眼约 400 m 处)对称，向盆地中心移动，如图 11-34 及图 11-30 所示。盆地的西北方向一侧，最大水平位移为 0.68 cm，出现在铁路附近，距盆地西北方向边缘约 250 m。当路基下 20 m 采空区区域内未进行粉煤灰浆液充填时，采空区全长范围内填充的都是冒落的顶板，岩块呈不规则冒落，不整齐排列，松散系数也比较大，并且没有强度的差异，在随后工作面的推进过程中，阻止上覆岩层进一步冒落的能力相同，均匀的冒落对地表和岩层的水平位移影响较小。

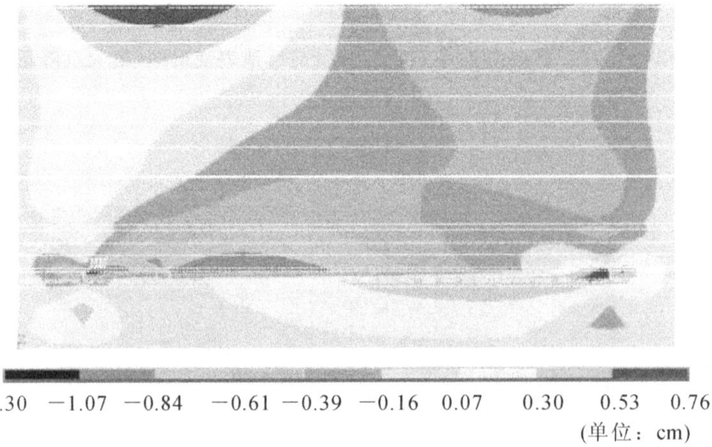

图 11-34　工况 1 回采完成水平位移图

工况 2 时，铁路路基下 20 m 采空区区域内充填粉煤灰浆液时，由于其支撑作用，铁路附近的水平位移增大为 0.76 cm，如图 11－35 及图 11－30 所示。当路基下 20 m 采空区区域内充填了粉煤灰浆液时，该区域充填物的刚度远远大于冒落的顶板，该区域上部的岩体比右边未充填区域上部的竖向变形小，所以铁路下部采空区充填粉煤灰浆液后，导致整个采空区地表水平位移有向右增大的趋势。

图 11－35　工况 2 回采完成水平位移图

(2) 竖向沉降发展规律

由表 11－6、图 11－30、图 11－36 和图 11－37 可以看出，工作面回采完毕后，地表各计算观测点的竖向形成了明显的沉陷盆地形状，盆地中心在距切眼约 415.4 m 处。在不充填方案中，沉陷盆地中心最大竖向沉降量为 7.59 cm，铁路交汇区域($K_1 \sim K_{15}$)60 m 范围最大竖向沉降量为 6.76 cm，最小为 6.38 cm，沿回采走向沉降差为 0.38 cm。由图 11－36 与图 11－37 对比可以明显地看出，粉煤灰浆液充填铁路下 20 m 采空区，图 11－37 中的整个沉陷盆地的中心区域的沉降数值有所减少，铁路路基附近地表下沉有明显减少，最大沉降 6.40 cm，最小沉降 6.04 cm，减少值在 0.35 cm 左右。

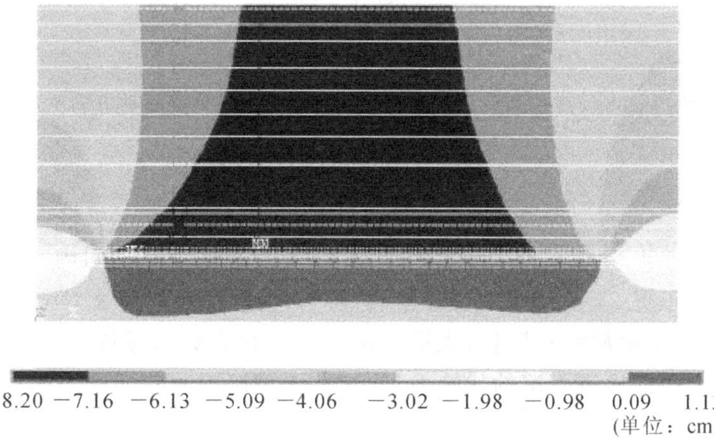

图 11－36　工况 1 回采完成竖向沉降图

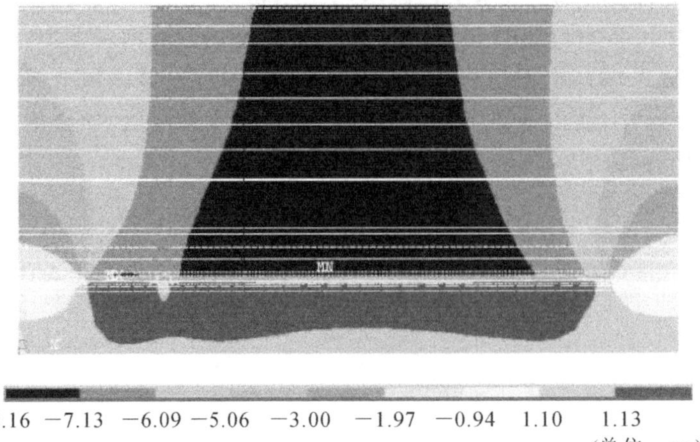

图 11 - 37　工况 2 回采完成竖向沉降图

综合分析可以知道，工作面开采引起的地表沉陷盆地的范围见图 11 - 38，水平位移方向主要是由北向南方向。

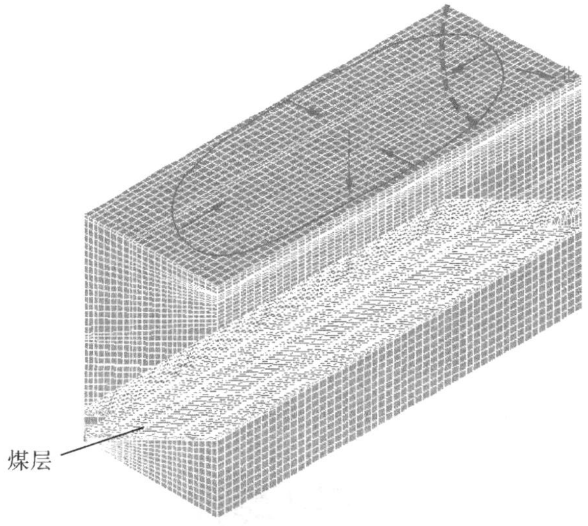

图 11 - 38　工作面开采引起的地表沉陷范围及地表移动方向示意图

四、结论与建议

(1) 根据计算结果，穿过铁路直到工作面回采完成这段较短时间内，按一般回采方法(工况 1) 和充填方法(工况 2) 铁路水平位移量和竖向沉降量都不是很大，不会引起铁路过大的变形。主要原因是，根据地质钻孔资料，煤层上覆岩层中存在数层厚硬的中细砂岩作为关键层，关键层的破断才会引起地表下沉的快速发展，这些关键层控制着岩层的移动，所以地表的竖向沉降量不大。

(2) 采空区引起的地表沉陷是一个时间和空间的函数，地表沉陷一般持续 4 ～ 5 年，才能达到稳定。如果不对铁路下采空区进行充填处理，随着顶板的冒落，上部岩体的裂隙和弯曲程度会随时间加大。建议采用铁路下采空区充填粉煤灰浆液的处理方法（工况 2），用来增大铁路下部采空区冒落顶板和岩块的密实度和对上部岩土体进一步冒落的支撑能力，考虑时间效应，充填粉煤灰浆液能够阻止裂隙发育冒落和弯曲带内的离层区发展，防止关键层的破断引发进一步的地表沉陷。

（3）工作面开采期间，专用铁路路基可以正常运营，但要求加强监测，应对紧急情况发生。建议设置剖面线型地表变形监测网络（见图 11－39），沿工作面走向的监测线按照 30 m 间隔设置观测点，与其正交的监测线在铁路路基附近按照 5 m 间隔设置观测点，其余部分按照 30 m 间隔设置观测点。监测频率 3 ～ 4 天一次。另外，需要设置路基及铁轨监测网络（见图 11－40），沿铁路线纵向在一侧铁轨上设置铁轨监测线，在距铁轨 2 m 处设置一条路基监测线，按照 20 m 间隔设置观测点。监测频率 3 ～ 4 天一次。

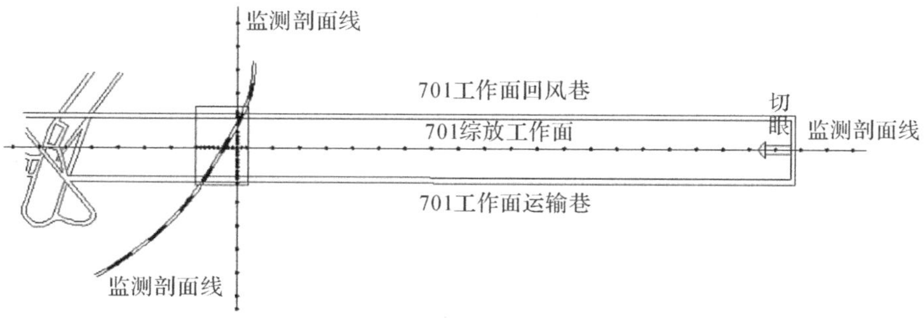

图 11－39　地表变形监测网络示意图

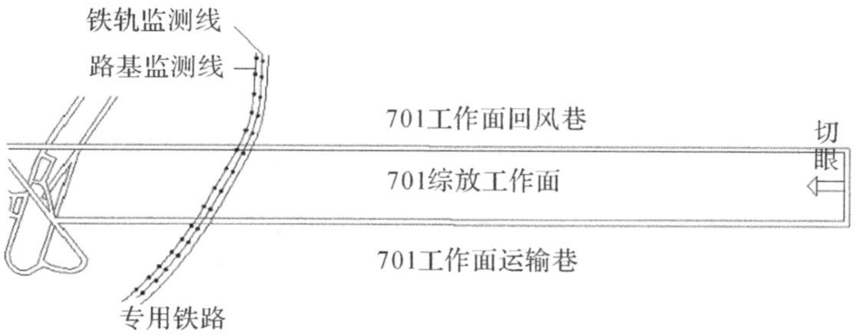

图 11－40　路基及铁轨监测网络示意图

关于计算模型的说明：

由上述的工程特征及地质条件来看，这是一个十分复杂的三维问题。简化为平面问题按以上的计算模型进行分析，从力学概念来说是很不合理的。这里所采用的计算模型实际上是室内相似材料模拟实验所惯用的模型。本算例直接引用了这种模型进行数值分析，一方面是可以直接同模型实验结果进行对比。另一方面，又可以省去大量的模型材料和为制作多种方案的模型所需的大量人力以及漫长的模型制作、实验、监测所需工时，所得分析数据也更丰富、全面和准确。这种按照模型实验的建模原则，用数值分析方法进行计算机模拟取代大量费工、费时又繁重的人工模型实验，即所谓“数值模拟”或称做“计算机仿真模拟”。这也是数值分析方法（包括有限单元法及其他数值方法）工程应用的一个重要方面。

参 考 文 献

[1] 徐芝纶. 弹性力学. 北京:人民教育出版社,1980.

[2] Zienkiewicz O C. The Finite Element Method. Mc GRAW-Hill Book Company(UK) Limited,1997.

[3] Cheng Y K,Yeo M F. 实用有限元分析导论. 谢秀松,等,译. 北京:人民交通出版社,1982.

[4] 辛凯维奇 O C. 有限单元法. 严泽勇,江伯南,译. 北京:科学出版社,1997.

[5] 谢贻权,何福保. 弹性和塑性力学中的有限单元法. 北京:机械工业出版社,1981.

[6] 朱伯芳. 有限元法原理及应用. 北京:水利电力出版社,1979.

[7] 刘万勋,刘长学,华伯浩,等. 大型稀疏线性方程组的解法. 北京:国防工业出版社,1981.

[8] 徐利治,王仁宏,周蕴时. 函数逼近的理论与方法. 上海:上海科学技术出版社,1983.

[9] 刘涛,杨凤鹏. 精通 ANSYS. 北京:清华大学出版社,2002.

[10] 陈火红. Marc 有限元实例分析教程. 北京:机械工业出版社,2002.

[11] 王勖成,邵敏. 有限单元法基本原理和数值方法. 北京:清华大学出版社,1997.

[12] 任青文,余天堂,马良筠. 三峡大坝左厂 3 号坝段稳定性的数值分析和试验研究. 中国工程科学,1999,1(3):41-45.

[13] 丁秀丽,盛谦,徐平. 三峡大坝左厂 2#,3#,4# 坝段坝基稳定性数值分析//陆培炎,史永胜. 岩土力学数值分析与解析方法——第六届全国岩土力学数值分析与解析方法讨论会论文集,广州:广东科技出版社,1998.

[14] 宋二祥,高翔,邱玥. 基坑土钉支护安全系数的强度参数折减有限元方法. 岩土工程学报,2005,3(27):258-263.

[15] 高大钊. 深基坑工程. 2 版. 北京:机械工业出版社,1999.

[16] 夏才初,李永盛. 地下工程测试理论与监测技术. 上海:同济大学出版社,1999.

[17] 刘建航,侯学渊. 基坑工程手册. 北京:中国建筑工业出版社,1997:212-217.

[18] 国家煤炭工业局. 建筑物、水体、铁路及主要井巷煤柱留设与压煤开采规程. 北京:煤炭工业出版社,2000.

[19] 余学义,张恩强. 开采损害学. 北京:煤炭工业出版社,2005.

[20] 钱鸣高,石平五. 矿山压力与顶板管理. 北京:中国矿业大学出版社,2004.

[21] 水利水电科学研究院. 岩石力学参数手册. 北京:中国水利水电出版社,1991.

[22] 邹友峰,邓喀中,马伟民. 矿山开采沉陷工程. 徐州:中国矿业大学出版社,2003.

[23] 徐乃忠,张玉卓. 采动离层充填减沉理论与实践. 北京:煤炭工业出版社,2001.